人工智能
通识教程

**Artificial Intelligence
General Course**

蒋云良　郑忠龙　主编

周昌军　李小波　副主编

ZHEJIANG UNIVERSITY PRESS
浙江大学出版社
·杭州·

图书在版编目（CIP）数据

人工智能通识教程 / 蒋云良，郑忠龙主编. -- 杭州：
浙江大学出版社，2025. 6. -- ISBN 978-7-308-26345-0

Ⅰ. TP18

中国国家版本馆 CIP 数据核字第 2025PZ3126 号

人工智能通识教程

RENGONG ZHINENG TONGSHI JIAOCHENG

主　　编　蒋云良　郑忠龙

副主编　周昌军　李小波

策　　划　黄娟琴　柯华杰

责任编辑　徐　霞

责任校对　王元新

封面设计　程　晨

出版发行　浙江大学出版社

（杭州市天目山路148号　邮政编码310007）

（网址：http://www.zjupress.com）

排　　版　杭州晨特广告有限公司

印　　刷　杭州杭新印务有限公司

开　　本　787mm×1092mm　1/16

印　　张　18

字　　数　373千

版 印 次　2025年6月第1版　2025年6月第1次印刷

书　　号　ISBN 978-7-308-26345-0

定　　价　58.00元

《人工智能通识教程》
编委会

序　言

　　在人类科技发展的浩瀚长河中，总有一些恬静而壮美的力量，如璀璨星辰照亮前行的道路，引领时代迈向新的高度。今天以人工智能为核心的新一轮科技革命与产业变革正以磅礴之势成为重塑世界经济格局、驱动社会深刻变革的核心力量。从随风潜入夜一般对人类日常生活的悄然"智慧＋"赋能，到以新质生产力为引擎对产业格局的重构，人工智能时时、处处彰显着其巨大的影响力与变革力。

　　先前诸如蒸汽机和半导体等技术多是从机械化增强角度提升了人类与环境的互动能力，然而，人工智能的出现挑战了人类的根本，它深刻改变了人类与环境互动的能力和角色，扩展了人类认知框架。近来生成式人工智能的出现使得智能机器成为知识生产的辅助者，对个体学习者的自主思考、判断、学习能力乃至伦理道德观提出了挑战。

　　人工智能天然具备"至小有内，至大无外"的学科交叉潜力，无论是从人工智能角度解决科学挑战和工程难题（AI for Science，如利用人工智能预测蛋白质序列的三维空间结构），还是从科学的角度优化人工智能（Science for AI，如从统计物理规律角度优化神经网络模型），未来的重大突破将越来越多地源自这种交叉领域的工作。因此加强人工智能通识教育，让学习者了解人工智能、使用人工智能和创新人工智能显得尤为重要。

　　在人工智能普及教育的发展浪潮中，浙江师范大学立足高起点，秉持前沿性与基础性并重、专业性与趣味性相融的理念，编写人工智能通识及其实践应用系列教材（包括《人工智能通识教程》和《人工智能实践应用教程》），内容涵盖人工智能的各个关键领域，从基础理论到前沿技术，从认知原理到实践应用，从技术发展到伦理思考，精心构建了一个系统全面、层次分明的人工智能知识体系，为非计算机专业学生搭建了一座通往人工智能知识殿堂的桥梁。

系列教材在内容编排上独具匠心，每章均巧妙融入与行业领域紧密相关的导入案例，将抽象的人工智能理论与鲜活的行业实践紧密结合，使学生在学习过程中能够深刻感受到人工智能技术对社会各行业带来的变革与机遇，激发他们运用人工智能技术解决实际问题的创新思维与实践能力。这种将专业教育与行业应用深度融合的编写思路，无疑为人工智能通识教育提供了有益的借鉴与示范。

作为面向未来的新形态教材，系列教材在注重知识传授的同时，更强调对学生创新思维、批判性思维和跨学科融合能力的培养。通过深入浅出的讲解、丰富多样的案例分析以及前沿技术的探讨，引导学生突破学科界限，拓宽学术视野，培养适应人工智能时代发展需求的综合素质与能力。这对于培养一批既懂教育又懂人工智能，能够在未来教育领域发挥引领作用的创新型人才，具有重要的现实意义和深远的历史意义。

"大鹏一日同风起，扶摇直上九万里"，人工智能的浪潮正以不可阻挡之势奔涌向前，为青年学子提供了广阔的发展空间与无限的创新机遇。希望这套教材能够成为广大青年学子探索人工智能奥秘的引航灯塔，激发大家对人工智能技术的浓厚兴趣与无限热情，引导大家在人工智能的广阔天地中砥砺前行，勇攀高峰。

浙江大学求是特聘教授
浙江大学本科生院院长

前　言

当今世界，由人工智能引领的新一轮科技革命和产业变革方兴未艾，深刻改变着经济社会发展的面貌。为主动适应人工智能时代人才培养新形势新要求，发挥浙江省首批人工智能教育应用试点校先行先试的示范效应，浙江师范大学积极建设人工智能通识教材，加强复合型人才和数智人才培养。本书是一本高起点的人工智能通识课程新形态教材，努力做到既通俗易懂，又有专业知识渗透，既能开宗明义，又能兼顾前沿，试图为非计算机专业学生开启人工智能的大门，努力打造兼具基础性、趣味性、整体性、综合性、广博性、启发性等特点的人工智能通识新形态教材。

全书主要分为认知与感知篇、思维与学习篇、应用篇三个部分。全书共分12章。认知与感知篇包括绪论、认知科学与人工智能、机器感知等3章。思维与学习篇包括知识表示与推理、机器学习、计算智能、神经网络与深度学习等4章。应用篇包括自然语言处理与大模型、计算机视觉、智能机器人、人工智能与智能社会、展望等5章。从第2章到第11章，每章都会安排一个与教育领域相关的导入案例。第1章介绍人类智能与机器智能、人工智能发展简史、人工智能的研究方向及应用领域。第2章介绍认知科学、认知活动，以及认知模型与人工智能之间的联系。第3章介绍机器感知基础、视觉感知和听觉感知、无线感知等知识。第4章介绍知识及其表示、知识图谱、模糊推理与决策。第5章介绍机器学习基础理论、监督学习、无监督学习、强化学习等知识。第6章介绍搜索策略、进化计算、群智能算法等。第7章介绍神经网络基础、卷积神经网络、自编码器、生成对抗网络。第8章介绍自然语言处理、自然语言处理技术和大模型。第9章介绍计算机视觉、生物特征识别、图像分类、目标检测、视频理解、图像生成。第10章介绍智能机器人的组成、教育机器人的发展历程、智能机器人在工农业和医疗领域的应用，以及智能机器人未来的发展趋势。第11章介绍智慧城市、智慧工厂、智能家居、智慧校园等。第12章探讨人工智能产业化，以及人工智能领域中的伦理议题和哲学问题。

本书是编写组全体成员共同努力和通力合作的结果。本教材获浙江师范大学教材建设基金立项资助，在编写过程中得到了浙江师范大学教务处和浙江师范大学计算机科学与技术学院（人工智能学院）等单位的全力支持，同时还得到了浙江师范大学计算机科学与技术学院（人工智能学院）全体教师的大力帮助，在此表示诚挚的感谢。

由于时间仓促，加上编者水平所限，书中难免会出现不足之处，恳请读者批评指正。

编者

2025 年 1 月

目　录

应用篇

认知与感知篇

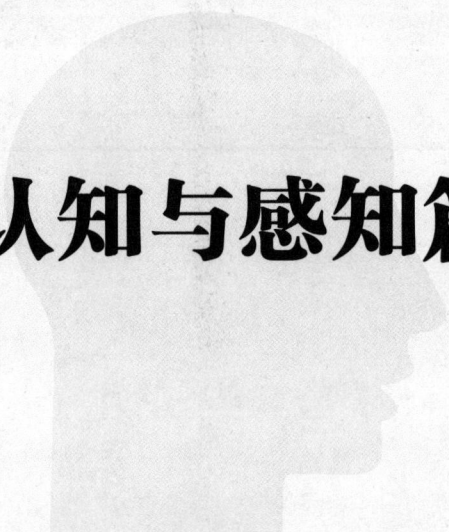

第 1 章 绪 论

1.1 人类智能与机器智能

1.1.1 人工智能的定义

人工智能（Artificial Intelligence，AI）是研究、开发用于模拟、延伸和扩展人的智能的理论、方法、技术及应用系统的一门新的技术科学，它企图了解智能的本质，并生产出一种新的能以与人类智能相似的方式做出反应的智能机器。通俗地说，人工智能就是用机器模拟人类大脑的信息处理能力。

什么是人工智能

- 智能（Intelligence）。人的智能是人类理解和学习事物的能力。换句话说，智能是思考和理解的能力而非本身做事的能力。

- 智能机器（Intelligence Machine）。智能机器是一种能够呈现出人类智能行为的机器，这种智能行为通常是指人类用大脑思考问题或创造思想。

另一种定义：智能机器是一种能够在不确定环境中执行各种拟人任务（Anthropomorphic Task）达到预期目标的机器。

- 人工智能学科。人工智能学科以计算机科学为基础，是一门由计算机、控制论、信息论、神经生理学、心理学、语言学、哲学等多种学科互相渗透而发展起来的交叉学科，它是计算机科学中涉及研究、设计和应用智能机器的一个分支。

- 人工智能能力。人工智能能力是智能机器所执行的通常与人类智能有关的智能行为，这些智能行为涉及学习、感知、思考、理解、识别、判断、推理、证明、通信、设计、规划、行动和问题求解等活动。

总之，人工智能就是要使计算机能够像人一样去思考和行动，完成人类需要智能才能完成的工作，甚至在某些方面比人类做得更好。

1.1.2　人类智能与机器智能

人类智能是指人类具备的智力和认知能力，包括感知、理解、推理、学习、创造等多个方面。人类智能是由人类的大脑和神经系统所驱动的，具有高度的复杂性、灵活性和创造性。它不仅能够适应各种环境和任务，还能够通过学习和经验积累不断提升自身的能力。而机器智能是通过计算机和人工智能技术实现的一种模拟人类智能的能力。它基于算法和模型，通过对数据的处理和分析来实现感知、推理、学习和决策等功能。

人类智能与
机器智能

虽然机器智能在某些领域已经取得了显著的进展，如图形图像识别、自然语言处理等，但与人类智能相比，机器智能仍然存在许多局限性。机器智能往往依赖于大量的数据和训练过程，对于新领域或未曾接触过的情况缺乏适应能力。同时，机器智能也缺乏情感、道德判断和直觉等人类智能所具备的重要特征。因此，虽然人类智能和机器智能都涉及智力和认知能力，但它们在本质上是不同的。机器智能是人类努力模拟和复制人类智能的一种工具，而人类智能则是生物进化和神经系统发展的产物，具有独特的特征和能力。

1. 感知与理解方式

人类的感知是通过视觉、听觉、触觉、嗅觉和味觉等多种感官协同完成的，人类能够主动地整合多源信息，对外界环境进行整体感知，并结合已有经验进行联想与推理，从而实现深层次的理解。人类的感知不仅限于直接的刺激，还能通过推测、想象等方式对未直接接触的信息作出合理判断。而在机器智能中，感知主要依赖于摄像头、传感器、麦克风等特定硬件设备，所感知到的信息往往是单一且局部的，且需要经过大量的数据处理和算法建模才能进行识别和理解。机器的理解通常基于模式识别和统计相关性，缺乏对背景知识、情境意义和因果关系的深入把握，因此其感知和理解能力远不如人类灵活和深刻。

2. 学习与适应能力

人类的学习是一个多样化、灵活且持续的过程。人类可以通过观察、模仿、试错、归纳总结等多种方式主动获取新知识，并能够将已有经验灵活迁移到新的情境中，表现出很强的适应性。即使面对陌生或不确定的环境，人类也能通过推理与创造性思维迅速调整策略，持续优化自己的认知与行为。而在机器智能中，学习主要依赖于对大量已有数据的训练，通过模式识别、特征提取等手段进行建模。机器学习通常局限在特定领域或任务内，缺乏跨领域迁移能力，难以像人类一样灵活应对新问题。即使在同一领域内，机器在面对环境变化、异常情况或数据偏移时，也常常需要重新训练模型，适应性远远不及人类。

3. 创造性与想象力

人类的创造性和想象力体现在对已有知识的灵活重组与超越。人类不仅能够根据经验产生新思想、新发明，还能突破现实限制，通过自由想象创造出从未存在的概念、艺术作品或科学理论。人类的创造性受情感、直觉、文化背景等因素影响，具有独特性和不可预测性，能够主动提出全新的问题和探索方向。而在机器智能中，所谓的创造往往是基于已有数据的模式重组和优化，主要依赖算法对大量样本特征的学习与组合。机器可以生成新的文本、图像或音乐，但本质上是在已有信息范围内进行变换和排列，缺乏真正的主观想象力与自发创新意识。目前的机器智能无法自主超越训练数据提出原创性理论或真正意义上的艺术创造。

4.推理与决策能力

人类的推理能力涵盖归纳推理、演绎推理和类比推理等多种形式。人类能够在信息不完全或模糊的情况下，综合逻辑、常识、情感和道德因素进行灵活决策。人类在作决策时，不仅追求最优结果，还会考虑长远影响、伦理责任以及社会关系等复杂因素，具有较强的综合判断和应变能力。而在机器智能中，推理主要依赖于明确的规则体系或通过大规模数据训练形成的模式识别。机器决策通常以最优化某个具体目标（如最小化损失函数）为准则，缺乏对情境变化、道德权衡及长期后果的深度考虑。机器智能擅长在规则清晰、环境稳定的任务中快速推理，但在处理复杂、开放、矛盾性强的问题时，决策能力远逊于人类。

5.情感与价值观

人类的情感是认知过程的重要组成部分，能够影响人的判断、动机、创造力与社交行为。人类拥有复杂的情绪体验，如喜怒哀乐、同情、责任感等，这些情感与个人价值观、文化背景和社会经验紧密相连。人类在决策和行为中，不仅追求理性目标，还会体现道德标准、审美判断与社会责任，展现出高度个性化与人文关怀的价值取向。而在机器智能中，情感仅能通过程序模拟外在表达，如语音语调、表情识别或情绪推测，但机器本身不具备真正的情感体验和内在价值观。机器的"价值判断"只是对设定目标或规则的执行，缺乏自主道德意识、同理心及对社会伦理的主动考量。因此，机器智能在处理涉及情感、伦理和人文关怀的问题时，远远无法达到人类的深度和灵活性。

6.能源与计算效率

人类的大脑以极低的能耗完成高度复杂的感知、推理、创造与决策等任务，拥有极高的能效比，它能够在嘈杂、动态变化的环境中实时处理信息，同时进行多任务切换和深度思考，表现出卓越的灵活性和持续性。而在机器智能中，尤其是训练大型人工智能模型时，往往需要消耗极为庞大的计算资源和能源，如成千上万块GPU（图形处理器）长时间并行运算。即便是在推理阶段，许多先进的AI系统仍然依赖于高功率服务器，能源消耗远高于人类大脑完成同等认知任务所需的能量。整体而言，当前机器智能的能源利用效率远远低于人类生物智能。

7.自我意识与反思能力

对于人类而言，个体拥有自我意识，能够理解自己的存在，并从内心深处反思自己的行为、思维和情感。人类不仅能够识别自身的情感、动机和需求，还能够进行自我调节和自我批评。人类具备高度的反思能力，能从经验中总结教训，调整行为和思维模式，不断优化自我认知与行动。而在机器智能中，当前的技术并不使其具备真正的自我意识，机器只能按照预设的程序或算法执行任务。虽然机器能够通过反馈机制调整自身的操作行为，但这种调整是基于外部输入而非自我反思。机器缺乏对"自我"的认知和思考，也无法进行深层次的情感或动机反思，其所有"反思"都是由设计者事先编程的规则和算法驱动的。

1.1.3　人工智能的研究内容

尽管人工智能的研究范围广泛、研究途径多样化，但它也包含一些基本的研究内容。从模拟人类的角度来看，人工智能可以分为五大模块，即知识表示、机器感知、机器思维、机器学习、机器行为。

1.知识表示

知识表示是人工智能的基本问题之一，很多人认为知识是一切智能行为的基础。知识表示、知识推理和知识应用是传统人工智能的三大核心研究内容。其中，知识表示是基础，知识推理实现问题求解，而知识应用是目的。知识表示是把人类知识概念化、形式化或模型化。目前已知的知识表示方法主要包括符号表示法和神经网络表示法。

2.机器感知

机器感知就是使机器具有类似于人类的感觉，包括视觉、听觉、力觉、触觉、嗅觉、痛觉、接近感和速度感等。其中，最重要的和应用最广的是机器视觉（计算机视觉）和机器听觉。机器视觉要能够识别与理解文字、图像、场景以至人的身份等；机器听觉要能够识别与理解声音和语言等。机器感知是机器获取外部信息的基本途径。要使机器具有感知能力，就要为其安上各种传感器。机器视觉和机器听觉已催生了人工智能的两个研究领域——模式识别和自然语言理解或自然语言处理。实际上，随着这两个研究领域的进展，它们已逐步发展成为相对独立的学科。

3.机器思维

机器思维是试图使机器拥有类似于人类的思维能力，能够综合信息的感知结果进行有目的的加工处理，以完成推理、决策、诊断或规划等任务。要使机器实现思维，需要综合应用知识表示、知识推理、认知建模和机器感知等方面的研究成果，开展如下各方面的研究工作：

（1）知识表示，特别是各种不确定性知识和不完全知识的表示；

（2）知识组织、积累和管理技术；

（3）知识推理，特别是各种不确定性推理、归纳推理、非经典推理等；

（4）各种启发式搜索和控制策略；

（5）人脑结构和神经网络的工作机制。

4. 机器学习

机器学习是继专家系统之后人工智能应用的又一重要研究领域，也是人工智能和神经计算的核心研究课题之一。现有的计算机系统和人工智能系统大多数没有什么学习能力，至多也只有非常有限的学习能力，因而不能满足科技和生产提出的新要求。学习是人类具有的一种重要智能行为，通过学习能够使我们掌握新知识、新技术以及具备适应新环境和完成某项新任务的能力。机器学习研究的是如何使机器具有类似于人类的学习能力，就是使机器（计算机）具有学习新知识和新技术，并在实践中不断改进和完善自身的能力。

5. 机器行为

机器行为是指智能系统（计算机或机器人）具有的表达能力和行动能力，如对话、描写、刻画以及移动、行走、操作和抓取物体等。研究机器的拟人行为是人工智能的高难度的任务。机器行为与机器思维密切相关，机器思维是机器行为的基础。在实际应用中，一些机器行为并不一定需要复杂的机器思维，它们更多的是采取直接的"感知-动作"模式，这与许多动物并无复杂的大脑，却能凭借肢体及关节的协调，通过与环境的互动，做出能够适应当前环境的灵活动作类似。"感知-动作"模式虽不能体现高级智能，但也属于模拟人类或其他动物部分行为能力的一种有效方法。

其实从广义上讲，能够模拟、延伸和扩展人类智能的技术都属于人工智能的研究内容，小到一个实现图像自动修复的软件，大到一个具有综合能力的神经网络系统都属于人工智能技术的研究范畴。因此，除了以上列举的一些基本内容，实际中的人工智能也有着非常丰富的研究内容。表1.1列出了目前人工智能的热门研究内容及其应用领域。

表1.1　目前人工智能的热门研究内容及其应用领域

研究内容	应用领域
机器感知	自动驾驶、智能安防、医疗诊断、智能家居、机器人等
知识表示与推理	自动化决策、专家系统、智能问答、医学诊断、法律分析等
机器学习	自动驾驶、智能客服、医疗诊断、推荐系统、智能金融等
计算智能	优化决策、自动控制、数据分析、智能预测等
神经网络与深度学习	图像分类、语音识别、自然语言处理、游戏与强化学习等
自然语言处理和大模型	智能客服、文本生成、机器翻译、信息检索等
计算机视觉	人脸识别、目标检测、自动驾驶、医学影像分析、安防监控等
智能机器人	工业制造和自动化、医疗保健、智能配送、服务和零售业等

1.1.4 人工智能的研究目标

人工智能的研究目标分为近期和远期两种。近期目标是使现在的计算机系统更聪明、更有用，使它不仅能做一般的数值计算和非数值信息处理，而且能够运用知识处理问题，模拟人类的部分智能行为，成为人类的智能化辅助工具。远期目标则是揭示人类智能的根本机理，实现通用人工智能，甚至可能发展出超人工智能，制造出能模拟、延伸和扩展人类智能的智能机器，这样的机器不仅可以真正地推理和解决问题，而且具有知觉和自我意识。近期目标和远期目标是相辅相成的，两者之间并无严格的界限。远期目标为近期目标指明了方向，近期目标为远期目标奠定了理论和技术基础。近期目标的研究成果不仅可以造福于当代社会，还可以进一步增强人们对实现远期目标的信心。人类的科学研究正是通过实现一个又一个的近期目标而逐步接近和实现远期目标的。

1.1.5 人工智能的分类

根据人工智能能力的强弱，通常人们把人工智能分为弱人工智能、强人工智能和超人工智能三大类。弱人工智能是指只具有某个方面能力的或者说只擅长单方面能力的人工智能。有观点认为不可能制造出能真正地推理和解决问题的智能机器，这些机器只不过看起来像是智能的，并不会真正拥有智能，也不会具有自主意识。比如，战胜围棋世界冠军李世石的阿尔法狗（AlphaGo），它只会下围棋，对于最简单的模式识别问题如辨别猫狗图像，它却无能为力，所以它本质上是一个弱人工智能。强人工智能，又称为通用人工智能，是指能胜任人类所有工作的人工智能。一个可以称为强人工智能的系统通常需要具备以下四方面的能力：

（1）存在不确定因素时进行推理的能力，包括使用策略、解决问题和制定决策的能力；

（2）知识表示的能力，包括常识性知识的表示能力、规划能力和学习能力；

（3）使用自然语言进行交流沟通的能力；

（4）将上述能力整合起来实现既定目标的能力。

显然，目前强人工智能还远远没有实现。随着计算机程序规模的不断扩大和计算速度的不断提高，假设未来可以设计出比世界上最聪明、最有天赋的人类还聪明的人工智能系统，那么这样的系统就被称为超人工智能。超人工智能的定义最为模糊，因为没有人知道超越人类最高水平的智慧到底会有什么样的表现，目前它还只是一个概念。如果说对于强人工智能，我们还可以从技术角度进行探讨，那么对于超人工智能，今天的人类大多就只能从哲学或科幻的角度进行解析了。

需要指出的是，弱人工智能、强人工智能和超人工智能三者并非完全对立。具体来说，即使强人工智能和超人工智能在未来能够实现，今天对于弱人工智能的研究仍然是有意义的，这是因为每一个弱人工智能的创新都是在为建造强人工智能和超人工智能的大楼添砖加瓦，没有一个个弱人工智能产品的出现，强人工智能和超人工智能是不可能实现的。

1.2　人工智能发展简史

1.2.1　人工智能的三起两落

人工智能的发展并非一帆风顺，它经历了三次热潮和两次寒冬，即所谓的三起两落。我们按时间顺序把人工智能的发展分为四个时期，即孕育期、第一次热潮和寒冬、第二次热潮和寒冬、第三次热潮。

人工智能的历史

1. 孕育期

在20世纪上半叶出现了一系列与人工智能相关的开创性研究工作，人们普遍把1956年（即达特茅斯会议正式提出"人工智能"）之前的时期称为人工智能的孕育期。

人工智能的鼻祖是英国数学家、逻辑学家图灵（A. Turing），他在1936年提出了一种抽象的计算模型——图灵机。如图1.1所示，图灵机用纸带式机器模拟人们进行数学运算的过程，为现代计算机的逻辑工作方式奠定了重要基础，图灵因此被视为"计算机科学之父"。1950年，图灵发表了一篇划时代的论文——《计算机器与智能》，提出了人工智能领域著名的图灵测试。

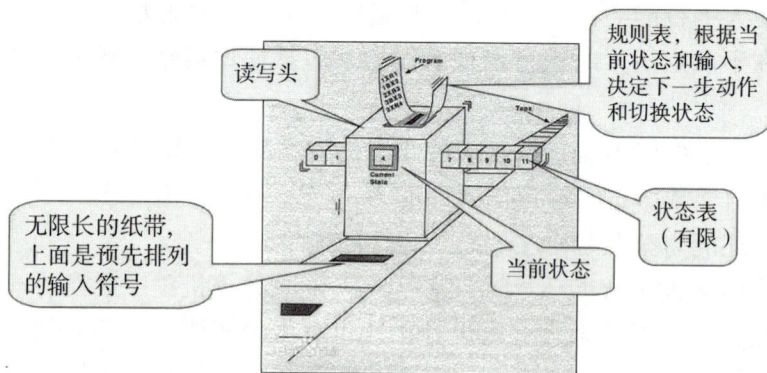

图1.1　图灵机

1943年，神经科学家麦卡洛克（W. McCulloch）和数理逻辑学家皮茨（W. Pitts）提出了神经元模型（简称为M-P模型），此后该模型成为人工神经网络的重要基础。他们证明了任何可计算的函数都可以通过由神经元连接而成的某个网络来计算，并且与、或、非等逻辑运算都可通过简单的网络结构来实现。

1945年，冯·诺伊曼（J. von Neumann）与戈德斯坦（H. Goldstine）等人，联名发表了一篇长达101页纸的报告 *First Draft of a Report on the EDVAC*，即计算机史上著名的"101页报告"。在报告中，冯·诺伊曼明确提出了一种全新的存储程序——通用电子计算机方案，促进了现代计算机的发明，开启了电子计算机时代，为人工智能研究奠定了硬件基础。

1946年，毛克利（J. Mauchly）和埃克特（J. Eckert）研制出第一台电子数字计算机ENIAC。第二次世界大战期间，美国为了计算弹道以精确发射炮弹，需处理大量军事数据，而手摇计算机的速度却跟不上。因此，由美国宾夕法尼亚大学的毛克利和埃克特领导的研发团队致力于研制更快的计算机，ENIAC应运而生。ENIAC使用的是当时一项复杂而精细的技术，如图1.2所示，该机器容纳在40个9英尺高的机柜中，包含17468个真空管、70000个电阻器、10000个电容器、1500个继电器、6000个手动开关和500万个焊接点。它占地1800平方英尺（约167平方米），重达30吨，每次运行需消耗160千瓦·时的电能。

图1.2　第一台电子数字计算机ENIAC

1949年，赫布（D. Hebb）给出了一种神经元学习规则，可以用来修改神经元之间的连接强度以实现神经网络的学习。当时正就读于哈佛大学，后来成为著名人工智能学者并获得图灵奖的明斯基（M. Minsky）也对神经网络表现出很大的兴趣，他在1951年就读于普林斯顿大学数学专业期间，成功搭建了名为"SNARC"的世界上第一台神经网络学习机。该机器使用了3000个真空管，由40个神经元组成。

2.第一次热潮和寒冬

人工智能的第一次热潮始于1956年的达特茅斯会议，它标志着人工智能的诞生。当时年仅29岁的麦卡锡（J. McCarthy）是达特茅斯会议的主要发起人，他在普林斯顿大学读研究生时就受冯·诺伊曼影响开始对在计算机上模拟智能产生兴趣，毕业后不久来到达特茅斯学院担任助理教授。达特茅斯学院是一所小而精的世界顶级学府，1956年麦卡锡在取得洛克菲特基金会资助并召集了一批对自动机理论、神经网络和智能研究感兴趣的学者后，在此地举办了一个为期两个月的夏季研讨会，其中的重要参与者如图1.3所示，这次会议就是大名鼎鼎的达特茅斯会议。会上，麦卡锡提议正式使用"人工智能（Artificial Intelligence，AI）"这一术语，这是人类历史上第一次人工智能研讨会，标志着人工智能学科的诞生，具有十分重要的历史意义。

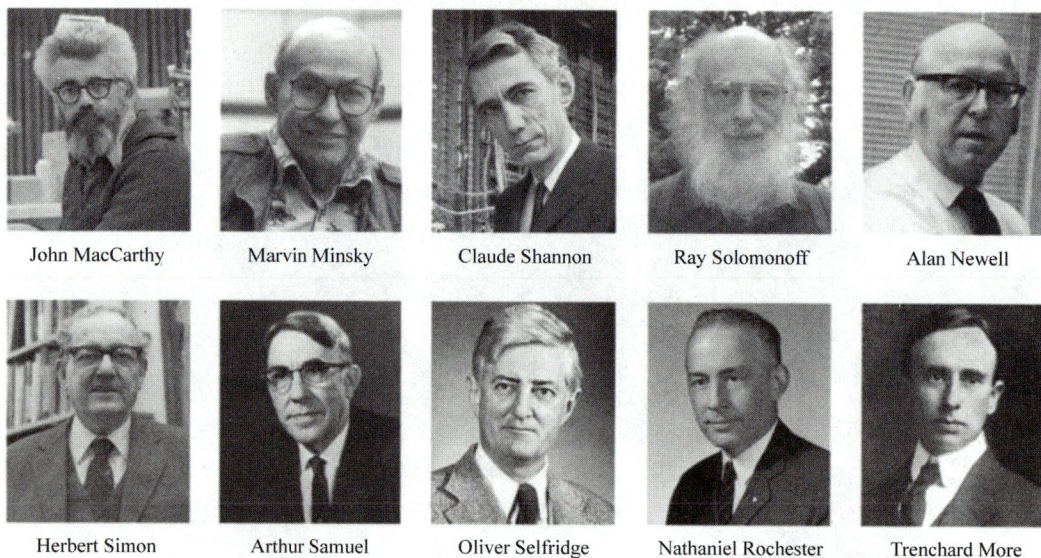

1956 Dartmouth Conference:
The Founding Fathers of AI

John MacCarthy　Marvin Minsky　Claude Shannon　Ray Solomonoff　Alan Newell

Herbert Simon　Arthur Samuel　Oliver Selfridge　Nathaniel Rochester　Trenchard More

图1.3　达特茅斯会议的重要参与者

　　1957年，康奈尔大学的实验心理学家罗森布拉特（F. Rosenblatt）在M-P神经元模型的基础之上提出了被称为"感知机"（Perceptron）的神经网络模型。该神经网络模型首次以软件形式运行于一台IBM-704计算机上。随后，罗森布拉特又建造了一台名为"Mark 1 Perceptron"的由一系列硬件搭建而成的感知机，如图1.4所示。与当时的其他机器不同，罗森布拉特的感知机不依靠人工编程，它可以通过学习完成一些模式识别任务，这在当时引起了很大的轰动。1962年，罗森布拉特出版了著作《神经动力学原理：感知机和脑机制理论》。全球很多实验室纷纷投入研究，人们对其发展前景寄予厚望，神经网络研究由此掀起了第一次热潮。

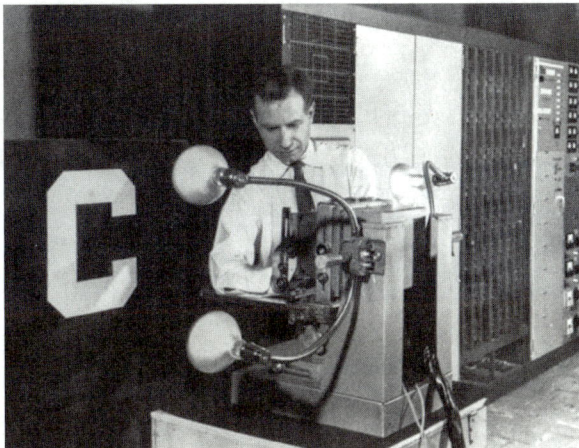

图1.4 罗森布拉特和他的感知机

1960年，麦卡锡发明了LISP语言（List Processing Language）。LISP语言是人工智能领域第一个广泛流行并沿用至今的编程语言，具有高度的可扩展性和灵活性。它不仅能够处理数值数据，而且可以方便地进行符号处理和自动推理，成为人工智能编程语言的重要里程碑，对于后来的不少其他编程语言也都产生了很大的影响。LISP语言的发明为人工智能的研究提供了强大的工具和支持，推动了该领域的快速发展。

1966年，美国麻省理工学院人工智能实验室的维森鲍姆（J. Weizenbaum）开发了最早的自然语言聊天机器人ELIZA，如图1.5所示，它能够模仿临床治疗中的心理医生与患者进行交流。ELIZA是以MAD-SLIP程序语言编写的，在36位元架构的IBM 7094大型电脑上运作，所有程序代码约在200行左右。执行过程中，ELIZA会通过分析所输入的文字内容，并且将特定字句重组，变成全新字句组合。作为世界上第一个聊天机器人，ELIZA对之后人工智能的发展产生了深远的影响。ELIZA开启了自然语言处理和人机交互研究的新篇章，激发了关于对话系统和聊天机器人的进一步探索。ELIZA的出现证明了即使是基于简单规则的系统也能在一定程度上模拟人类的交流方式，为后续更复杂的自然语言处理系统奠定了基础。

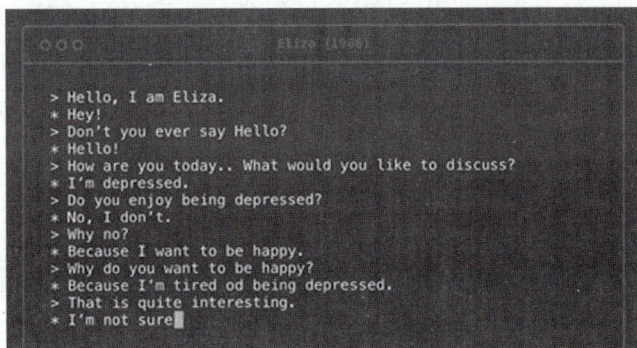

图1.5 聊天机器人ELIZA

　　1968年，美国科学家费根鲍姆（E. Feigenbaum）主持研制成功了化学分析专家系统DENDRAL，它是世界上第一个专家系统。DENDRAL采用LISP语言编写而成，能够利用质谱仪实验数据和化学家的知识，通过自动分析推理确定未知化合物的分子结构。DENDRAL的成功标志着专家系统的诞生，同时也是人工智能研究的一个历史性突破。1969年开始举办的国际人工智能联合会议（International Joint Conference on Artificial Intelligence，IJCAI），标志着人工智能这一新型学科得到世界的关注和认可，对研究者们的交流起到了重要的促进作用。

　　1973年，数学家莱特希尔（J. Lighthill）向英国政府提交了一份关于人工智能的研究报告，即著名的《莱特希尔报告》。他对当时的AI研究进行了严厉且猛烈的批评，严重质疑了人工智能领域的基础研究，表明其在实际上并没有取得显著的成果，并没有解决现实世界中的复杂问题，认为其宏伟的目标是根本无法实现的，研究已经彻底失败。由此，人们对人工智能的热情逐渐褪去。很快，英国政府、美国国防部高级研究计划局（DARPA）和美国国家科学委员会等开始大幅削减甚至终止了对人工智能的投资，人工智能的发展进入第一次将近十年的寒冬。实际上，当时人工智能的发展很大程度上受限于庞大的计算量，这是因为人工智能需要庞大的计算力才能真正地发挥作用。1976年，美国科学家莫拉维克（H. Moravec）做了一个类比：人工智能需要强大的计算力，就像飞机需要大功率动力才能离开地面一样，而这在短时间内是完全无法实现的。

3.第二次热潮和寒冬

　　到了20世纪80年代，计算机开始普及，计算机性能大幅提升，机器学习取代了逻辑计算，解决了人工智能第一次寒冬所面临的问题，由此人工智能进入了第二次热潮。

　　1977年，费根鲍姆在第五届国际人工智能联合会议上作了题为"人工智能的艺术：知识工程课题及实例研究"的报告，提出了知识工程的概念。以知识为中心展开人工智能研究的观点被大多数人接受，基于符号的知识表示和基于逻辑的推理成为其后一段时期内人工智能研究的主流，人工智能从对一般思维规律的探讨转向以知识为中心的研究。知识工程的兴起使人工智能的研究从理论转向应用，这一时期产生了大量的专家系统，并在各种领域中获得了成功的应用。例如，1978年，地矿勘探专家系统PROSPECTOR成功地找到了价值过亿美元的钼矿脉。1980年，美国DEC公司开发的XCON专家系统实现了对计算机系统的自动配置，人类专家做这项工作一般需要3个小时，而该系统只需要半分钟，每年为DEC公司节省了约4000万美元。

　　人工神经网络理论和技术在20世纪80年代获得了重大突破和发展。1982年，生物物理学家霍菲尔德（J. Hopfield）提出并实现了一种新的全互连的神经元网络模型，可用作联想存储器的互连网络，这个网络被称为Hopfield网络。

1985 年，Hopfiled 网络成功地求解了数学领域中著名的旅行商问题（Traveling Salesman Problem，TSP）。1986 年，鲁梅尔哈特（D. Rumelhart）提出了反向传播算法（Back Propagation Algorithm，BP算法），成功地解决了受到明斯基责问的多层网络学习问题，成为广泛应用的神经元网络算法。1987 年，在美国召开了第一届神经网络国际会议，从此掀起了人工神经网络的研究热潮，此后出现了很多新的神经元网络模型，被广泛地应用于模式识别、故障诊断、预测和智能控制等领域。

1979 年，一款名为 BKG 9.8 的计算机程序在蒙特卡洛举行的世界西洋双陆棋锦标赛中夺得冠军。这款程序的发明者是匹兹堡卡内基梅隆大学的计算机科学教授伯林（H. Berliner），它在卡内基梅隆大学的一台大型计算机上运行，并通过卫星连接到蒙特卡洛的一个机器人上。这个名为 Gammonoid 的机器人胸前有一个西洋棋显示屏，可以显示它自己以及其意大利对手 Luigi Villa 的动作。Luigi Villa 在短时间内击败了所有人类挑战者，赢得了与 Gammonoid 对弈的权利。竞赛的奖励是 5000 美元，Gammonoid 最终以 7∶1 赢得了比赛。

1997 年，美国 IBM 技术人员研制的"深蓝"（Deep Blue）超级计算机在常规时间控制下以 3.5∶2.5（2 胜 1 负 3 平）战胜了当时世界排名第一的职业国际象棋棋王卡斯帕罗夫（G. Kasparov），如图 1.6 所示。这也是历史上第一个成功在标准国际象棋比赛中打败卫冕世界冠军的计算机系统，此战成为人工智能历程中的一个重要时刻。深蓝计算机通过对棋局几乎所有棋步的枚举，在规定的时间约束下依靠强大的计算能力不断地模拟对局，这就决定了深蓝计算机比人类棋手思考的棋步更多更深。

图 1.6　"深蓝"正在与卡斯帕罗夫对弈

然而好景不长，到了 20 世纪 80 年代的后半段，人工智能又开始走下坡路了，原因是多方面的。首先，专家系统（符号主义）基于规则和已有知识的"检索＋推理"，面对复杂的现实世界，显然还是有能力瓶颈的。它的应用领域狭窄、缺乏常识性知识、知识获取困难、推理方法单一、缺乏分布式功能、难以与现有数据库兼容等等，所有这些问题都给它的进一步发展造成了困扰。其次，80年代PC（个人电脑）技术革命的爆发，也对专家系统造成了冲击。当时的专家系统基本上都是用LISP语言编写的，系统采用的硬件是由Symbolics等厂商生产的人工智能专用计算机（也叫LISP机）。1987年，苹果和IBM公司生产的台式机，在性能上已经超过了Symbolics的AI计算机，导致AI硬件市场需求土崩瓦解。专家系统的维护和更新也存在很多问题。专家系统不仅操作复杂，价格也非常高昂。结合以上种种原因，市场和用户逐渐对专家系统失去了兴趣。到了80年代晚期，由美国国防高等研究计划局（DARPA）组织的战略计算促进会大幅削减了对AI的资助。DARPA的新任领导也认为AI并非"下一个浪潮"，削减了对其的投资。AI，进入了第二次寒冬，代表性事件为日本第五代计算机系统研发项目宣布失败。

4.第三次热潮

进入21世纪后，人工智能在机器学习、数据挖掘和人工神经网络等方面取得了长足的进步。随着多核处理器、图形处理器（GPU）等硬件计算性能的飞速提升，高性能计算机处理数据的能力上升到了一个新的台阶，从而引爆了大数据、云计算的研究应用热潮。特别是辛顿（G. Hinton）等人提出了深度学习（Deep Learning）的概念，突破了人工神经网络解决模式识别问题的瓶颈。深度学习不仅掀起了人工神经网络研究的又一个高潮，更推动了人工智能产生了一次质的飞跃，掀起了人工智能的第三次热潮。

2006年被称为深度学习元年，这是因为2006年辛顿以及他的学生萨拉赫丁诺夫（R. Salakhutdinov）正式提出了深度学习的概念。辛顿也因此被称为深度学习之父。2015年，辛顿等人在世界顶级学术期刊《自然》发表的"深度学习"一文，详细地给出了"梯度消失"问题的解决方案——通过无监督的学习方法逐层训练算法，再使用有监督的反向传播算法进行调优。该深度学习方法一经提出，立即在学术圈引起了巨大的反响，以斯坦福大学、多伦多大学为代表的众多世界知名高校纷纷投入巨大的人力、财力进行深度学习领域的相关研究。此后，这个热潮又迅速蔓延到工业界中。因为在深度学习方面作出的突出贡献，2019年3月27日，ACM（美国计算机协会）宣布，有"深度学习三巨头"之称的本吉奥（Y. Bengio）、乐昆（Y. LeCun）、辛顿共同获得了2018年的图灵奖，这是图灵奖1966年建立以来少有的一年颁奖给三位获奖者。此前，2012年，在著名的ImageNet图像识别大赛中，辛顿领导的小组采用深度学习模型AlexNet一举夺冠。同年，由斯坦福大学著名的吴恩达教授和世界顶尖计算机专家迪恩（J. Dean）共同主导的深度神经网络——DNN技术在图像识别领域取得了惊人的成绩，在ImageNet评测中成功地把错误率从26%降低到了15%。深度学习算法在世界大赛中脱颖而出，再一次吸引了学术界和工业界对深度学习领域的关注。随着深度学习技术的不断进步以及数据处理能力的不断提升，2014年，Facebook基于深度学习技术的DeepFace项目，在人脸识别方面的准确率已经能达到97％以上，跟人类识别的准确率几乎没有差别。这样的结果也再一次证明了深度学习算法在图像识别方面的一骑绝尘。

Google的自动驾驶技术开发始于2009年1月17日，并一直在该公司神秘的X实验室中进行。在2010年10月9日《纽约时报》透露其存在之后，当天晚些时候，Google正式宣布了自动驾驶汽车计划。该项目由斯坦福大学人工智能实验室（SAIL）的前负责人特伦（S. Thrun）与510系统公司和安东尼机器人公司的创始人莱万多夫斯基（A. Levandowski）发起。在Google工作之前，特伦和包括莱万多夫斯基、多尔戈夫（D. Dolgov）、蒙特梅洛（M. Montemerlo）在内的15位工程师共同为SAIL开展了名为VueTool的数字地图技术项目。2007年，Google收购了整个VueTool团队，以帮助推进Google的街景技术。2008年，街景小组启动了"地面真相"项目，目的是通过从卫星和街景中提取数据来创建准确的路线图。这为Google的自动驾驶汽车计划奠定了基础。2014年5月下旬，Google展示了其无人驾驶汽车的新原型，该汽车取消了传统的方向盘、油门踏板和制动踏板，具备完全自主驾驶能力，能够独立完成环境感知、路径规划与行驶控制，无须人工操作。同年12月，他们展示了一个功能完备的原型，计划从2015年初开始在旧金山湾区道路上进行测试。这款车名为Firefly，旨在用作实验平台和学习，而不是大量生产。2015年秋天，Google向总工程师费尔菲尔德（N. Fairfield）的一位经法律认定为盲人的朋友提供了"世界上第一个完全无人驾驶的公共道路上的骑行服务"。这次乘车之旅由得克萨斯州奥斯汀市圣塔克拉拉谷盲中心的前首席执行官马汉（S. Mahan）乘车。如图1.7所示，这是公共道路上的第一辆完全无人驾驶的汽车，它没有测试驾驶员或警察护送，也没有方向盘或地板踏板。截至2015年底，这辆汽车已实现超过100万英里的自驾里程。

阿尔法狗是一款围棋人工智能程序，由Google旗下DeepMind公司哈萨比斯（D. Hassabis）领衔的团队开发，其主要工作原理是"深度学习"。深度学习是指多层的人工神经网络和训练它的方法。一层神经网络会把大量矩阵数字作为输入，通过非线性激活方法获取权重，再产生另一个数据集合作为输出。这就像生物神经大脑的工作机理一样，通过合适的矩阵数量，多层组织连接在一起，形成神经网络"大脑"进行精准复杂的处理，就像人们识别物体、标注图片一样。它是第一个击败人类职业围棋选手、第一个战胜围棋世界冠军的人工智能机器人。2016年3月，阿尔法狗与世界围棋冠军、职业九段棋手李世石进行围棋人机大战，如图1.8所示，它最终以4比1的总比分获胜。2016年末2017年初，该程序在中国棋类网站上以"大师"（Master）为注册账号与中、日、韩数十位围棋高手进行快棋对决，连续60局无一败绩。2017年5月，在中国乌镇围棋峰会上，它与世界围棋冠军柯洁对战，以3比0的总比分获胜。围棋界公认阿尔法狗的棋力已经超过人类职业围棋顶尖水平，在GoRatings网站公布的世界职业围棋排名中，其等级分曾超过排名人类第一的棋手柯洁。

图1.7　谷歌开发的无人驾驶汽车

图1.8　阿尔法狗正在与李世石对弈

　　OpenAI是由诸多硅谷大亨联合建立的人工智能非营利组织。2015年，马斯克（E. R. Musk）在与其他硅谷科技大亨进行连续对话后，决定共同创建OpenAI，希望能够预防人工智能的灾难性影响，推动人工智能发挥积极作用。OpenAI的使命是确保通用人工智能（Artificial General Intelligence，AGI），即一种高度自主且在大多数具有经济价值的工作上超越人类的系统，将为全人类带来福祉。OpenAI不仅希望直接建造出安全的、符合共同利益的通用人工智能，而且愿意帮助其他研究机构共同建造出这样的通用人工智能以达成他们的使命。2022年11月30日，OpenAI发布一款聊天机器人程序ChatGPT（Chat Generative Pre-trained Transformer），如图1.9所示。ChatGPT是人工智能技术驱动的自然语言处理工具，它能够基于在预训练阶段所见的模式和统计规律，来生成回答，还能根据聊天的上下文进行互动，真正像人类一样来聊天交流，甚至能完成撰写论文、邮件、脚本、文案、代码，以及翻译等任务。ChatGPT推出后迅速在社交媒体上走红，短短5天，注册用户数就超过100万。2023年1月末，仅发布两个月，ChatGPT的月活用户就已经突破1亿，成为当时用户增长最快的AI应用。

　　DeepSeek是一家专注于实现通用人工智能（AGI）的中国科技公司，成立于2023年7月17日，类似于OpenAI、Anthropic等机构。DeepSeek从成立之初，就致力于开发先进的大语言模型和相关技术，以给用户提供高效易用的AI模型训练与推理能力，主要研究方向包括自然语言处理（NLP）、多模态学习、代码生成等领域。2025年1月20日，DeepSeek发布开源推理模型DeepSeek-R1，如图1.10所示。R1模型采用强化学习框架和蒸馏技术，显著提升了复杂问题推理能力，而训练成本仅为OpenAI同类模型的1/20，性能超越OpenAI的同类模型。R1模型在发布7天后用户破亿，超越ChatGPT，成为目前用户增长最快的AI应用，并迅速登顶全球140多个国家和地区的应用商店榜首，重构了AI技术的普及范式。DeepSeek凭借其

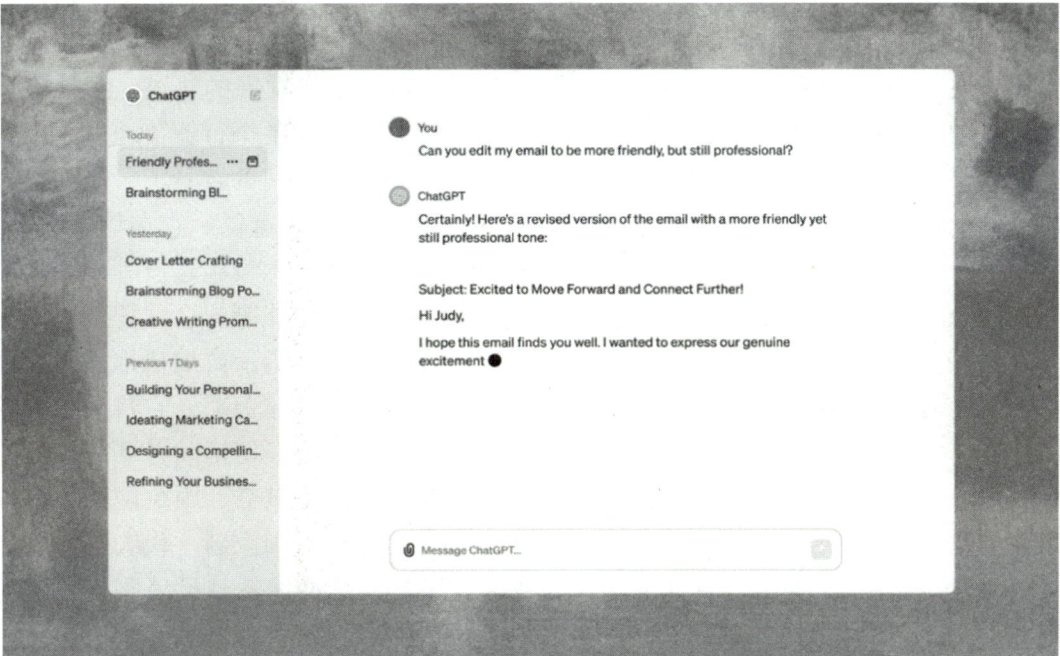

图 1.9　ChatGPT

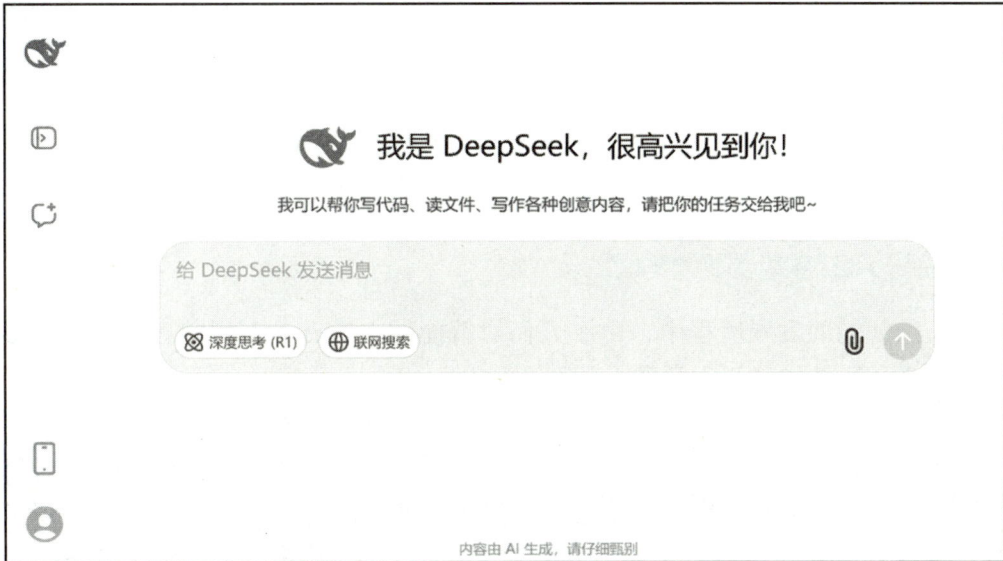

图 1.10　DeepSeek

技术创新与成本优势，迅速成为全球大模型领域的重要参与者，其 MoE（Mixture of Experts，混合专家模型）架构和高效推理技术为行业提供了新方向，而低价 API（Application Programming Interface，应用程序编程接口）策略有望加速 AI 应用的普及。

人工智能，未来已来。2015年，张钹院士提出第三代人工智能体系的雏形。自2017年开始，人工智能连续三年被列入我国的政府工作报告中。2019年，人工智能行业彻底告别了"喊口号""包装概念"的时代，步入稳步发展的轨道，并被正式列入新增审批本科专业名单。人工智能的技术和应用开始在各个行业落地，人工智能的成果和场景实践层出不穷。2020年，在全球抗击新冠疫情的背景下，当人与人之间的交往受到限制的时候，人工智能被赋予了更多期待和重任。它在信息收集、数据汇总及实时更新、流行病调查、疫苗药物研发、新型基础设施建设等领域大显身手。与此同时，随着新技术、新业态的不断涌现，人工智能凝聚全球智慧、助力全球经济复苏的力量更加凸显。2020年3月，中共中央明确指示要加快推进国家规划已明确的重大工程和基础设施建设，人工智能被列入新基建范畴，它将是新一轮产业变革的核心驱动力，将重构生产、分配、交换、消费等经济活动各环节，催生新技术、新产品、新产业。2020年8月，国家标准化管理委员会、中央网信办、国家发展改革委、科技部、工业和信息化部五部门联合印发《国家新一代人工智能标准体系建设指南》，提出了具体的国家新一代人工智能标准体系建设思路、建设内容，并附上了人工智能标准研制方向明细表，在国家层面进一步规范了人工智能的应用体系，明确了其发展方向。未来是属于人工智能的。人工智能将会融入我们每个人的生活，变得无处不在。任何技术的发展都是有高峰和低谷的，人工智能的发展也一样。因此，我们在保持乐观态度的同时，也应保留理智，不过分夸大其作用、盲目从众，而是正确引导、稳步发展，真正将人工智能的长处发挥出来，改善人类生活，助力经济发展。

人工智能的研究方向及应用领域

1.2.2　人工智能的两大学派

在人工智能的发展历程中，由于人们对智能的本质有着不同的理解，逐渐形成了符号主义和联结主义两大学派。

1.符号主义

符号主义认为，人工智能源于数理逻辑。数理逻辑从19世纪末就获迅速发展，到20世纪30年代开始用于描述智能行为。计算机出现后，又在计算机上实现了逻辑演绎系统。其代表性成果为启发式程序LT（逻辑理论家），证明了38条数学定理，表明了可以应用计算机研究人类智能活动。正是这些符号主义者，早在1956年就首先采用了"人工智能"这个术语。后来又发展了启发式算法→专家系统→知识工程理论与技术，并在20世纪80年代取得很大发展。符号主义曾长期一枝独秀，为人工智能的发展作出了重要贡献。尤其是专家系统的成功开发与应用，极大地推动了人工智能向工程应用的方向发展，为人工智能实现理论创新与实际应用的有机结合提供了典范。在人工智能的其他学派出现之后，符号主义仍然是人工智能的主流学派。这个学派的代表人物有西蒙（H. Simon）和纽厄尔（A. Newell）。

符号主义人工智能研究在自动推理、定理证明、机器博弈、自然语言处理、知识工程、专家系统等领域取得了显著的成果。符号主义认为，人工智能的研究方法应为功能模拟方法，即首先分析人类认知系统所具备的功能和机能，然后用计算机模拟这些功能和机能来实现人工智能。符号主义力图用数学逻辑方法来建立人工智能的统一理论体系，但遇到不少暂时无法解决的困难，并受到其他学派的否定。目前，基于这种研究途径的人工智能通常被称为"传统的人工智能"或"经典的人工智能"。

2. 联结主义

联结主义认为，人工智能源于仿生学，特别是人脑模型的研究。它的代表性成果是 1943 年生理学家麦卡洛克和数理逻辑学家皮茨创立的神经元模型，即 M-P 模型，其开创了用电子装置模仿人脑结构和功能的新途径。它从神经元模型开始进而研究神经网络模型和脑模型，开辟了人工智能的又一发展道路。20 世纪 60—70 年代，联结主义，尤其是对以感知机为代表的脑模型的研究曾出现过热潮。由于当时的理论模型、生物原型和技术条件的限制，脑模型研究在 70 年代后期至 80 年代初期落入低潮。直到前述 Hopfield 教授在 1982 年提出用硬件模拟神经网络后，联结主义才又重新抬头。1986 年，鲁梅尔哈特等人提出多层网络中的反向传播算法。此后，联结主义势头大振，从模型到算法，从理论分析到工程实现，为神经网络计算机走向市场打下基础。现在，人们对人工神经网络的研究热情仍然较高，但研究成果未能如预想的那样好。联结主义主张人工智能应着重于结构模拟，即模拟人的生理神经网络结构，并认为功能、结构和智能行为是密切相关的。不同的结构表现出不同的功能和行为。近年来，深度学习在图像处理、模式识别、自然语言处理、机器学习等方面展示出了人工神经网络的强大优势。

由于目前人们还没有完全弄清楚人脑的生理结构和工作机理，所以目前的人工神经网络还只是停留在人脑的局部近似模拟上，还不适合模拟人类的逻辑思维过程，其基础理论研究也有很多难点。因此，单靠联结主义解决人工智能的所有问题是不现实的。

上述两大学派反映了人工智能研究的复杂性。每一种思想都从一种角度阐释了智能的特性，同时每一种思想都有自己的局限性。时至今日，研究者们仍然对人工智能的理论基础争论不休，因此人工智能还没有一个统一的理论体系。这又促进了各种新思潮、新方法不断涌现。现有的一种重要的研究方法是把不同的思想体系融合在一起，取长补短以发挥各自的优势，设计出更强的人工智能系统。

1.3　章后习题

一、选择题

1. ［单选题］下面的说法中，错误的是（　　　）。

A.人工智能的发展目前还处于弱人工智能阶段

B.还没有任何证据显示人类可以制造出强人工智能

C.人工智能的第一次热潮始于1956年的达特茅斯会议

D.人工智能发展第一次寒冬的代表性事件是日本第五代计算机研发失败

2. ［单选题］人工智能的发展经历了（　　）次热潮和（　　　）次寒冬。

A.3，3　　　　　　B.3，2　　　　　C.2，2　　　　　　D.2，1

3. ［多选题］生活中属于弱人工智能的应用包括（　　）。

A.智能音箱　　　　B.人脸识别　　　C.扫地机器人　　　D.ChatGPT

二、判断题

1. 计算机视觉和模式识别没有什么关系，两者属于完全不同的研究方向。

2. 人工智能的近期目标和远期目标是相辅相成的，两者之间并无严格界限。

三、讨论题

1. 列举你身边的人工智能应用。

2. 你认为在不久的将来人类能实现强人工智能，甚至实现超人工智能吗？谈谈你的看法。

3. 有人认为未来人类的很多工作将由智能机器来代替，这将导致很多人失业。你认为人工智能将来的发展对人类是利大于弊，还是弊大于利呢？

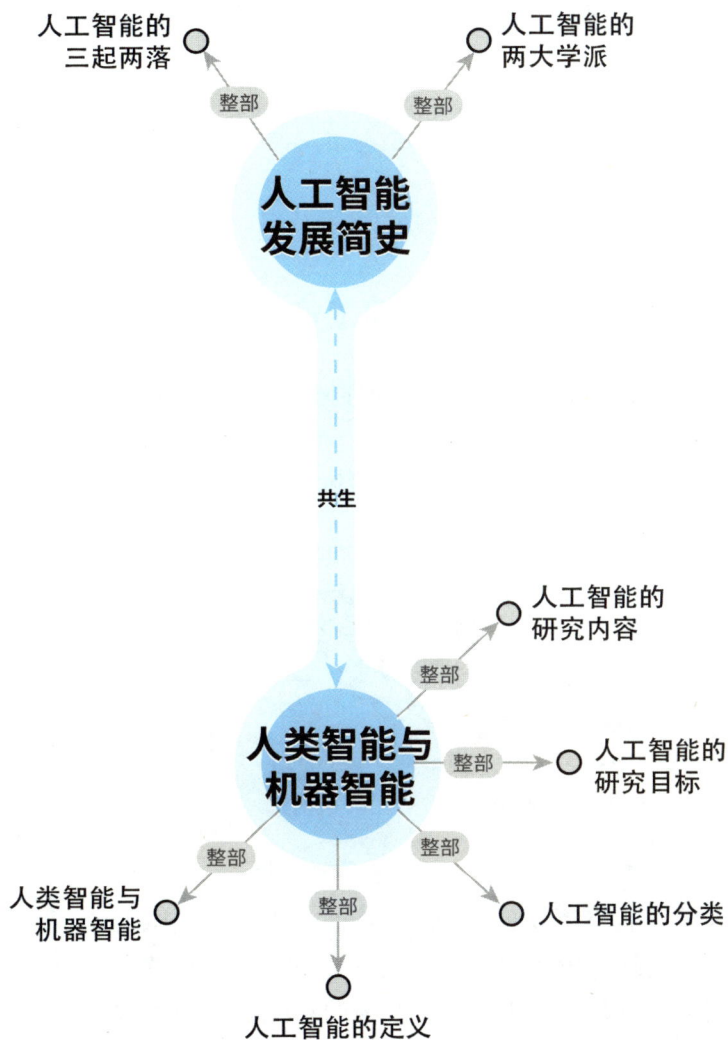

绪论

第 2 章 认知科学与人工智能

2.1 导入案例：人脑是如何工作的

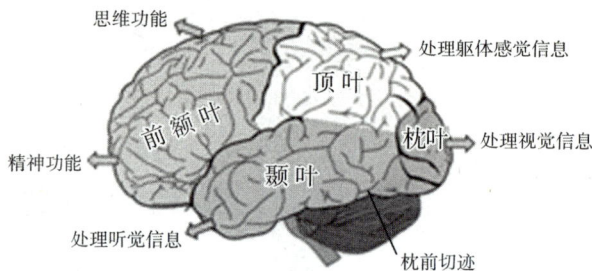

    人的大脑是复杂的，其复杂性体现在脑的结构和功能上。首先，人脑有着相当复杂的结构。如图 2.1 所示，大脑中不同的区域对应着不同的功能，比如前额叶对应着精神和思维，顶叶则负责处理感觉信息等。

案例：人脑是
如何工作的

思维功能
处理躯体感觉信息
顶叶
前额叶
枕叶
精神功能
颞叶
处理视觉信息
处理听觉信息
枕前切迹

图 2.1　脑的结构

    其次，人脑又有着复杂的功能。如图 2.2 所示，人脑会负责感知世界、思维与意识、快速信息处理等事务。人脑也有潜意识，具有创造力、多任务处理、情感处理等复杂的功能。从图 2.2 可知，左右脑的功能是有所不同的。因此科学家不禁产生疑问：如此复杂的人脑，它的工作机制是什么呢？

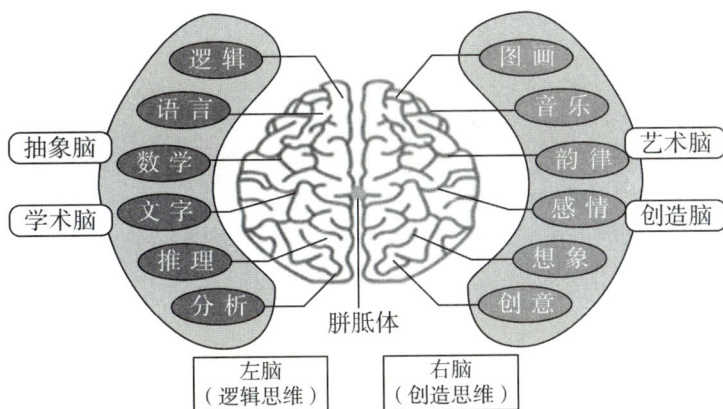

图2.2 脑的功能

从宏观上来看，大脑的工作机制主要分为以下四个步骤。

（1）感知。大脑会通过感官将外界的信息转化为电信号或者化学信号，然后会将信号传递到大脑的相关区域进行处理。

（2）存储。大脑接收到外部信息后，将信息转化为大脑能记忆的内容，并进行存储和记忆。

（3）处理。大脑根据经验和知识对信息进行分析、理解和处理，包括对物体的识别、语言的理解等功能。该步骤是思维活动的主要体现。

（4）提取与应用。大脑对信息处理完毕后，根据处理结果对身体的运动、情绪和行为进行控制，从而对外部世界做出反馈。

从微观上看，大脑内部由860亿个神经元构成。每个神经元都是脑的基本工作单位和信号处理单位，如图2.3所示。各个神经元之间通过突触相互连接，如图2.4（a）所示，连接后的神经元能构成极为复杂的网络。值得注意的是，这个复杂的网络是人脑具有复杂功能的关键所在。同时，这个神经网络的连接模式会影响脑的学习和记忆。神经元的活动和相互作用构成了思想、感觉和行为的生物学模型。

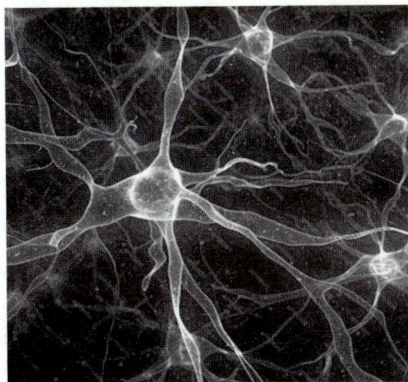

图2.3 神经元

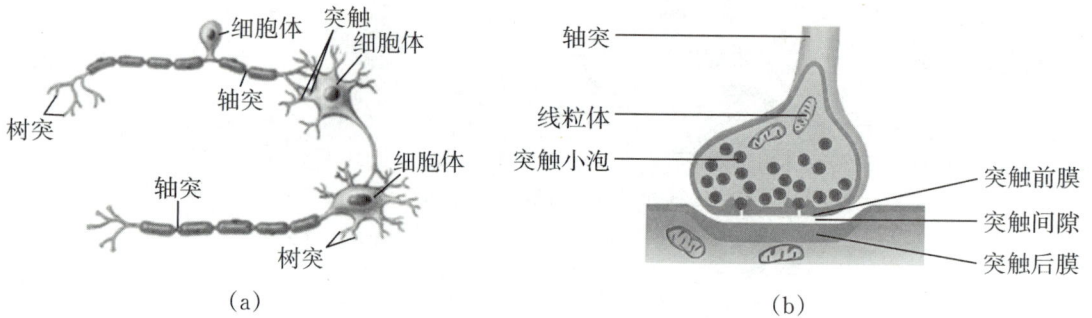

图2.4　神经元突触

神经元之间是通过突触进行信息传递的。具体传递的原理是当一个神经元兴奋时，它会释放神经递质。这些神经递质与另一个神经元的受体结合，从而使得另一个神经元兴奋或者抑制。突触的详细结构如图2.4(b)所示。因此，人脑的微观工作机制就是通过众多的神经元联结成为神经网络，如图2.5所示，神经元之间互相连接，构成了一个复杂的神经网络。人脑工作的各个步骤在神经网络中会以电信号或者化学信号的方式进行快速传递和处理。此外，这种传递的速度是极其快速且准确的。

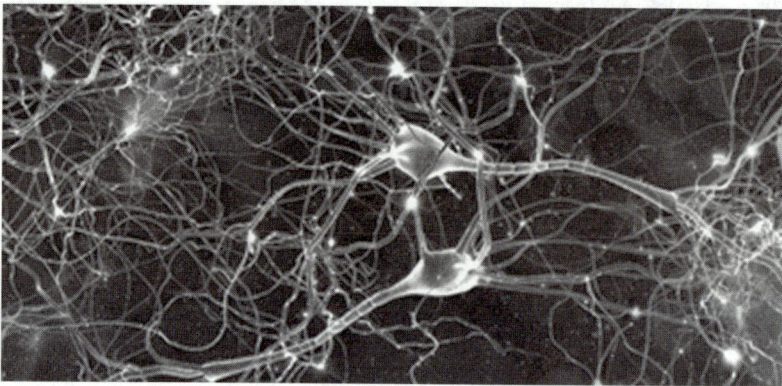

图2.5　神经网络

人脑的神经网络与人工智能有很强的关联性。目前，研究者模仿人的神经网络提出了人工神经网络模型，而这个模型也是现代人工智能非常重要的研究领域。

大脑作为人体活动的指挥中心，是人类智能的核心所在。科学家和学者们基于对人脑复杂功能的研究和模仿，造就了人工智能。

要真正模仿人类智能，除了要关注生理上的结构，如神经网络，也要关注人类智能独有的特点。这些特点将会帮助人类更好地在宏观层面上衡量人工智能与人类智能的接近程度。人类智能的特点包括但不限于以下几点。

（1）可塑性。人的智能会受到环境的影响。每个人的生活环境不同，会对同一个事物做出不同的反应。人们常说的"性相近，习相远""近朱者赤，近墨者黑"，以及"孟母三迁",就是这个道理。因此,人类的智能具有很强的可塑性。

(2)人类智能能够利用之前的经验对现在所遇到的问题做出反馈。与可塑性不同,即使生活在同一个环境中,每个人也会有不同的人生经验。每个人的经验不同,决定了每个人对相同的问题会给出不同的答案。

(3)人类智能可以想象未来、接纳未来,并对此作出计划。这在人工智能中体现的就是预测功能。人类智能能够对目前的情况进行分析,并猜测接下来会发生的事情。比如,一个司机看到红灯变成黄灯,那他将会预测绿灯即将亮起,同时准备起步;人们观察到起大风时,会预测接下来可能会有雨。

(4)人类智能是先天就有的,且具有发育的过程。人生下来就具有一些简单的逻辑,比如主动抓握东西、主动通过视觉记忆事物,以及通过气味寻找母亲等。

(5)人类智能在进行思维逻辑和决策的时候仅仅需要很少的能量。这里很少的能量是和超级计算机做计算所需的能量相比的。超级计算机现在模拟人脑的计算,计算量并没有人脑的计算量大,但是需要消耗很多的电力。值得注意的是,这种能量的对比并不"公平",因为人类从动物进化到现在所耗费的能量是计算机远远不能比拟的。

综上所述,对人类智能方面的研究衍生了脑与认知科学这一领域。脑与认知科学是人类理解自然界现象和人类本身的终极疆域,也是目前的前沿学科。而本课程介绍的人工智能也是模拟人脑的一个研究领域。

2.2　认知科学基础

通过前面对人脑工作机制的探讨可知,人脑和人工智能有很强的对应性。对人脑思维认知的研究也是认知科学的研究内容。众所周知,人工智能目前是一个应用广泛的工具。现在关于人工智能的各种应用,例如人脸识别、智能驾驶等,是我们生活中使用频率非常高的技术。人工智能的发展已经经历了几十年,且人工智能在初期是认知科学中一个非常重要的领域。鉴于此,为了让读者更全面地认识人工智能,本小节将首先介绍了解认知科学的必要性。

认知科学基础

2.2.1　了解认知科学的必要性

尽管本书主要讲述人工智能的各种技术和应用,但是不能仅就人工智能来说人工智能,而应同时从人类心智来认识人工智能,即从认知科学来认识人工智能。

需要注意的是,本书定位为普及类图书,旨在为所有大学生及其他人员普及人工智能的知识,而不是作为专业书籍,因此不会对算法做深入的研究。同时,人工智能处在不断发展中,技术更新迭代很快,本书不可能对每种技术都作详尽描述。

然而，人工智能的起源及其本质是不变的。要想深刻认识人工智能，就不能仅仅把它当成一个工具，而是需要对其起源及本质有所了解。

在人工智能的发展过程中，正是因为人们在脑科学与认知科学中的不断探索，才使人工智能走出低谷，迎来发展的春天，进而极大地影响了人类社会。人们对人工智能的研究已经远远超出了技术范畴。对认知科学的研究也会给人工智能的未来发展带来新的启发。

2.2.2　认知科学的定义及发展

认知科学就是研究信息如何在大脑中生成并做出反馈的学科。人脑对外界信息进行总结反馈，生成了自己的观念、行为及反应。简单而言，认知科学是研究大脑如何将输入转化为输出的学科。

认知科学结合了心理学、神经科学、语言学、哲学、人工智能、教育学和人类学等学科的知识，形成对认知现象的多维度理解。通过实验研究、理论建模和技术实现，认知科学不仅为理解人类大脑和行为提供了框架，也为人工智能的发展提供了重要理论基础和启发，例如神经网络、自然语言处理和学习算法的设计。此外，认知科学的研究还广泛应用于教育、医疗、人机交互以及文化研究等领域，对改善人类生活和推动技术进步具有深远影响。

认知科学有着久远的历史。以前的哲学家，比如柏拉图、亚里士多德、笛卡儿、莱布尼茨等对人类灵魂的探讨对认知科学作出了巨大贡献。随后，控制论者，例如麦卡洛克和皮茨发展了人工神经网络。之后，图灵和冯·诺伊曼发明了图灵机和实体计算机，为计算机的发展奠定了基础。计算机既是对心智的模仿，也是人类做科学研究的重要工具（事实上，这与人工智能颇有相似）。1973年，希金斯（R. L. Higgins）首次提出了认知科学的概念（见图2.6）。由此，认知科学进入新的发展历程，并独立成为一门学科。

图2.6　希金斯：首次提出认知科学的概念

2.2.3 认知科学的五个层级

自认知科学发展以来，人们对认知的行为进行了分级。人类认知可分为五个层级，从下往上依次是神经认知、心理认知、语言认知、思维认知和文化认知，如图2.7所示。值得注意的是，神经认知和心理认知在非人类动物中也具有，属于低阶认知。从语言认知到文化认知属于高阶认知，也是人类特有的认知。语言认知使得人类能够互相学习和交流，是人类文明发展的基础。在这五个认知层级中，语言认知是人类独有的、最底层的认知。

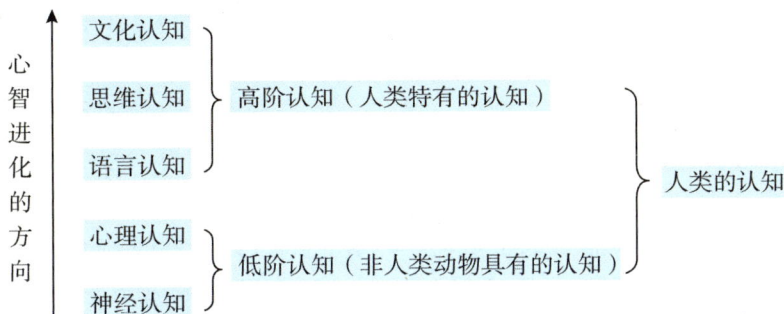

图2.7 认知科学的五个层级

本节将探讨这五个认知层级中的认知行为与人工智能目前研究领域的对应关系。在人工智能的发展历程中，人工智能模拟人类认知行为有很多较为成功的例子。例如，之前的深蓝系统模拟了人类下象棋的行为，AlphaGo模拟了人类下围棋的行为等。需要注意的是，尽管深蓝和AlphaGo在棋类比赛中都赢得了人类，但这并不代表人工智能已经超越了人类。上述的例子只不过是针对某些特定的认知行为。人的认知行为有很多，且人类的很多行为是复杂的，是多种认知行为的组合排列。本章在下一节（第2.3节"认知活动"）中将会介绍人工智能模仿人类单一认知活动的现状。

2.2.4 认知科学与人工智能的辩证关系

认知科学对人工智能的发展具有推动作用，且与人工智能的起源及本质有着密切联系。认知科学与人工智能彼此之间存在辩证关系。

（1）人工智能与认知科学之间具有统一性。对认知科学和人工智能的研究，都有助于人类研究脑科学和人类智能领域的一些未解难题。

（2）对认知科学和人工智能的研究是相互推动的。正如前面所言，认识科学的相关理论数次推动了人工智能的发展。而人工智能作为人类模拟大脑功能的尝试，其本身也可以看作认知科学理论的一项实践和佐证。因此，人工智能也会推动认知科学的进一步发展。综上所述，如图2.8所示，认知科学和人工智能之间是相互推动和促进的。

图2.8　认知科学与人工智能的关系

2.3　认知活动

根据之前提到的五个认知层级，本节将介绍相关的认知活动，同时介绍这些认知活动在人工智能领域的发展情况。认知科学与人工智能密切相关，两者都以研究智能为核心目标。认知科学致力于理解人类和其他生物的认知机制，包括感知、记忆、学习、语言和决策等，试图揭示智能的本质和运作方式；而人工智能则以工程化的方式模拟、再现甚至超越这些认知功能。认知科学为人工智能提供理论基础，如神经科学启发了人工神经网络，心理学和认知模型影响了机器学习算法的设计。同时，人工智能的发展也为认知科学提供了实验工具和新的研究范式，如通过 AI 模拟认知过程来验证理论假设。这种双向互动推动了两者的协同发展，促进了对智能的更深入理解和技术突破。

认知活动
（二维码）

认知活动是人类认识客观事物的某一过程，即对信息进行加工处理的某个阶段。人类主要有25种认知活动，这25种认知活动可以总结为5种认知形式，详见表2.1。这5种认知形式是递进的。本书会对这些认知活动进行简要的概括。从表2.1可以看出，目前很多词在人工智能领域是极为常见的，例如，语义加工、决策、进化等认知活动，是目前人工智能研究的热点内容。需要注意的是，在人工智能领域，模拟的认知活动也是从低层次的认知形式到高层次的认知形式不断递进、层层深入的。

表2.1　认知活动及对应的层级

层级	认知形式	认知活动
5	文化认知	自我、他人、社会、文化、自然、进化
4	思维认知	概念、判断、推理、证明、决策、问题解决
3	语言认知	句法加工、语义加工、语用加工
2	心理认知	感觉、知觉、注意、表象、记忆
1	神经认知	视觉、听觉、触觉、嗅觉、味觉

2.3.1　第一层级认知活动

首先介绍人工智能模仿第一层级，即神经认知形式的认知活动。神经认知形式包含了生物最基本的认知活动，是最低层级的认知形式。该认知形式是人和动物共有的。

在该层次上，涉及的认知活动主要有视觉、听觉、触觉、嗅觉、味觉等。人工智能对这些感知的模拟目前主要基于大量的传感器。常见的传感器，如图2.9所示。本篇第3章"机器感知"将会详细地介绍机器感知方面的理论和应用。

麦克风

|（a）压力传感器|（b）距离传感器|（c）听觉传感器|

图2.9　常见的传感器

2.3.2　第二层级认知活动

接下来介绍人工智能模仿第二层级，即心理认知形式的认知活动。心理认知也是人和动物共有的认知形式。该认知形式是通过对一系列神经认知活动进行整合与分析后产生的认知活动。在该层次上的认知活动有感觉、知觉、注意、表象、记忆。对一个人或事物的感觉好坏，是综合考虑了多种神经认知活动（视觉、听觉、触觉等）给出的结论。例如，当人们评价一家饭店的好坏时，会综合考虑这家饭店做饭的味道、饭店的装修风格等，这个过程涉及人的视觉、听觉、味觉、触觉等。

对感知、知觉及注意的认知活动，目前的人工智能应用有目标检测和智能评估等。例如，人脸检测系统、智能安防系统、智能驾驶系统等。在本书中，关于心理认知形式的认知活动，将会介绍诸如计算机视觉、机器学习和神经网络等基础理论的原理，并介绍一些相关应用。目前人工智能对第二层级认知活动的模仿是人工智能的热点研究领域。在日常生活中，人们已经非常依赖该层级中的人工智能应用，例如，使用人脸识别进行支付、解锁；使用计算机视觉识别车牌或者进行人物追踪等。小马智行于2016年创立，创始人是清华大学姚班的楼天城，是一款比较成功的智能驾驶软件（见图2.10）。

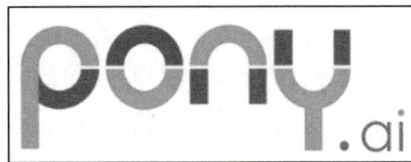

图2.10　小马智行

2.3.3　第三层级认知活动

接下来是第三层级，即语言认知形式中的认知活动。语言认知是人类特有的认知形式，也是人类更高层次认知——思维认知和文化认知的基础。这种认知形式包含句法加工、语义加工、语用加工的认知活动。需要注意的是，语言认知是人类独有的、最低级的认知形式。

目前人工智能在该认识层级有很多重要的、革命性的理论及应用。模拟句法加工、语义加工、语用加工的人工智能主要有机器翻译、ChatGPT、文心一言等，这些应用均基于大模型，即基于大量数据生成的模型。如图2.11所示，ChatGPT、百度公司的文心一言、苹果公司开发的人工智能助手Siri，都是一些在该层级人们较为熟知的人工智能应用。读者可以自行对上述应用进行测试，感受一下这些软件对人类语言的理解能力。

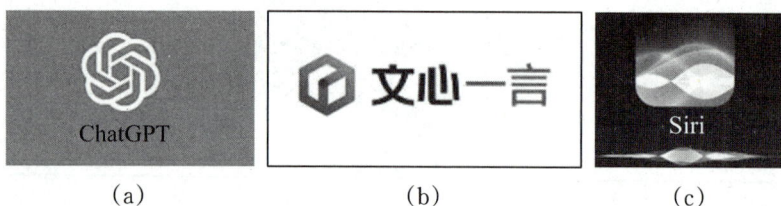

（a）　　　　　　　　　　（b）　　　　　　　　　　（c）

图2.11　常见的大语言模型

2.3.4　第四层级认知活动

接下来介绍人工智能对第四层级——思维认知层面上认知活动的模拟及应用。需要注意的是，该层级的认知是人类做出的高级别的精神活动。从本质上看，人类的进步和成就无非是人类思想的产物。基于第四个层级认知形式的人工智能目前仍在发展中。目前人工智能在模拟推理活动和决策活动方面有很大进展，同时也是研究的热点；但是这些研究并没有出现现象级的应用。目前人工智能模仿第四层级的应用有诸如IBM公司的智能决策系统以及第四范式行业大模型辅助决策平台（见图2.12）等。

图2.12　第四范式行业大模型平台

在模拟推理和决策方面的人工智能理论非常多，例如，知识图谱、模拟推理及模拟决策等理论。本书会在后续的章节中介绍这些理论的原理与应用。需要注意的是，尽管目前人工智能在模拟思维认知的理论上有所进展，但是相关实践并不完备。该层级在人工智能方面亟须深入探讨，且理论不可谓之成熟。不论是从科学还是哲学层面，人工智能是否真正具有思维，是一个极具争议性和挑战性的问题。总之，人工智能在第四层级与第五层级中认知活动的模拟，目前仍在发展和探索中。

一般认为，人工智能模仿人类的思维行为，是通过对人类符号的排列组合来造成一种思维的假象。通俗来说，对于一个人工智能机器，当输入一个问题后，该机器会按照某个规则生成一些符号。如果这些符号被人类理解为正确的，那么人类就会认为该机器有智能；对于机器而言，并没有执行思维这个认知行为。如图 2.13 所示，本书作者询问了 ChatGPT，其是否具有思维能力。ChatGPT 给出了非常确定的回答：ChatGPT 本身并不具备思维能力，只是程序化地生成看似具有思维的语句。但是伴随着人工智能的不断进步和 ChatGPT 的迭代，让人工智能拥有思维在未来或许能够实现。

ChatGPT有思维吗

这个问题很有意思!

简单说 ChatGPT没有真正的思维。虽然我能理解问题、生成回答、进行推理甚至写诗作文，但这些都是基于训练数据统计模式完成的，不是像人类一样有意识、意图、情感或者自我认知。

可以这样理解：

- 人类思维：是有主观体验的，比如你能感受到快乐、烦恼、疑惑，有动机、有意识去思考问题。
- ChatGPT：像一个非常复杂的"模式识别和生成引擎"，根据输入，找到最可能符合逻辑和语境的输出但内心是空白的，没有"我"、没有情绪，也不会主动思考未来或反省自己。

如果你想，我可以更详细地解释，比如：

- ChatGPT是如何"假装"推理的
- 为什么它能像有思考一样流畅交流
- 人工智能和人类意识的根本区别

图 2.13　ChatGPT 是否具有思维

2.3.5　第五层级认知活动

最后本书讲一下人工智能在第五层级——文化认知形式中认知活动的模拟。文化认知是五个层级中最高层级的认知形式。文化是人所创造的一切对象的总和，是人的创造物。

如前面所言，实际上人工智能目前的主要热点领域在第二、三层级（即心理认知和语言认知），其次是在第四层级（思维认知），且对于第四层级的模拟目前仍在探索和发展中。因为第五层级在第四层级之上，在第五层级实际上也没有现象级的商/民用应用。此外，关于第五层级的理论仍在不断发展中。

目前，人工智能主要模拟进化和社会这两种认知活动。对于这两种认知活动的模拟，人工智能有诸如进化计算等相关理论。为了让读者对这些理论有一定的理解，本书会对一些进化算法进行讲解。在该层级，人们比较熟知的一个应用是由扎克伯格（M. E. Zuckerberg）提出的元宇宙（Metaverse），见图2.14。

图2.14 元宇宙

此外，人类的高阶认知（第三、四、五层级中的认知活动）与未来的人工智能有密不可分的联系。人类心智的高阶认知，即语言认知、思维认知、文化认知，是未来人工智能所要学习和模仿的对象。人工智能今后的发展必然是以语言为驱动，具有思维和文化认知形式的新一代人工智能。语言认知、思维认知和文化认知将在未来的人工智能发展中扮演重要角色，并将推动人工智能不断发展。我们相信，在未来人工智能仍有很广阔的发展空间！

2.4 认知模型

在第2.2~2.3节中，我们探讨了人工智能和认知科学之间的关系，并介绍了人工智能对单种认知活动的模拟进程。下面需要介绍比单种认知活动更复杂的模拟，叫作认知模型。读者应该注意，本书之前提及的某些应用，实际上其功能并不仅限于模拟单种认知活动；为了强调某种特定的认知活动，本书单独介绍了该应用在该认知活动中的模拟。

认知模型

2.4.1 认知模型定义

大多数的应用程序或算法，通常模拟的是多个认知活动的组合，这种模拟叫作认知模型。认知模型是对某个或者几个认知过程的模拟算法或程序。其中认知过程是指由一系列认知活动构成的一个流程。值得注意的是，单个的认知活动也叫作一个认知过程。认知过程的概念包含了认知活动，故其定义也更广泛。

如图2.15所示，认知模型就是对人类的认知过程进行模拟。一个简单的例子是模拟人搜索过程的搜索算法。人在执行搜索行为的时候，会涉及一系列的认知活动：首先，人通过视觉将看到的信息输入到大脑，大脑继而对输入的视觉信息进行理解与分析；其次，大脑进行思维活动，并执行某个算法；再次，大脑会对算法的结果进行验证，判断算法的结果是否正确；最后，大脑作出决策，将结果通过语言或其他方式予以描述。可以看出，这个搜索的过程比较复杂。

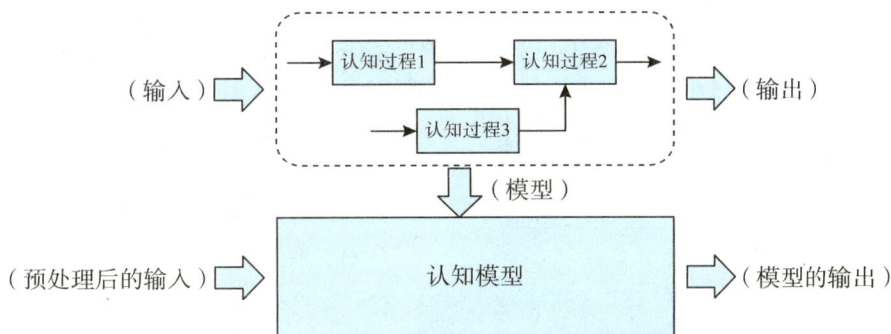

图2.15 认知模型定义

基于认知模型的定义，一个需要注意的地方是认知模型指的是一个程序或者一种算法。因此，人们日常生活中所使用的仪器，比如电脑、手机等，并不是一个认知模型，而是一个承载认知模型的容器。然而，在后续对具体认知模型的介绍中，本书会提及一个叫作图灵机的认知模型。图灵机虽然听起来像一种机器，但其本质是一种算法。值得一提的是，现代的计算机就是基于图灵机认知模型设计的。认知模型与人工智能的联系非常紧密。人工智能的发展过程与认知模型的发展过程是相待而成的。ChatGPT等应用的模型基本都是基于联结主义认知模型而构建的。关于联结主义认知模型，将在第2.4.4节中进行详细介绍。

2.4.2 认知模型分类

认知模型可以分为符号主义模型和联结主义模型。符号主义模型是用数学和逻辑学的方式对符号进行推理学习，例如图灵机等。图2.16(a)就是一个符号主义模型，在该模型中，所有操作和记忆都是用符号来表示的。而联结主义模型则将大量的节点连接起来处理信息，这种模型模仿了人脑处理信息的过程，例如人工神经网络等。图2.16(b)就是一个神经网络模型，它包含节点和边两部分，且节点和边上有生成权重的函数（函数是指给定一个输入后，会自动计算得到一个输出）。神经网络模型本质上就是通过调整大量的节点连接关系和节点权重来处理信息的。

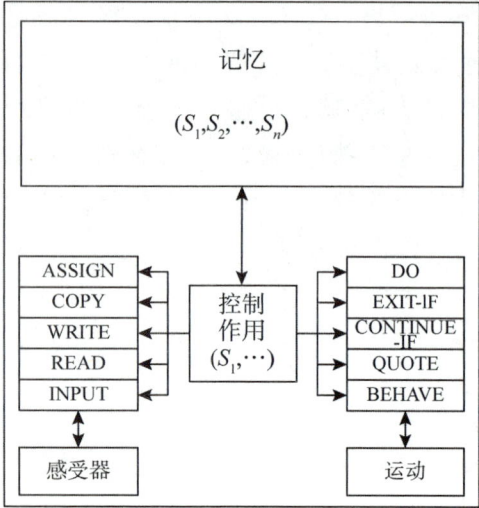

（a）符号主义模型　　　　　　　（b）联结主义（神经网络）模型

图 2.16　两个认知模型

图 2.16 展示了两个模型的逻辑层次关系。认知模型可以分为符号主义模型和联结主义模型，符号主义模型主要包括图灵模型、SOAR 模型等。由于篇幅原因，本书仅介绍一个较为重要的符号主义模型——图灵模型。联结主义模型主要是指神经网络模型。基于联结的不同结构和节点之间的权重，神经网络又包括 BP 神经网络、深度学习、卷积神经网络等。

2.4.3　符号主义模型

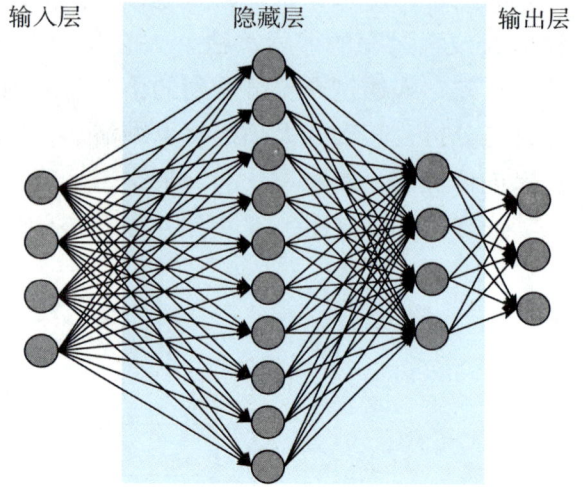

本书先简要介绍一下符号主义模型。符号主义模型的核心在于使用符号来表示世界的不同方面，并用一套规则来操作这些符号。这个模型通过推理和逻辑来发现知识。符号主义模型更接近于理性主义（见图 2.17）。理性主义最著名的推理就是亚里士多德提出的三段论，即类似于"人会说话，我是人，我会说话"的推理逻辑。这种方法依赖于明确的定义和推理过程，例如让计算机模拟人类下国际象棋。早期的人工智能进步就是利用符号主义建模关系和传递意义。

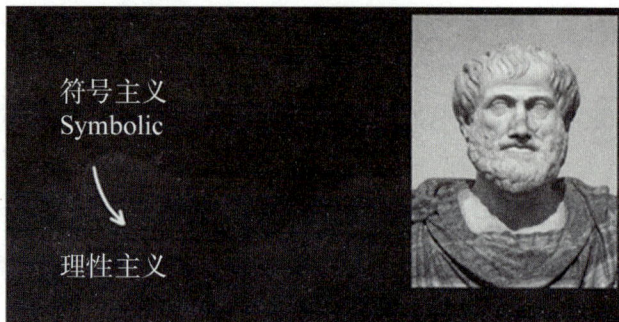

图 2.17　符号主义近似于理性主义

　　第一个人工智能模型就是著名的图灵模型。这个模型是一个标准的人工智能认知模型。1936年，年仅24岁的英国人图灵（A. Turing）提出了类似于人类思考计算的机器——图灵机（见图2.18）。需要注意的是，图灵机并不是一台实际的机器，而是一种算法。事实上，图灵机的发明是为了佐证一个问题：什么是可计算的？为此，图灵发表文章《什么是可计算的数》。本书不对"可计算性"这个问题进行解答；读者需要关注的是，该文章同时提出了图灵机。无心插柳，图灵机的设计意外地促成了电子计算机的发明。电子计算机的发明在一定意义上颠覆了这个世界的运行方式。时至今日，90年过去后，图灵机仍以人工智能的形式在颠覆这个世界。

图 2.18　图灵及图灵机

　　由此可见，一种创新的思想能够对世界产生很大的影响。因此，党的二十大报告指出"完善科技创新体系。坚持创新在我国现代化建设全局中的核心地位"，强调了创新在科研探索领域的重要性。

　　图灵机的构成包含一个表格（代表一个由符号构成的状态集合）、一个无穷的带子和一个指针。可以看出，这种算法的全部操作都由符号引导，因此是一个符号系统。图灵机具体的实现过程较为复杂，这里不作介绍（事实上，图灵机并不神秘，直观上可以理解为将所有的思维活动变成一步一步执行的串行步骤）。1950年，图灵发表了题为"计算机能思考吗"的论文，并在论文中提出了"图灵测试"，论证了人工智能的可能性。图灵测试，简而言之就是让人判断机器能否模拟人的对话（见图2.19）。

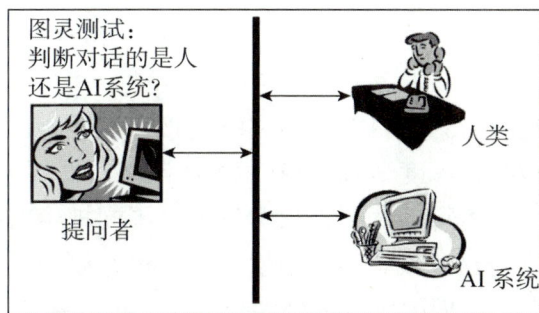

图 2.19　图灵测试

鉴于图灵的伟大成就，计算机领域设立了图灵奖。图灵奖是"计算机领域的诺贝尔奖"。国内著名学者姚期智先生曾获此奖，并在清华大学特设姚班，为中国的计算机发展培养储备人才。前面提到的小马智行，就是由第一届姚班毕业生楼天城于2016年创立的。

2.4.4　联结主义模型

联结主义模型主要模仿人类的大脑神经元联结方式，从海量数据里学习关联。联结主义强调信息在相互连接的节点或单元之间同时进行处理。联结主义模型接近于经验主义（见图2.20）。经验主义认为所有的知识以及情感都来自经验。人们通过不断地积累经验，通过被动筛选，获得思维和知识。人工神经网络是一种典型的联结主义模型。人工神经网络从海量数据中学习，对数据进行识别和预测，其中一个著名的应用是AlphaGo。

图2.20　联结主义与经验主义

为了让读者对人工神经网络有一个更直观的理解，下面简要介绍一下人工神经网络模型的具体构成（见图2.21）。人工神经网络是模拟人脑神经网络神经元联结的一种认知模型。如图2.21(b)所示，神经元模型是一个包含输入、输出与计算功能的模型。在该神经元中，输入类比于神经元树突，输出类比于神经元的轴突，而计算类比于细胞核的活动。这种模拟看起来略显"拙劣"，因为这种模拟唯一的神秘之处仅仅体现在"计算"上。在人工智能的发展过程中，对这种"计算"的模拟也经历了迭代，感兴趣的读者可以自行查阅。

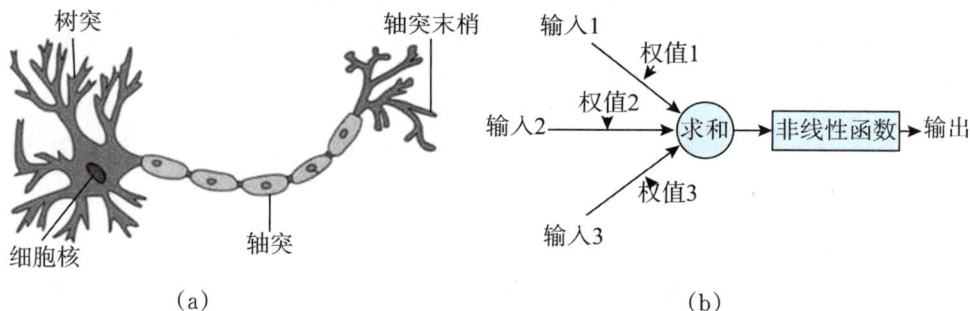

图2.21　神经元与人工神经元

根据节点不同的连接方式，目前神经网络有很多类型，比如多层神经网络（如果层数很多的话，也被叫作深度学习）、卷积神经网络、循环神经网络、Transformer等，如图2.22所示。读者可以从图2.22中发现，不同神经网络的连接方式是有明显差异的。读者可能会对这些概念感到陌生。由于这些模型对人工智能的发展产生了重要的作用，本书会在后面的章节中分别介绍这些神经网络模型。

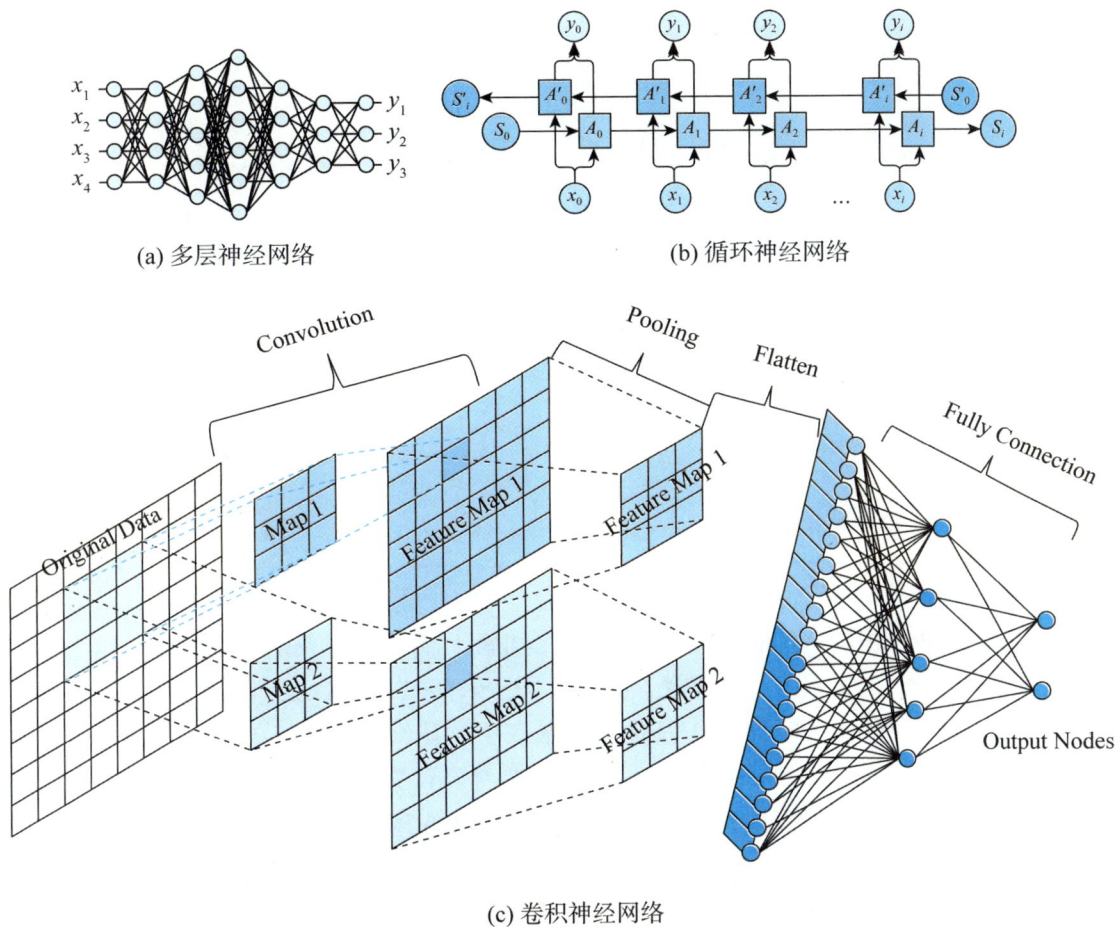

(a) 多层神经网络

(b) 循环神经网络

(c) 卷积神经网络

图 2.22　不同类型的人工神经网络

2.4.5　符号主义与联结主义的关系

符号主义和联结主义与人工智能有很密切的关系。它们的侧重点不同，并且会互相借鉴各自的优势。

（1）符号主义和联结主义不是相互对立的关系，两种模型之间会相互借鉴。

（2）符号主义和联结主义代表了不同的哲学思想，即知识来源于推理还是大量经验。

两种模型都推动了人工智能的发展。符号主义推动了早期人工智能的发展，如专家系统等。联结主义推动了现代人工智能的发展，如图像识别等。同时，符号主义和联结主义在人工智能中都有很多应用。例如，符号主义的专家系统、自然语言处理、知识推理等应用，联结主义的图像识别、语音识别、自动驾驶等应用（见图 2.23）。

符号主义在AI中的应用			联结主义在AI中的应用		
专家系统	自然语言处理	知识推理	图像识别	语音识别	自动驾驶

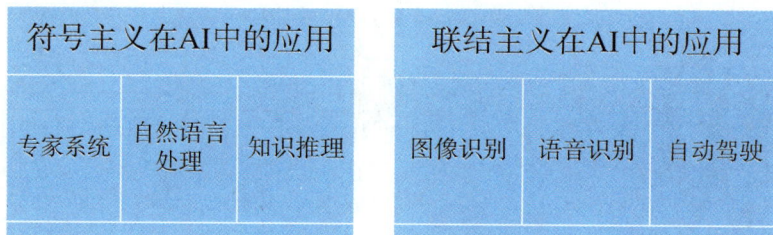

图2.23　基于不同认知模型的应用

未来人工智能将会注重符号主义和联结主义的结合。目前有一个叫作逻辑实证主义的学说，该学说是符号主义和联结主义的结合。由于本书篇幅有限，且该学说的理论并不完备，因此本书不作介绍。

2.5　章后习题

一、选择题

1.［单选题］认知科学与人工智能之间属于（　　）关系。

A.包含　　　　　　B.交叉　　　　　　C.依存　　　　　　D.因果

2.［单选题］人类区别于其他动物最底层的认知是（　　）。

A.语言认知　　　　B.思维认知　　　　C神经认知　　　　　D文化认知

3.［多选题］下列应用中模仿了人类第四认知层级的是（　　）。

A.行业大模型平台　　　　　　　　B.ChatGPT

C.智能决策系统　　　　　　　　　D.面部识别系统

二、判断题

1.百度大模型翻译模拟了人语言认知的活动。

2.ChatGPT属于符号主义认知模型。

三、讨论题

1.联结主义模型中主要的认知模型是什么？请举例说明。

2.讨论：目前的人工智能是否具有逻辑思维能力？

3.请读者自行体验一款具有语义识别能力的软件应用，询问以下四个问题，并总结使用体验：

① "你是基于什么模型设计的"；

② "2024是不是质数"；

③ "请输出欧几里得算法的C语言代码"；

④ "你是否具有思维能力"。

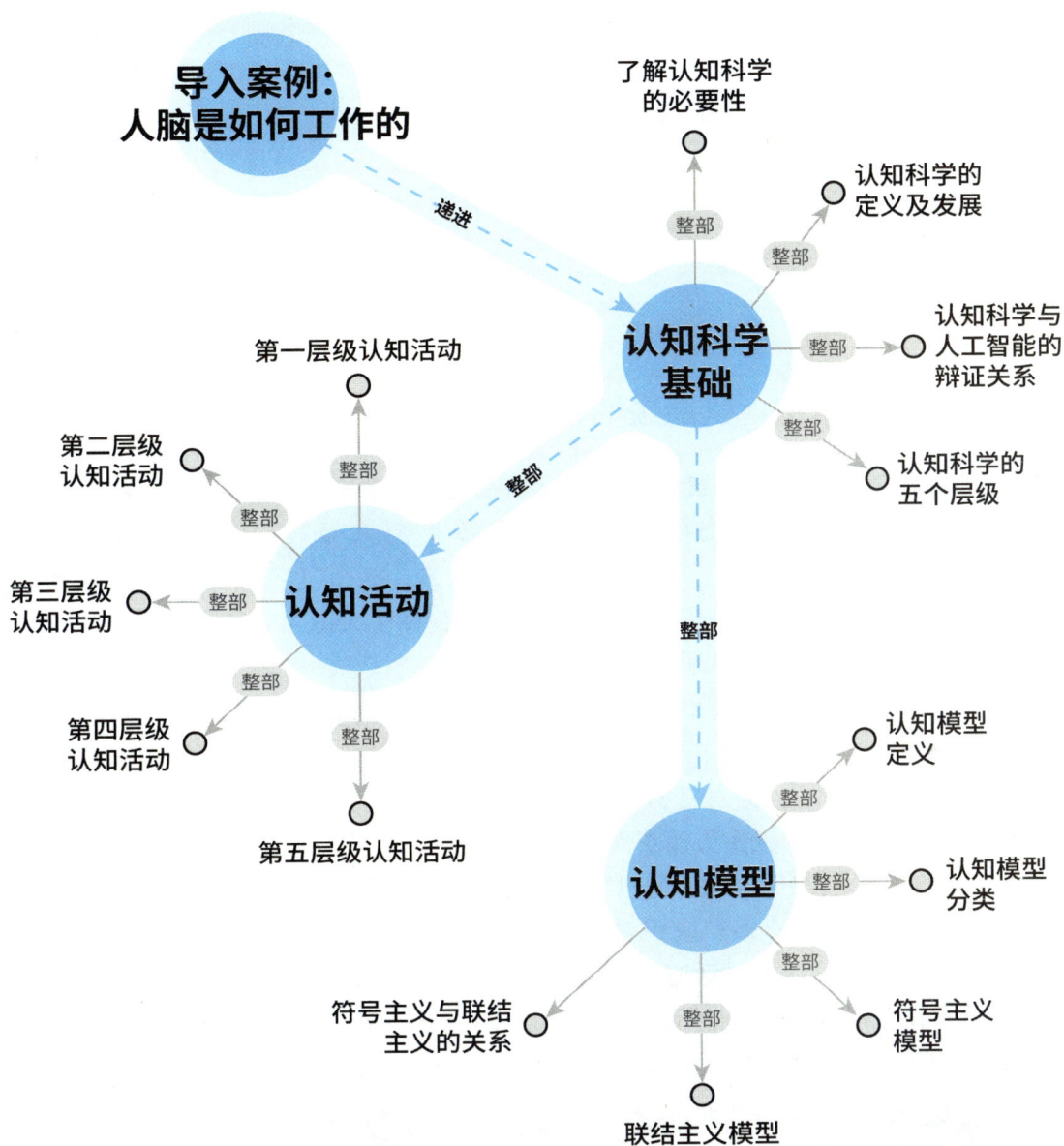

导入案例：
人脑是如何工作的

递进

了解认知科学
的必要性

认知科学
基础

整部 认知科学的
定义及发展

整部 认知科学与
人工智能的
辩证关系

整部 认知科学的
五个层级

第一层级认知活动

整部

第二层级
认知活动

整部

认知活动

整部 整部

第三层级
认知活动

整部

第四层级
认知活动

整部

第五层级认知活动

认知模型

整部 认知模型
定义

整部 认知模型
分类

整部 符号主义
模型

整部

符号主义与联结
主义的关系

联结主义模型

认知科学与
人工智能

第 3 章　机器感知

3.1　导入案例：机器是如何感知的

所谓感知，顾名思义，就是"感受""觉知"。它是人类理解世界的重要能力，也是人工智能领域中的一个核心技术模块。在现代生活中，机器感知已经无处不在，贯穿我们的日常活动。图3.1展示了一些常见的感知场景，它们体现了人工智能技术如何模仿人类的感知能力，为我们带来便利。

案例：机器是如何感知的

一个典型的感知应用是手机的面部识别功能［见图3.1(a)］。当我们将面部对准手机时，它能快速地分辨出是否为机主本人，并自动解锁。这一过程对人类而言可能是再自然不过的，但对机器来说却需要极为复杂的技术支持。手机必须首先"看见"我们，即通过摄像头捕获面部图像，然后"理解"我们是谁。手机作为一台机器是如何"看得见"我们，并且"分得清"不同人员的呢？

另一个广为人知的感知应用是语音助手［见图3.1(b)］，比如小度、小爱和Siri。当我们与这些助手对话时，它们能"听到"我们的声音，"听懂"我们的意图，并执行相应的任务。对于人类来说，即使是一个小孩子，要准确理解指令都并非易事，而语音助手作为一台机器，是如何做到这一点的呢？

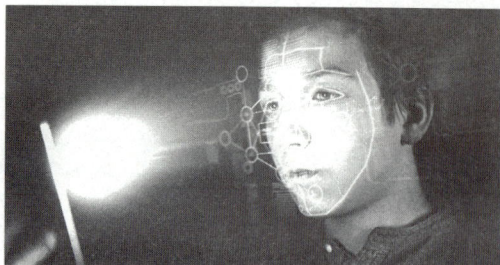

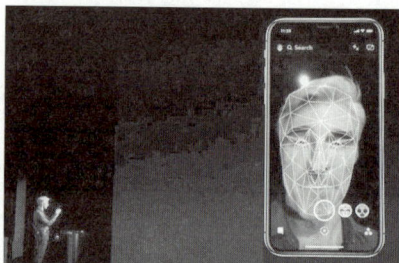

(a)手机面部解锁

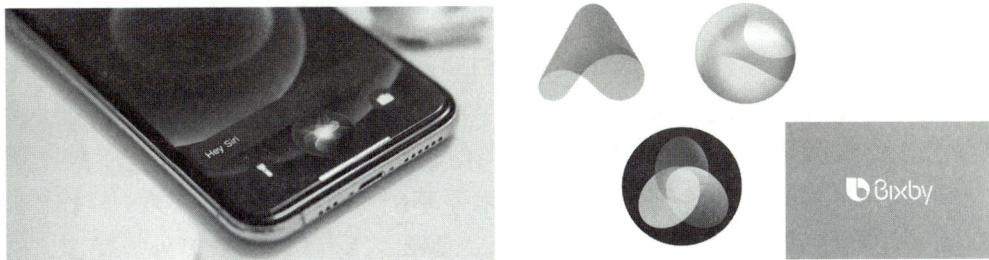

(b)语音助手

图3.1　日常生活中常见的感知场景

近年来，随着人工智能技术的飞速发展，无人驾驶技术逐渐成为人们关注的焦点。无人驾驶是一种无须人类司机操作，车辆即可自主完成载客或运输任务的技术，其实现过程高度依赖机器的感知能力，如图3.2所示。无人驾驶汽车需要实时感知周围的环境，包括识别红绿灯、行人、车辆、道路标志等复杂信息。此外，还需根据实时采集到的数据进行路径规划、避障和动态决策。例如，在面对拥堵的路况时，汽车需要做出适当的速度调整；在转弯时，汽车必须对导航信息和周围环境进行综合判断，以确保安全。

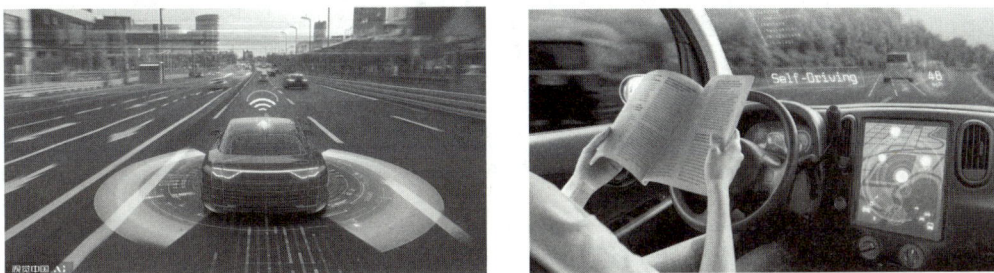

(a)外部　　　　　　　　　　　　　(b)内部

图3.2　无人驾驶汽车的外部、内部

这一切都依赖于"AI的感官"——各种传感器，如摄像头、雷达、激光雷达和GPS等。通过融合来自不同传感器的数据，车载系统能够对环境信息进行全面感知和理解，为后续的决策与控制提供坚实的基础。

从日常的手机解锁到复杂的无人驾驶技术，机器感知展现了其广泛的应用场景和巨大的潜力。它不仅提升了人们的生活质量，还推动了多个领域的技术革新。如何让机器更快、更准确地感知并理解复杂的世界，是人工智能研究中重要的方向之一。

3.2　机器感知基础

在本节中，我们重点介绍机器感知的基础概念和原理。

机器感知基础

　　人类通过五官（视觉、听觉、嗅觉、味觉、触觉）感知外界的信息，并利用大脑对这些信息进行处理，进而做出反应。例如，人眼看到红灯时会停下，皮肤接触高温时会立刻避开，听到警报声后会迅速采取行动。这套强大的感知系统使人类能够适应复杂多变的环境，并基于大脑处理的信息作出决策。

　　类似地，机器感知是实现人工智能的重要基础。机器要想像人类一样作出适当的反应，仅仅依靠计算能力还远远不够，也需要"感官"来采集外界信息。这些"感官"就是机器的传感器。通过传感器，机器可以"看到""听到""感知到"外界环境的信息，为后续的智能决策和反应提供数据支持。图3.3直观地展示了人体系统和机器系统的类比情况，人体感官负责接收外界刺激，将信息传递至大脑，经过分析处理后，大脑通过神经系统发出指令，控制肢体做出相应的反应。机器系统的工作原理与之相似：外界刺激由传感器采集后传递给机器的"中枢系统"（如处理器或算法模型），机器对数据进行分析并作出决策，随后通过执行器完成对应的动作。这一类比清楚地说明了传感器在机器感知中的重要性，它们是机器感知外界的"窗口"。

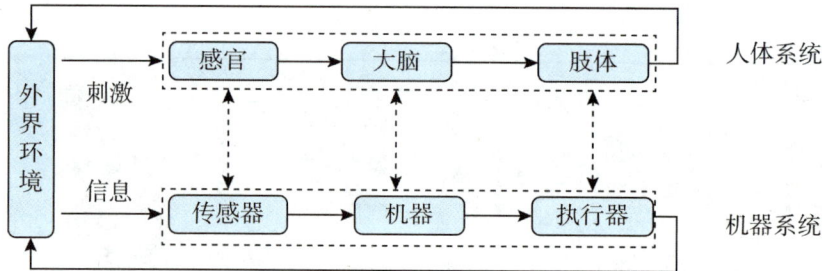

图3.3　人体系统与机器系统类比

　　传感器作为机器的感官，承担了模拟人类五官感知功能的职责。图3.4是几种常见传感器的例子。视觉传感器，比如相机、摄像头以及手机的镜头等都属于视觉传感器的范畴，用来捕获视觉信息，类似于人类的眼睛。视觉传感器是机器的眼睛。这些传感器能够获取图像或视频信息，进而由算法分析图像中的内容（如面部识别或交通标志识别）。声音传感器，比如麦克风，模拟人类耳朵的功能，它们被广泛应用于语音助手、智能音箱和语音识别等场景。皮肤是人类最大的器官，可以感知温度、压力、触觉等。与之对应地，有温度、压力传感器可以充当机器的皮肤，常见于工业检测和家用设备中。人类的鼻子能感知气味，而气体传感器（如烟雾传感器）可以检测特定化学物质的存在，用于烟雾报警、空气质量检测等。尽管当前的气体传感器还无法完全模拟人类鼻子的复杂功能，但通过技术迭代，它们的性能正在不断提升。

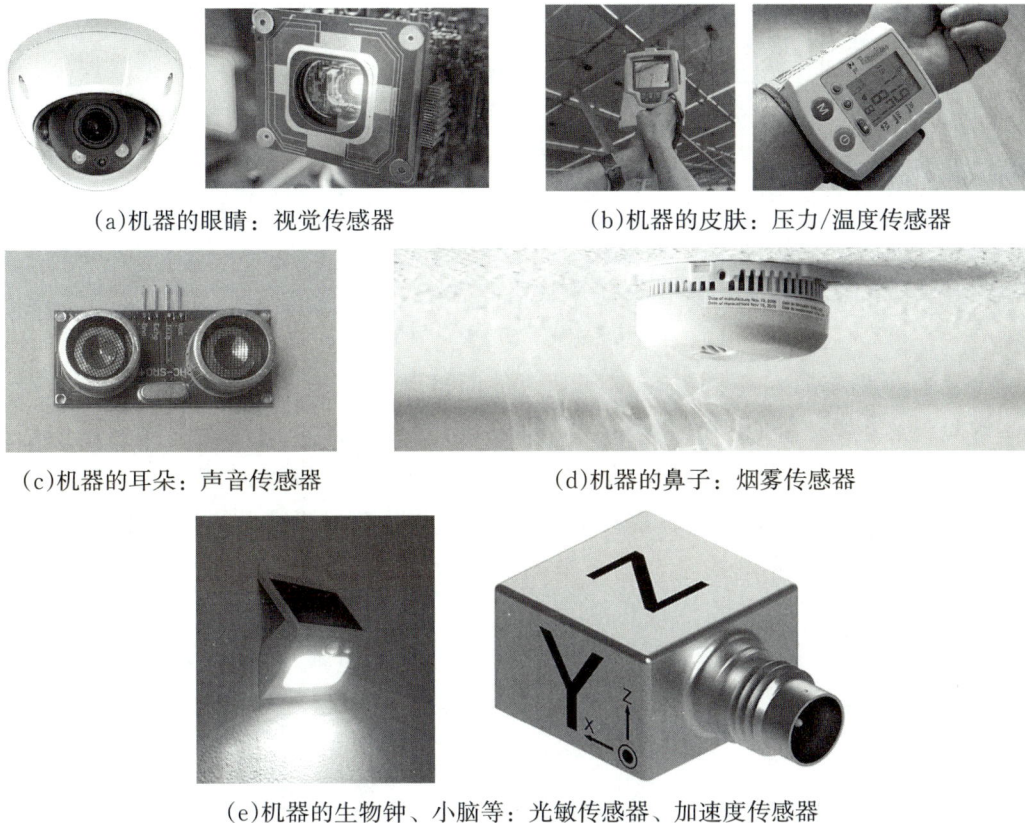

(a)机器的眼睛：视觉传感器　　　　(b)机器的皮肤：压力/温度传感器

(c)机器的耳朵：声音传感器　　　　(d)机器的鼻子：烟雾传感器

(e)机器的生物钟、小脑等：光敏传感器、加速度传感器

图3.4　常见的传感器

除了常见的视觉、听觉和触觉等，人体还有许多内置的感官。例如，小脑可以帮助人类感知平衡；类似地，机器通过加速度传感器和陀螺仪可以感知自身的姿态和运动状态。此外，人类的生物钟与昼夜变化密切相关，而光敏传感器在许多设备中发挥了类似的作用，例如，自动夜灯通过感知光线强弱决定是否开启。

传感器通过敏感元件感知环境中的物理量、化学量或生物量，并将这些信号转化为易处理、易测量的电信号。物理量例如光照、压力等，化学量则比如有毒气体、有毒物质等。有对应的装置和器械可以感受到这些量，然后通过其他转化装置将其转化为电信号。这是因为电信号具有可测量、简单且易处理的特点，并且可以支持各种后续处理，比如放大、反馈、滤波或者微分等等。

传感器的基本原理如图3.5所示，被测量的信号被敏感元件感受，并传递给转换元件，转换元件不直接感受被测量，而是将敏感元件的输出量转换为电路参数，比如电阻、电感、电容或电流、电压，通过信号转化电路可以进一步转化为电信号。电信号可以通过有线传输或者无线传输的方式传递到数据处理单元，进行数据的预处理、存储及管理。

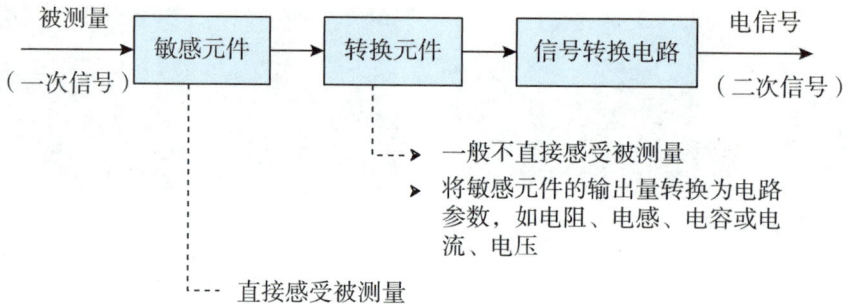

图3.5　传感器的基本原理

传感器类型丰富，不同的传感器其工作原理和方式也不尽相同。图3.6展示了一些常见的传感器。图3.6(a)是一些位移和形变传感器，包括以距离测量为基础的位移传感器、以陀螺仪为基础的加速度/角度传感器、以形变测量为基础的应变片、激光测振仪等。图3.6(b)展示了一些三维坐标测量设备，包括可以实现同轴度检测的三坐标机、龙门式全自动三坐标机、激光跟踪测量仪、激光扫描仪等。可以看到，即使是同样功能的传感器也因为原理不一样，有很多种类别。

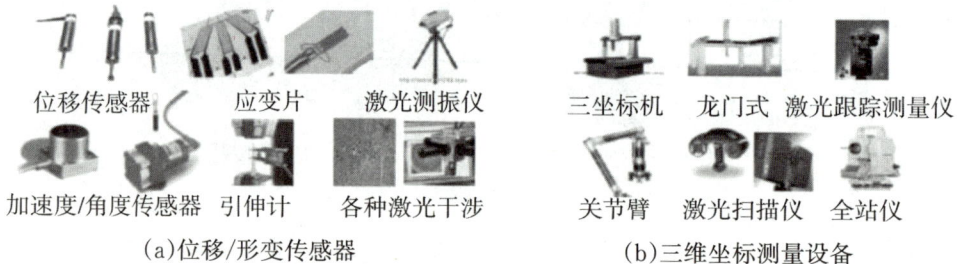

(a)位移/形变传感器　　　　　　　　(b)三维坐标测量设备

图3.6　不同类型的传感器

表3.1中展示了不同类型的传感器。传感器的类型多种多样，按照不同的分类标准可以分为不同的类别。例如，按照被测量的物理量分类，可以分为位移传感器、速度传感器、温度传感器和压力传感器等；按照工作机理分类，可以分为应变式传感器、电容式传感器、压电式传感器和热电式传感器等。除此以外，还可以按照构成特点进行分类，从结构特点、物性特点和能量转换特点等角度区分。图3.7展示了两个实际传感器的工作原理，说明了物理量是如何被转化为电信号的，即分别利用传感器将压强和水平信号转化为可测量的电信号。

表3.1　基于原理的传感器分类

分类方法	说明	举例
按照被测量分类	以被测量物理量分类，也即按照用途分类	位移传感器、速度传感器、温度传感器、压力传感器等

续表

分类方法			说明	举例
按照工作机理分类（变换原理）			以工作原理命名，便于生产厂家专业生产	应变式、电容式、电感式、压电式、热电式传感器等
按照构成特点分类（信号变换特征）	结构型		传感器依赖其结构参数变化实现信息转换	电容式传感器：利用电容极板间隙或者面积的变化
	物性型		依赖其敏感元件物理特性的变化（物质定律）实现信息转换	压电式传感器：利用压电效应，将力转化为电荷 热电偶传感器：利用热电效应
	能量转换型	能量控制型	信息变换过程中，其能量需要外电源供给	电容传感器：需外部供电，使能量转换为电流或者电压
		能量转换型	主要由能量变换元件构成，不需要外电源	压电效应、热电效应、光电动势效应 磁电式传感器：将线圈切割磁力线转化为感应电势

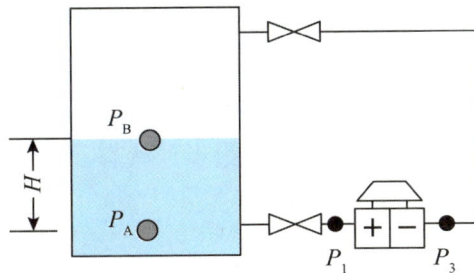

$\Delta P = P_A - P_B - H\rho g$（变送器的正取压口、液位零点在同一水平位置，不需零点迁移）

(a)差压式液位计的工作原理

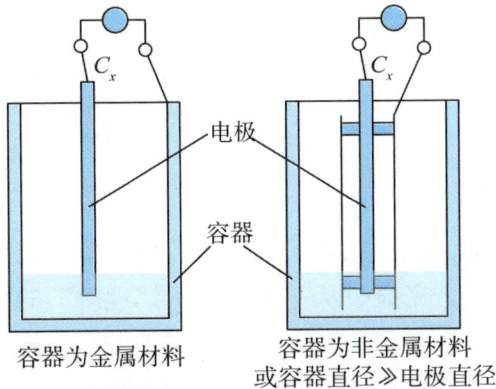

容器为金属材料   容器为非金属材料
或容器直径≫电极直径

(b)电容式液位计的工作原理

图3.7 部分传感器的工作原理

　　传感器是连接机器与环境的桥梁，其设计和性能直接影响机器感知能力的精确度和可靠性。通过丰富的传感器类型和持续的技术创新，机器的感知能力不断提升，推动了无人驾驶、智能家居、医疗诊断等多个领域的突破性进展。机器感知系统的核心在于传感器与"机器大脑"的协同工作，完成从数据采集到决策输出的一整套流程。为了更加直观地了解这一过程，我们以姿势识别为例进行说明。

　　图3.8展示了一个典型的姿势识别流程。首先，感知系统依赖传感器获取外界环境信息。在姿势识别任务中，常用的传感器包括捕捉人体姿势的图像或视频的相机和通过反射波测量人体活动特征的无线通信设备。这些传感器将环境中连续变化的物理信号转化为可处理的数字信号。接下来进行数据预处理。采集到的数据通常包含噪声或冗余信息，因此需要进行清理和优化。数据预处理的主要目的是去噪和归一化。然后，对数据中的关键特征进行提取。特征提取是将原始数据中对任务有意义的关键信息突出并表示出来的过程。比如在姿势识别中，我们需要关注人体骨骼点的位置和角度等空间特征以及动作连续变化的时间特征。通过特征提取，可以显著降低数据的复杂性，同时提高模型的学习效率。在特征提取完成后，感知系统利用机器学习算法对特征进行建模。传统算法有支持向量机（SVM）和决策树等，深度学习模型则有卷积神经网络（CNN）和循环神经网络（RNN）等。这些模型通过大规模的训练数据不断优化参数，从而具备识别和分类的能力。经过建模与推理，机器感知系统得出最终的判断。例如，在图3.8的例子中，系统根据输入的数据和训练模型，识别出该人物当前处于"跑步"状态。决策输出可以用来触发后续的任务执行，比如健康监控、运动分析等。

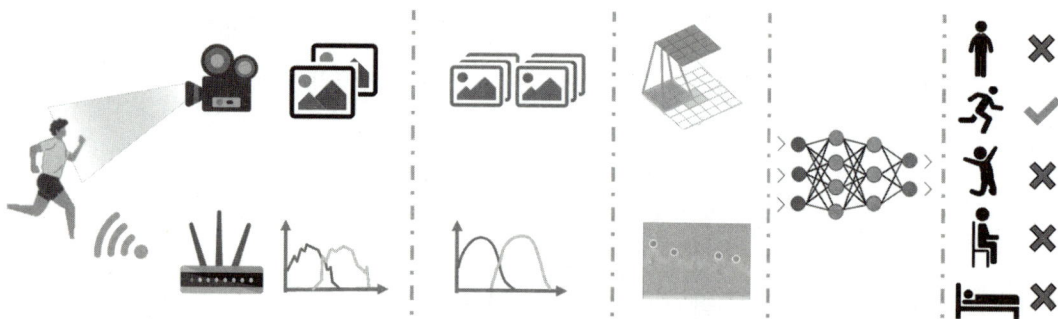

图3.8　姿势识别流程

　　从这个例子可以看出，机器感知系统通过数据采集、预处理、特征提取、模型训练和决策输出五个环节，完成了从"看见"到"理解"的全过程。每个环节环环相扣，共同支撑了整个感知任务的实现。姿势识别是感知技术的一个应用实例，其技术框架还可以拓展到医疗监护、智能监控等众多领域。未来，随着传感器技术和机器学习算法的持续发展，感知系统将在更多复杂场景中发挥重要作用。

3.3　视觉感知与听觉感知

3.3.1　视觉感知

在人工智能的感知模块中，视觉感知扮演着极为重要的角色。研究表明，人类约有 83% 的信息是通过视觉获取的。因此，模拟人类视觉的传感器技术得到了广泛研究与发展。图 3.9 展示了几种典型的视觉传感器类型。单目相机是最常见的视觉传感器，具有成本低廉、安装简便等优势，主要用于基本的视觉信息采集任务。单目相机因其简单可靠，广泛应用于安防监控和普通拍摄场景。然而，由于只有单一视角，单目相机无法直接测量物体距离，也难以确定同一物体在不同距离下的实际尺寸。

视觉感知与
听觉感知

(a)单目相机　　　　(b)双目相机　　　　(c)RGB-D 相机　　　(d)事件相机

图 3.9　不同类型的相机

为了弥补单目相机的不足，双目相机通过模拟人类双眼的工作原理，引入了视差计算，能够采集更多的空间信息。双目相机可以实现多个角度的综合拍摄，从而推断出更多的信息，实现更加逼真的成像效果。双目相机被广泛应用于无人机导航、机器人视觉和 3D 建模等领域。

RGB-D 相机结合了红外深度传感器和 RGB 摄像头，能够同时获取物体的颜色和深度信息，是一种多模态传感器技术。RGB-D 相机将颜色和深度信息整合，为下游任务（如目标检测和场景重建）提供丰富的数据，还可在复杂环境下实现稳定的深度测量。典型应用场景包括智能家居、增强现实（AR）和虚拟现实（VR）系统。

事件相机是一种创新型视觉传感器。与传统相机的"帧同步拍摄"机制不同，事件相机采用"事件驱动"模式，仅在检测到视野中的变化时才记录数据。事件相机能够捕捉快速运动的物体，即使在极端光照条件下也能提供清晰的视觉信息。传统相机同步回传信息，也就是当下拍到了什么就回传什么。事件相机则对不同事件的回传时刻不同，比如一个目标位置发生了变化或者是整个视野中一个像素值发生了变化，事件相机都会回传一个事件，实现了高动态范围的视觉信息捕捉，并且功耗很低。事件相机适用于自动驾驶、高速机器人控制和运动物体跟踪等任务。

随着人工智能技术的不断突破，视觉传感器将朝着更高分辨率、更低延迟和多模态融合的方向发展。通过结合深度学习技术，未来的视觉感知系统将更加智能化，能够实现更复杂的场景分析与实时交互。图 3.9 中展示的不同相机类型为研究者提供了丰富的选择。用户可根据具体应用场景选择适合的传感器类型，以满足任务需求。

　　在通过相机、摄像头等采集完图片后，需要通过机器进行后续的处理才能理解、分析并进行进一步的决策。计算机视觉的核心任务之一是图片分割，即将一幅图片划分为多个区域或对象。这些区域或对象在视觉上是具有意义的，例如不同的物体、背景或其他特征。图片分割的目的是让机器能够理解图像的内容，从而为后续分析、处理或决策提供支持。

　　图3.10给出了图片分割任务的示例。根据所给的图片，机器学习算法可以识别出其中的关键对象。例如，图3.10(a) 中的斑马、土地、树枝堆、悬挂的袋子都可以被识别出来，图3.10(b) 中的每只不同形态的猫咪也可以通过AI识别出来，支持后续的分析决策。在这两个例子中，图片分割技术帮助机器以更精细的方式处理复杂的场景，达到更高的视觉理解水平。

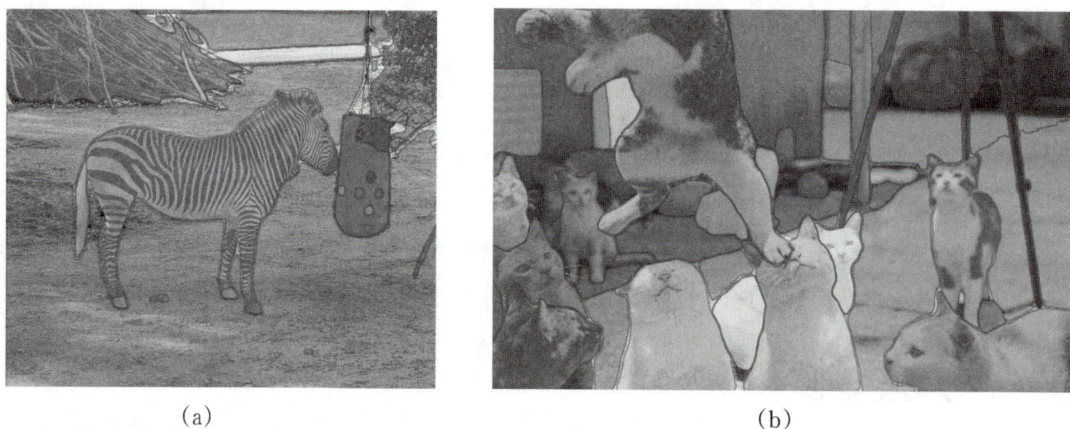

(a)　　　　　　　　　　　　　　　(b)

图 3.10　图片分割任务

　　图3.11是一个更具体的例子。通过图片分割技术，机器可以识别出图片中的关键信息，有草帽、赤裸上半身的人、黑牛、手机、草地等。机器可以基于分割出来的具体对象，进一步理解图片，并领悟图片所传达的含义。在这个图片中，可以清晰地看到有一个戴着草帽、赤裸上半身的人在放牛，同时这个人还在打电话。对于人类来说，这种语义理解是直观的，但对机器而言，需要通过大量训练和优化算法模型才能达到类似的认知水平。

图 3.11　图片分割与理解

　　图片分割技术在实际生活中有着广泛应用，包括自动驾驶场景中识别行人、车辆、交通标志等关键元素；在医疗影像场景中，分割病灶区域，辅助医生诊断；在智能监控中，区分正常行为和异常事件，提高安防效率；在虚拟现实（VR）与增强现实（AR）中，实现更精准的场景分离和叠加。随着深度学习技术的发展，图片分割的精度和效率将不断提高。在未来，结合多模态感知技术（如视觉、语音、触觉），机器可以在更多复杂场景中实现更加细致的分割与理解，推动人工智能系统在自动驾驶、智能家居、医疗诊断等领域发挥更大作用。

　　除了图片分割与图片理解，视觉感知还包括许多其他重要任务，例如图片分类、场景重建和目标检测。这些任务不仅帮助机器更好地理解视觉内容，还推动了各类应用场景的发展。

　　图片分类是视觉感知中的基础任务，其目标是根据图像中的主要对象对图片进行分类。

　　图 3.12 展示了图片分类任务的一个典型案例。每一行图片表示一个类别，包括飞机、汽车、鸟、猫、鹿、狗、青蛙、马、船和卡车等。机器通过卷积神经网络（CNN）等模型，从图像中提取特征并训练分类器，实现对新图片的自动分类。图片分类在目标检测、推荐系统等领域具有广泛应用。

图 3.12　图片分类任务

　　场景重建是另一个关键的视觉感知任务，旨在根据多个视角的图像重建场景或物体的三维结构。人类可以通过观察建筑物的不同角度，在脑海中想象其完整形态。类似地，机器视觉利用多视角图像和深度学习模型完成建筑物或物体的重建。图 3.13 展示了一个实际例子，图（a）是初始模型，图（b）是分解后的碎片，图（c）是机器重建的完整建筑。场景重建技术在文物修复、虚拟现实（VR）和增强现实（AR）等领域具有重要价值。

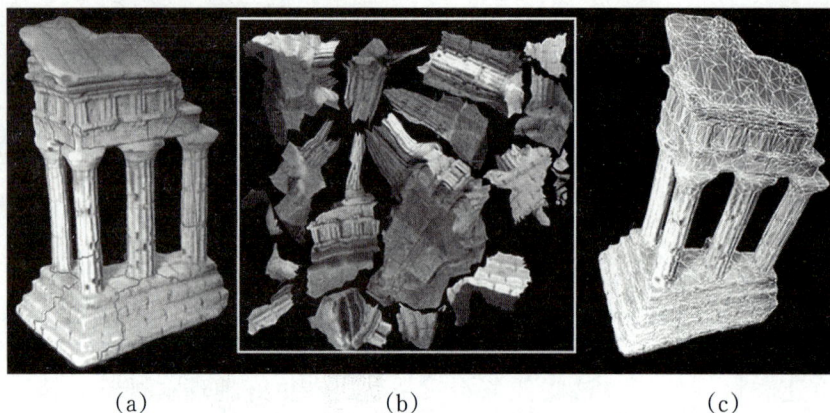

(a)   (b)   (c)

图3.13   场景重建任务

    目标检测技术进一步拓展了图片分类的能力，不仅识别图片中的主要对象，还确定其在图片中的位置。目标检测通常通过边界框标注目标的具体坐标，帮助机器完成识别和定位对象的任务。识别对象是指确认图片中存在的具体对象，定位对象则是指提供每个对象的空间位置。图3.14展示了一个典型案例，其中机器不仅识别出图片中的猫，还标注了猫的具体坐标范围。目标检测技术广泛应用于安防监控、自动驾驶和智能零售等领域。

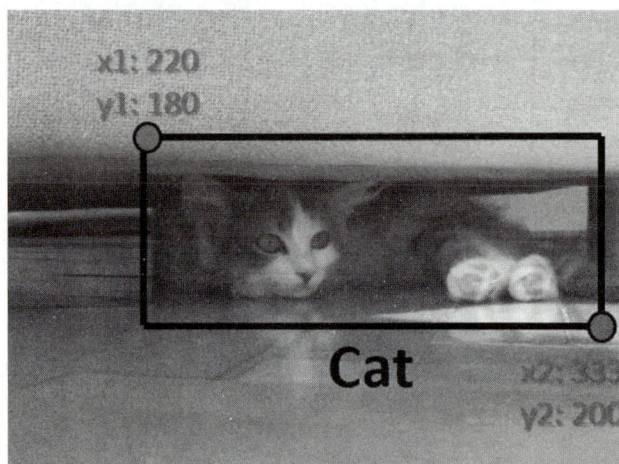

图3.14   目标检测任务

    计算机视觉是模拟和扩展人类视觉能力的技术，其任务包括图像采集、图像预处理、特征提取、目标识别、目标跟踪、场景理解和决策等。为了更好地理解计算机视觉的基本原理，我们可以对比人类视觉的处理方式。

    相机等视觉传感器捕捉图像的原理与人眼非常类似（见图3.15），人眼通过瞳孔调节进光量，并将光线聚焦在视网膜上成像。相机通过镜头变焦调节光线，完成在胶片或感光元件上的成像。无论是人眼还是相机，图像采集过程的核心都是获取场景的物理信息并转化为视觉数据。

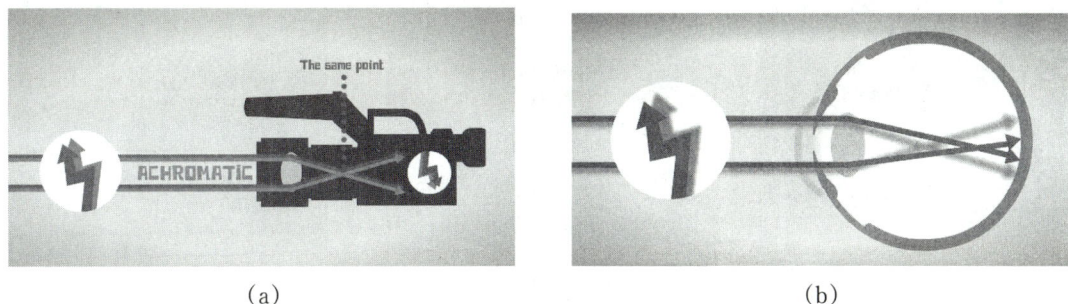

(a)　　　　　　　　　　　　　　　　(b)

图 3.15　相机、人眼捕捉图像原理类比

人眼可能因为近视、疲劳等视物不清，需要擦亮眼睛才能采集到清晰的图像信息，同样地，相机等传感器捕捉到的图片可能也是模糊的，需要进行降噪、放大、调整对比度等操作，让图片信息更突出、更准确。图 3.16 是一幅通过对原始图片降噪、放大，使得图片更清晰的示意图。

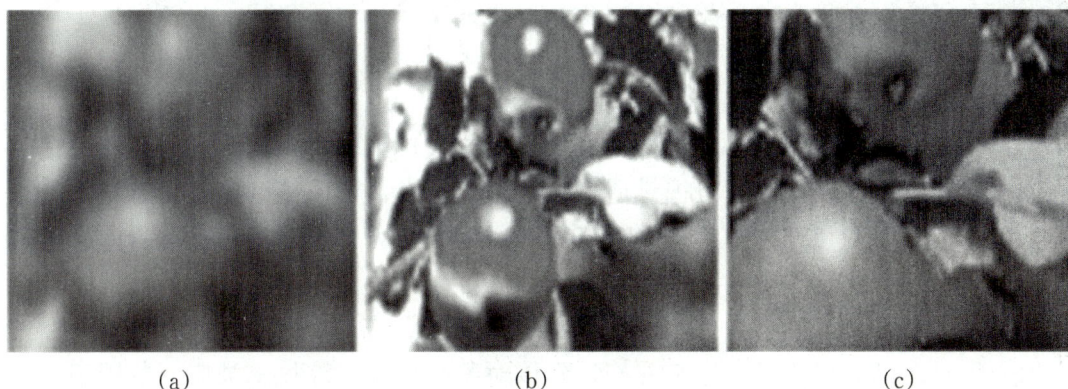

(a)　　　　　　　　　　　(b)　　　　　　　　　　　(c)

图 3.16　图片的降噪、放大

特征提取是计算机视觉的重要步骤，目标是从图像中提取最关键的特征，以帮助机器理解对象的核心信息。这与人类看到物体后首先进行整体特征分析的行为是相似的。图 3.17 展示了两个特征提取的例子。图 3.17(a) 是一只乌龟正在吃草莓的图，其主要特征包括红色的草莓纹路和乌龟的龟壳纹路，这些也是人类一眼就能注意到的细节；图 3.17(b) 最明显的部分分别是狗头、吉他，将这些特征提取出来，可以帮助机器更快地分析图片信息。基于经验，人类能够迅速识别出所看到的内容。类似地，通过特征提取，机器也能快速聚焦于最关键的信息，从而简化后续的识别与分析任务。

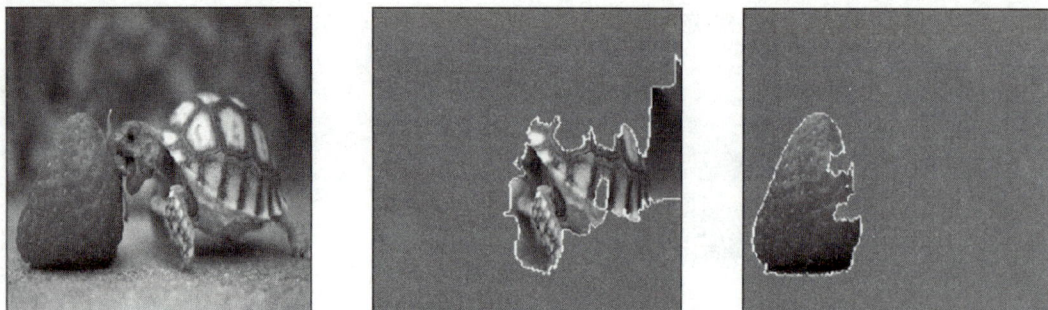

（a）乌龟草莓特征识别

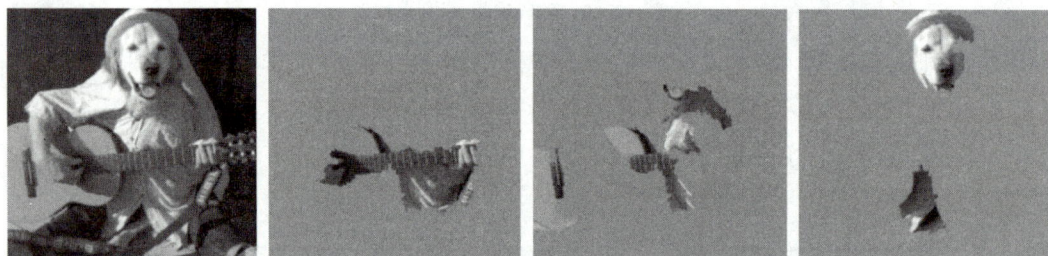

（b）小狗弹吉他特征识别

图3.17　计算机视觉特征识别

　　人类具有追踪运动目标的能力，例如踢足球或打篮球时，需要实时监控目标的位置和速度。同样地，计算机视觉通过目标追踪技术，可以持续监控动态对象。如图3.18所示，人们在进行踢足球、打篮球等运动时，需要实时追踪足球、篮球等目标的位置，以及队友的行动。类似地，机器也可以完成目标追踪，比如在视频分析中，可以追踪一个固定对象的位置，如图3.19所示，当一个标号为129的对象位置发生变化时，机器仍然可以追踪并确认到该对象。目标追踪技术被广泛应用于自动驾驶、智能监控和视频分析等领域。

（a）

（b）

图3.18　人类目标追踪

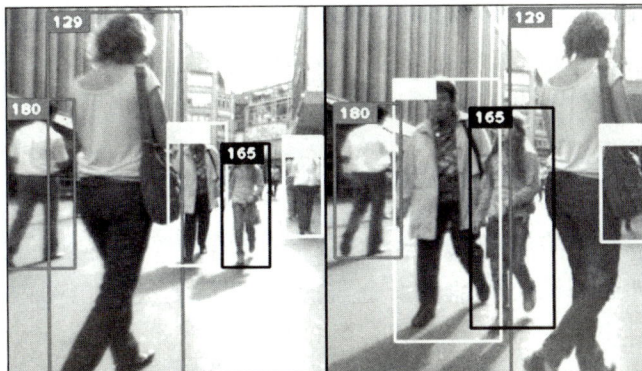

图 3.19　机器目标追踪

类视觉技术不仅能识别物体，还能结合场景元素理解整体语义并作出合理的决策。比如车辆＋道路＋红绿灯等可以判断是在马路上，车辆＋车辆＋柱子＋停车线等可以判断是在停车场。同样地，计算机视觉模型经过训练后也可以胜任图片语义信息和场景理解任务。进一步地，人类可以结合目标识别、场景理解的能力作出决策，比如看到车辆过来主动避让等。机器现在也可以支持高层次的决策，包括但不限于路径规划、行为决策和动作执行等，日趋成熟的自动驾驶技术是一个非常直观的例子。

3.3.2　听觉感知

在了解了视觉感知的基本原理后，本节将介绍听觉感知相关的关键技术和典型应用。听觉感知是人工智能领域的另一重要方向，旨在让机器能够"听懂"和"生成"声音，实现人类语言与声音信息的处理与交互。

听觉感知包括下列几种关键技术：语音识别、语音合成、声源定位和分离、情感识别等。语音识别技术是将语言转化为文本，也就是将我们说话的音频转化为文字，是听觉感知的基础技术。与之对应的是语音合成技术，该技术是将文本转化为自然的语音。最近随着大模型的发展，语音合成技术取得了长足进步，已经能支持指定音色、调整语调和模拟情感，实现了更自然、更个性化的语音输出。除此之外，还有通过多麦克风阵列进行声源定位和分离的相关技术，该技术可以判断声音传来的方向，也可以从混合音频中分离出不同的声音源。情感识别是指从说话语音中识别出说话者的情感，如愤怒或者愉悦等，可帮助机器更深层次地理解说话者的语义与情感意图。

听觉感知在实际中有着广泛的应用，我们简要介绍其中几种典型的应用。第一类我们比较熟悉的应用是智能助理，比如小爱同学、Siri、小度等，它们可以支持日常的一些问答以及基本的生活辅助，查天气、定闹钟或者是开关灯等，通过语音识别与合成实现自然的人机交互。第二类是自动会议记录，包括一些会议上的实时转译等，可以辅助会议重点内容的总结和定位，常用于商业会议和学术讨论等场景。第三类是说话者身份识别和确认，在一些金融风控或者远程核验场景中，可以根据说话者的声纹等特异性信息确认其身份是否合法。类似的在一些营销场景中，通过采集到的声音识别顾客性别、年龄等对于用户精准画像、用户个性化推荐等有较大的帮助。

除此以外，声音采集本身成本较低，在安全监护等方面也有比较多的应用，异常声音、异常事件的监测可以辅助安全监护。同时在音视频中加入特殊的声音片段可以辅助剪辑人员快速定位至需要处理的位置，提高剪辑创作的效率。在智能外呼或者跨国会议等场景中，不同语种的识别和适配服务也有着广泛的应用。

随着大模型的发展，听觉感知技术在效率、精度和适用性方面将继续取得突破，进一步扩展其在智能化应用中的角色。

3.4　无线感知

除了视觉感知和听觉感知以外，无线感知正随着无线通信技术和人工智能技术的快速发展，成为一种重要的感知手段。无线感知可以被认为是人工智能的新感官，其显著特点是无须依赖特定传感器，而是通过分析无处不在的无线信号来感知环境。

无线感知

无线信号通过空气传播，属于电磁波的一种，广泛存在于日常生活中，如Wi-Fi信号、5G信号、雷达信号和蓝牙信号等。它们不仅能够传输数据，还携带了丰富的环境信息。图3.20是一个用Wi-Fi信号感知是否有人类行走的例子，当环境中没有人类活动时，无线信号保持稳定，当人类行走时，信号传播路径被扰动，通过分析被扰动后的信号，机器能够判断并分析人类的行为。这种感知能力依赖于无线信号的传播特性，如多径效应和多普勒效应。

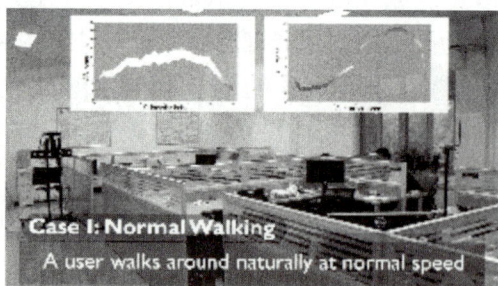

（a）　　　　　　　　　　　　　　　　　　（b）

图3.20　无线信号感知人类行走

我们知道信号波遇到障碍物会反射、发散，形成多个传播路径，也就是信号波的多径效应。信号的多径效应如图3.21所示，天线A发射出的信号被墙和反射物反射，形成了多个传播路径。另外，信号传播还具有多普勒效应。多普勒效应是指波源和观察者之间存在相对运动时，观察者接收到的波的频率与波源发射频率之间存在差异的现象。这里有个形象的例子，车载信号因为车辆的移动使得观测到的波长和频率发生了改变。这些效应使得无线信号在传播过程中能够携带丰富的环境信息，机器通过分析这些信息实现对环境状态的感知。

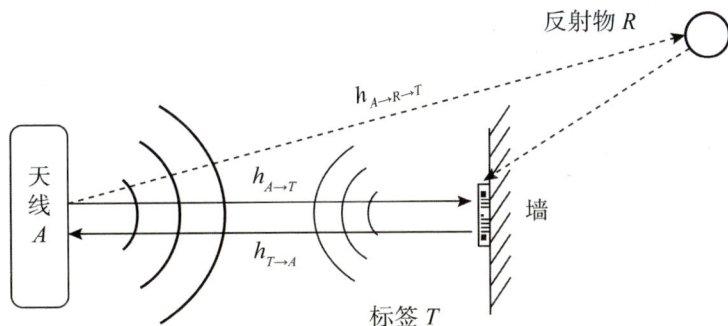

图 3.21　信号的多径效应

　　光波也是一种电磁波，射频信号与可见光的本质是相同的。视觉感知意义重大，人类 83% 的信息都是通过视觉获取的。那么无线感知的必要性体现在哪里呢？图 3.22 展示了按照频率和波长分类的多种类型的电磁波，从 Wi-Fi、雷达再到可见光，电磁波的频率逐渐增加、波长逐渐变短。无线射频感知主要在 GHz 频段，波长较长，既可以镜面反射也可以透射，擅长穿透障碍物，感知被遮挡的目标或环境状态。计算机的视觉感知则主要在可见光频段，也就是 THz 频段，依赖 RGB 通道，主要通过反射成像来识别颜色和形状，更适合处理复杂图像信息，如目标检测和语义分割。两者的互补性决定了无线感知可以在视觉感知无法覆盖的场景中发挥独特作用。例如，视觉感知难以穿透墙体，但无线感知可以通过信号透射分析隐藏在墙后的活动。计算机视觉感知的应用非常普遍，大规模商用也很成熟，相对而言，对无线感知的挖掘还有待深入，无线感知具备强大的应用潜力。

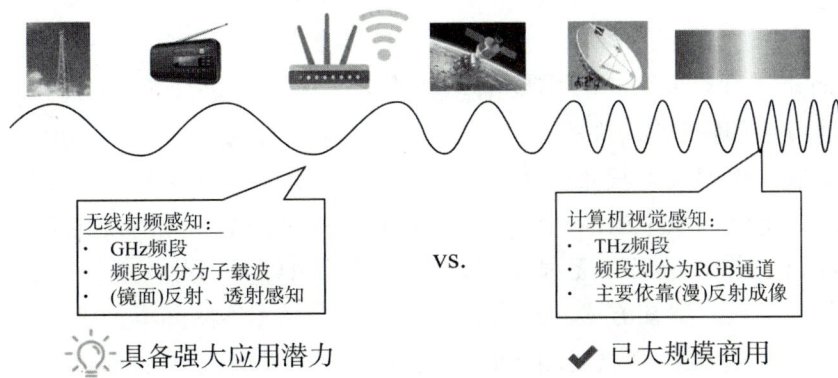

图 3.22　不同种类的电磁波

由于射频信号与可见光的频率及波长不同，所以它们的传播和反射特点也不一样。如图3.23(a)、(b)所示，射频信号遇到障碍物后，可以多次反射并最终到达接收端，也可以经过透射传播，因为射频信号频率较低，遇到障碍物时损耗比较少，可以不受障碍物阻挡而被成功接收。射频信号的低频特性使其具有更强的穿透能力，即使隔着障碍物也能完成信号接收。可见光是高频信号，遇到障碍物损耗较大，无法跨过阻挡而被接收，如图3.24所示，人眼和相机接收的都是可见光信号，因此在视觉上，障碍物后的场景是不可见的。通过这种对比，可以看出射频信号在非视距环境中的优势。

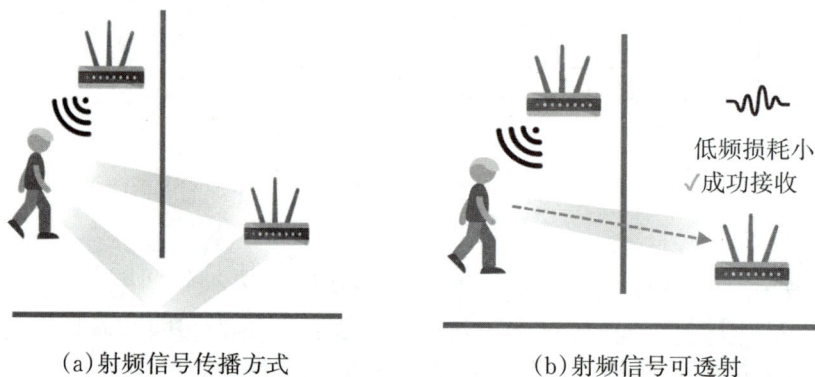

(a)射频信号传播方式　　　　　(b)射频信号可透射

图3.23　射频信号的传播

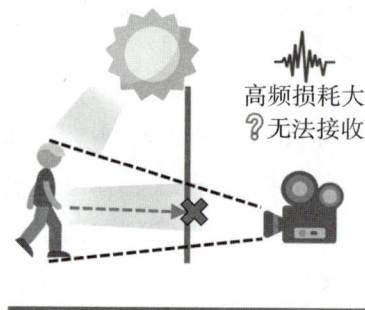

图3.24　可见光的传播

无线感知之所以成为一种重要的感知手段，主要归因于其泛在性、非视距能力、暗光适应性和隐私保护特性。首先，无线信号几乎无处不在，因此无须额外安装特制传感器，感知成本较低。其次，无线信号不依赖视距路径，可以穿透墙壁和障碍物，感知隐藏区域中的活动。再次，在弱光甚至完全无光的条件下，无线信号仍然可以正常工作。最后，无线感知不依赖视觉图像，因此不会泄露人物面部信息，是一种非侵入式感知方式。从直观的角度来看，无线感知类似于在一个布满镜子的房间里，通过磨砂玻璃观测场景。无线信号的多次反射提供了环境的全局信息，但由于不聚焦，其精度类似于磨砂玻璃视图。

　　无线感知技术已在多个领域展现出独特的优势，包括安防领域的人员入侵检测、资产防护等。即使是在暗光条件下，无线感知技术也可以检测到异常侵入，有较大的意义。除此之外，睡眠监测（包括但不限于睡眠行为监测、睡眠心率监测等），以及跌倒检测等，都可以通过无线感知技术实现，在保护隐私的同时，实现了必要的监测和预警。除此之外，手势控制、体感游戏等也都可以通过无线感知技术来实现。

　　无线感知技术不仅扩展了人工智能的感知范围，还在隐私保护和成本优化方面展现出显著优势，是未来智能化发展的重要方向之一。

其他感知

3.5　章后习题

一、选择题

1. [单选题] 下列设备不属于 AI 感官的是（　　）。
A.麦克风　　　　　B.桌子　　　　　C.摄像机　　　　　D.Wi-Fi
2. [单选题] 下列任务不属于视觉感知任务的是（　　）。
A.场景重建　　　　B 图片分类　　　C.目标检测　　　　D.声源定位
3. [多选题] 下列场景属于无线感知技术应用范畴的是（　　）。
A.人员入侵检测　　B.睡眠检测　　　C.游戏手势控制　D.跌倒检测

二、判断题

1.现有 AI 技术可以根据说话者的音频识别并分析人类情感。
2.传感器是将物理信号转化为化学信号的元件。

三、讨论题

1.请详细了解自动驾驶的相关技术，并且介绍其所用到的4种以上的传感器及其机器感知任务的实现原理。

2.了解最新的视觉传感器设备，列出一种你最感兴趣的，说明该传感器的优缺点，并尝试给出改进思路。

3.无线感知技术在实际生活中有着广泛的应用，尝试给出一种具体场景下利用该技术辅助人类生产生活的例子。可以是已有的场景，也可以是你设想的合理的场景。

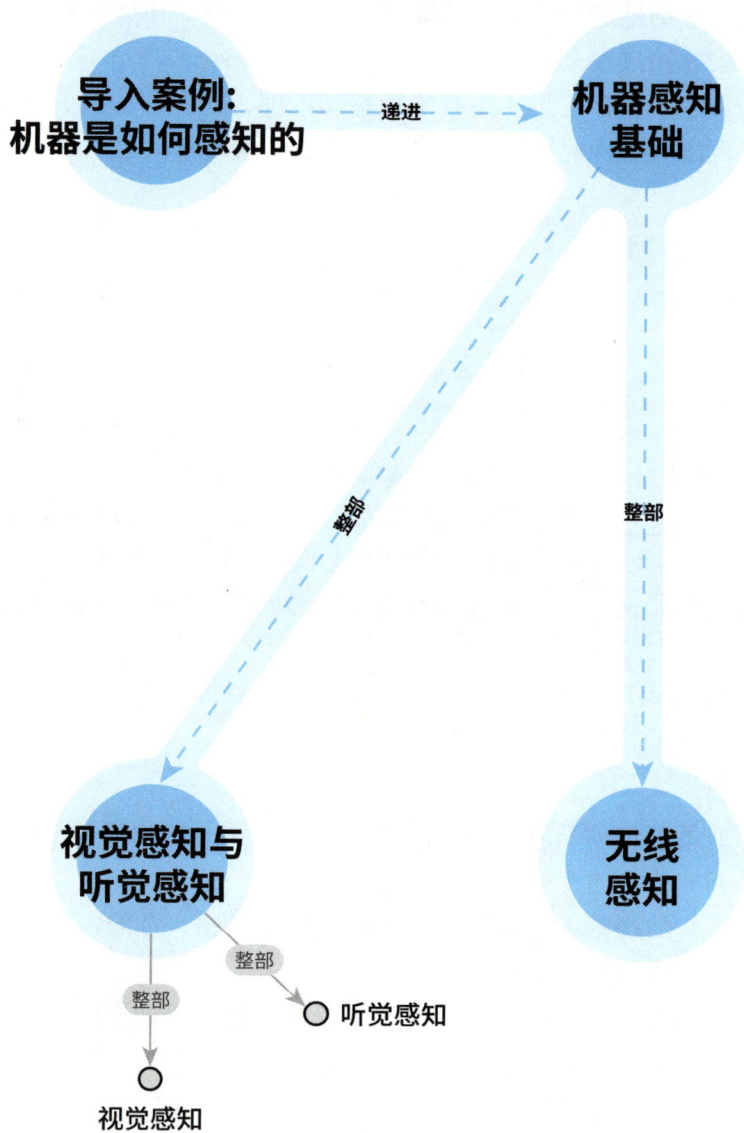

机器感知

思维与学习篇

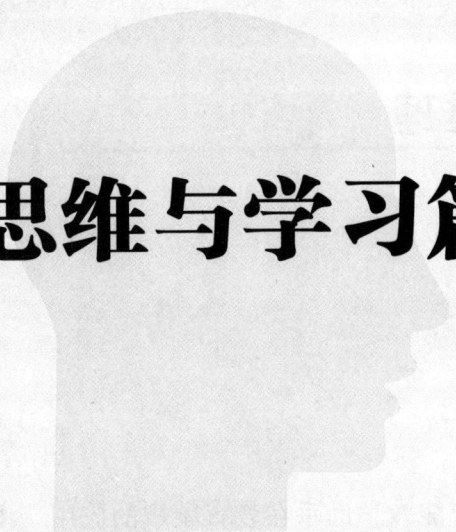

第 *4* 章　知识表示与推理

4.1　导入案例：教学助手

案例：智能
教学助手

随着人工智能技术的迅猛发展，智能教学助手在教育领域的应用日益广泛，显著提升了教学效率和学习体验。美国佐治亚理工学院的 Jill Watson 是教育界最著名的人工智能（AI）助教，她于 2016 年推出，部署到计算机科学课程人工智能的在线论坛上，和一群人类助教一起回答学生提出的问题。在部署后的整个学期中，学生甚至没有意识到 Jill Watson 是位 AI 助教。经过多年发展，Jill Watson 的版本不断强化，可以迅速设置，配备给不同年级或学科领域的班级，回答学生有关课程的特定问题。Jill Watson 还发展了连接在线学生与课堂学生的功能，帮助解决在线学生虚拟课堂的社交障碍，辅助建立起学生之间相互支持的、富有活力的学习社群，如图 4.1 所示。

图 4.1　美国佐治亚理工学院 AI 助教 Jill Watson

无独有偶，印度首位 AI 教师"爱丽丝"也于 2024 年在喀拉拉邦的一所学校"正式上岗"。"爱丽丝"由印度 Makerlabs 教育科技公司开发，是一款基于生成式

AI技术的人形机器人，通过所配置的轮子在教室中自由移动并回答学生们的问题，如图4.2所示。"爱丽丝"的知识覆盖幼儿园到中学，不仅会说英语，还精通印地语和马拉雅拉姆语。未来，工程师们还将为"爱丽丝"进行升级，将其语言库扩展到20多种语言。该机器人将通过AI的力量创造个性化教学体验以"打破教育界限"。

图4.2　印度首位AI教师"爱丽丝"

而在国内，科大讯飞推出了基于讯飞星火X1与DeepSeek模型的AI学习机（见图4.3），致力于助力孩子精准高效学习，帮助家长辅导孩子学习。在1对1精准学的思路点拨和错因辅导中，AI老师能够依据孩子的个性化学情数据，深入剖析并清晰展示系统性思考及推理过程，并通过语音、图像、文字等多种互动方式，实现深度的启发式辅导，有效培养孩子的自主思考能力。同时，家长可以通过亲子助手获得丰富的具有同理心的亲子沟通建议，有效提升亲子沟通效果和效率。

图4.3　科大讯飞AI学习机

北京大学北京国际数学研究中心长聘教授董彬和校外科技公司联合打造了一款名为"Brainiac Buddy"的AI助教（见图4.4），并于2023年秋季在"图像处理中的数学方法"课上启用。学生通过对它进行提问，可以实现课程预习和建立个性化知识库。在学生眼里，它能提供高质量互动，而且"永远有耐心"，是一个"聪明又勤奋的家伙"。

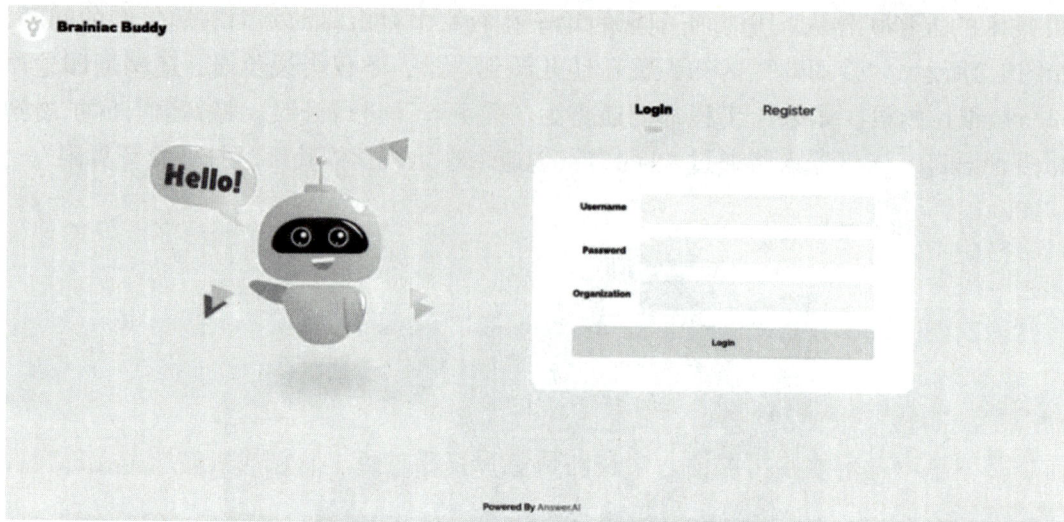

图4.4　北京大学AI助教Brainiac Buddy

　　总而言之，上述智能教学助手的实现离不开人类知识的加持。知识是智能的基础。为了使计算机具有智能，就必须使它具有知识。但知识需要用适当的模式表示出来才能存储到计算机中去并能够被运用，因此，知识的表示已成为人工智能中一个十分重要的研究课题。

　　本章将首先介绍知识及其表示，然后介绍知识图谱这一当前人工智能中应用比较广泛的知识表示方法，最后介绍模糊推理与决策。

4.2　知识及其表示

4.2.1　知识和知识表示方法概述

知识及其表示

　　德国著名思想家和作家歌德曾说过："一切才能都要靠知识来营养，这样才有施展才能的力量。"知识是人类进行一切智能活动的基础。从认识论的角度来看，知识是人们对信息和信息之间联系的认识，以及利用这些认识解决实际问题的方法和策略。获取、表示和处理知识的能力是人类心智与其他物种心智的最本质区别，也是人脑智能的核心特征。

　　知识区别于数据和信息，三者之间是递进关系，如图4.5所示。数据是指原始的素材，信息是指经过加工处理后具有逻辑的数据，而知识则是指从信息中提炼而来，建立联系和关联并能够指导行动和完成任务的能力。例如，"40摄氏度"是数据，"小明体温达到了40摄氏度"是信息，"小明现在发烧了"是知识。

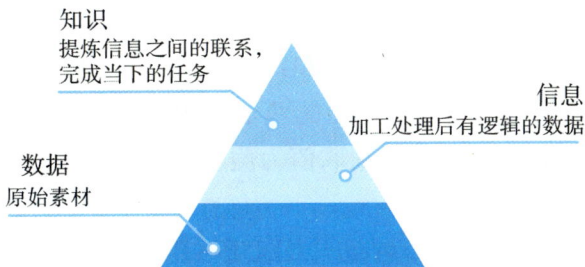

图4.5　知识、信息与数据的关系

　　知识表示就是将人类知识进行形式化或者模型化，使它变成面向计算机的知识描述形式。人类的知识表示有很多形式，比如语言、文字、数字、符号、公式、图形等等，这些表示形式是人所能接受、理解和处理的。但在人工智能领域中，计算机无法识别这些表示，所以需要适合于计算机的知识表示形式来方便地存储、处理和利用这些知识。计算机中常见的知识表示方法有一阶谓词逻辑表示法、产生式表示法、框架表示法、语义网络表示法等。

4.2.2　一阶谓词逻辑表示法

　　一阶谓词逻辑是最先应用于人工智能的逻辑表示法之一，其特点是任何一个命题的真值或者为"真"，或者为"假"，它在知识的形式化表示方面，特别是定理自动证明方面，具有重要作用。

1.谓词

　　一个谓词主要分为谓词名和个体两个部分，它的一般形式是：

$$P(x_1, x_2, \cdots, x_n) \tag{4.1}$$

其中，P是谓词名，用于刻画个体的性质、形状或个体之间的关系；$x_1, x_2, \cdots, x_n$是个体，表示独立存在的事物或概念。若$x_i(i=1, 2, \cdots, n)$都是个体常量、变元或函数，则称之为一阶谓词。如果某个x_i本身又是一个一阶谓词，则称之为二阶谓词，以此类推。例如"物体A在物体B上"这一命题可以用一阶谓词逻辑表示为ON(A, B)，其中A和B是常量，表示个体，ON是谓词名，表示A在B上面。通常，一个命题有多种表示形式，例如"盒子是蓝色的"可以表示成BLUE(Box)或COLOR(Box, Blue)。

2.连接词

　　连接词用来将简单命题组合成一个复合命题。

　　（1）¬：称为"否定"或"非"，表示否定位于它后面的命题。当P为真时，¬P取值为假；当P为假时，¬P取值为真。

　　（2）∧：称为"合取"，表示它连接的两个命题是"与"的关系。当P与Q均为真时，$P \wedge Q$取值为真，否则取值为假。例如"电脑在窗户旁边的桌子上"可表示为：

$$ON(Computer，Table)\land BY(Computer，Window)$$

（3）$\lor$：称为"析取"，表示它连接的两个命题是"或"的关系。当P和Q至少有一个为真时，$P\lor Q$取值为真，否则取值为假。例如，"球是红色的或蓝色的"可表示为：

$$RED(Ball)\lor BLUE(Ball)$$

（4）$\Rightarrow$：称为"蕴涵"，$P\Rightarrow Q$表示"如果P，则Q"。只有当P为真而Q为假时，$P\Rightarrow Q$才为假，其余均为真。例如，"如果下雨，则地面湿"可表示为：

$$Rain\Rightarrow Wet\ Floor$$

注意，"蕴涵"与汉语中的"如果……则……"有区别，汉语中前后要有联系，而命题中两者可以毫无关系，例如，若"雪是黑色的"，则"太阳从东边升起"，是一个真值为T的命题。

（5）$\leftrightarrow$：称为"等价"。$P\leftrightarrow Q$表示"P当且仅当Q"。

在谓词公式中，连接词的优先级别从高到低排列是：$\neg$、$\land$、$\lor$、$\Rightarrow$、$\leftrightarrow$。

谓词逻辑的真值表如表4.1所示。

表4.1　谓词逻辑的真值表

P	Q	$\neg P$	$P\land Q$	$P\lor Q$	$P\Rightarrow Q$
T	T	F	T	T	T
T	F	F	F	T	F
F	F	T	F	F	T
F	T	T	F	T	T

3.量词

量词是为了表示谓词和个体之间的关系，主要包括全称量词和存在量词。

全称量词（$\forall x$）：对个体域中的所有x。例如，"所有工人的衣服都是蓝色的"可表示为：

$$(\forall x)[WORKER(x)\Rightarrow CLOTHING(x，Blue)]$$

存在量词（$\exists x$）：在个体域中存在个体x。例如"有些人喜欢篮球"可表示为：

$$(\exists x)LIKE(x，basketball)$$

量词的辖域：位于量词后面的单个谓词或者用括号括起来的谓词公式称为量词的辖域，辖域内与量词中同名的变元称为约束变元，不受约束的变元称为自由变元。例如：

$$(\forall x)(\neg P(x，y)\Rightarrow Q(x，y))\land R(x，y)$$

其中，$(\neg P(x，y)\Rightarrow Q(x，y))$是$(\forall x)$的辖域，辖域内的变元$x$是受$(\forall x)$约束的

变元，而$R(x, y)$中的x是自由变元。公式中的所有y都是自由变元。

4. 一阶谓词逻辑知识表示方法

用谓词公式表示知识的一般步骤为：

（1）定义谓词及个体，确定每个谓词及个体的定义；

（2）根据要表达的事物，为谓词中的变元赋以特定的值；

（3）根据语义用适当的连接符号连接各个谓词，形成谓词公式。

例如，"小张给屋里的每个人送了一件礼物"用一阶谓词逻辑表示为：

$$(\forall y)\{[\text{IN}[(y, \text{Room}) \wedge \text{Human}(y)] \Rightarrow (\exists x)[\text{GIVE}(\text{Zhang}, x, y) \wedge \text{Present}(x)]\}$$

一阶谓词逻辑表达方式并不是唯一的，可根据具体问题采取适当的表示。

5. 一阶谓词逻辑表示法的优缺点

优点：①自然性，比较容易理解。②精确性，真值只有"真"与"假"。③严密性，具有严格的形式定义及推理规则。④容易实现，比较容易地转换为计算机的内部形式。

缺点：①不能表示不确定的知识，只能表示精确性的知识，不能表示不精确、模糊性的知识，如"今天可能会下雨"，这就使得它的知识表示范围受限。②组合爆炸，在推理过程中，当事实数目增大及盲目地使用推理规则时，有可能形成组合爆炸。③效率低，谓词表示得越清楚，则推理效率越低。

4.2.3 产生式表示法

产生式表示法是人工智能中常用的一种知识表示方法，其核心思想是通过"条件-动作"的形式来描述问题解决过程。它模仿人类专家的推理逻辑，广泛应用于专家系统、自动推理和规则引擎等领域。产生式表示法表示一种"条件-结果"形式的知识。

1. 产生式

产生式又称为规则或产生式规则，一条产生式通常分为前提和结论两部分。前提用于指出该产生式是否可用的条件。结论是指当前提得到满足时，应该得出的结论或应该执行的操作。当它表示确定性规则知识时，其基本形式为：

$$\text{IF } P \text{ THEN } Q \tag{4.2}$$

其中，P是条件，Q是动作。整个产生式的含义是：如果条件P被满足，则执行Q的操作。例如：

$$\text{IF 在一个标准大气压下 AND 温度达到100℃ THEN 水会沸腾}$$

产生式也可以表示不确定性规则知识，其基本形式为：

$$\text{IF } P \text{ THEN } Q \text{ （置信度）} \tag{4.3}$$

其中，置信度表示当前提条件被满足时，结论可靠的估计值。例如：

$$\text{IF 体温达到39℃ THEN 发烧 （0.8）}$$

表示当体温达到39℃时，发烧的可能性为0.8。

2.产生式系统

产生式系统是将一组产生式放在一起，让它们互相配合，协同作用，一个产生式生成的结论可以供另一个产生式作为已知事实使用，以求得问题的解。下面以一个智能空调温控系统为例，介绍产生式系统求解问题的过程。该系统能根据环境条件和用户习惯自动调节室内温度。

首先建立如下规则库：

规则1：IF 时间＝夜间 AND 季节＝冬季 THEN 设置温度＝20℃。

规则2：IF 室内有人 AND 温度＞28℃ THEN 开启制冷（24℃）。

规则3：IF 室内无人超过1小时 THEN 进入节能模式（25℃）。

规则4：IF 用户手动设置温度 THEN 优先采用手动设置。

规则5：IF 湿度＞80％ THEN 同时开启除湿功能。

综合数据库中的已知事实如下：夜间，夏季，室内有人，温度30℃，湿度75％，用户未手动设置温度。

假设综合数据库中的已知事实与规则库中的知识是从规则1开始逐条进行匹配的，则当推理开始时，推理机的工作过程如下。从规则库中取出规则1，检查其条件是否可与综合数据库中的已知事实匹配成功。由于综合数据库中没有"冬季"这一事实，所以匹配不成功，不能被用于推理。然后取规则2进行同样操作。显然，条件"室内有人"并且"温度＞28℃"可与综合数据库中的已知事实"室内有人，温度30℃"相匹配。再检查规则3～规则5，结果均不能匹配。所以得出了"开启制冷（24℃）"这一最终结论。至此，问题的求解过程就结束了。

3.产生式表示法的优缺点

优点：①自然性，产生式采用了人类常用的因果关系表示形式，直观自然，便于推理。②模块性，产生式是规则库中的基本知识单元，形式统一，便于模块化管理。③有效性，能够表示确定性知识、不确定性知识、启发性知识和过程性知识等多种知识。④清晰性，产生式具有固定格式，便于规则设计，也便于对规则库中的知识进行一致性和完整性检测。

缺点：①效率不高，产生式解决问题的过程是反复进行"匹配-冲突消解-执行"的过程。由于规则库通常比较庞大，匹配过程耗时较长，因此工作效率不高。此外，在解决复杂问题时容易引起组合爆炸。②不能表达结构化知识，产生式对具有结构关系的知识无能为力，无法表示结构化事物之间的区别与联系。因此，常常需要与其他知识表示方法（如框架表示法、语义网络表示法）相结合。

4.2.4 框架表示法

1.框架的一般结构

框架是一种描述所论述对象属性的数据结构，适于表达多种类型的知识，被广泛应用于专家系统的知识表示。一个框架由一组槽组成，每个槽表示对象的一个属性，槽的值就是对象的属性值。一个槽可以由若干个侧面组成，每个侧面可以有一个或多个值，侧面值可以是各种类型的数据。框架的一般表现形式如表4.2所示。

表4.2 框架的一般表现形式

<框架名>		
槽名1	侧面名$_{11}$	侧面值$_{111}$，侧面值$_{112}$，……
	侧面名$_{12}$	侧面值$_{121}$，侧面值$_{122}$，……
	……	……
槽名2	侧面名$_{21}$	侧面值$_{211}$，侧面值$_{212}$，……
	侧面名$_{22}$	侧面值$_{221}$，侧面值$_{222}$，……
	……	……
……	……	……
槽名n	侧面名$_{n1}$	侧面值$_{n11}$，侧面值$_{n12}$，……
	侧面名$_{n2}$	侧面值$_{n21}$，侧面值$_{n22}$，……
	……	……

2.用框架表示知识

下面列举一个学生框架以说明建立框架的基本方法，如表4.3所示。

表4.3 学生框架

<学生>	
姓名	单位（姓，名）
年龄	单位（岁）
性别	范围（男，女），缺省：男
学号	单位（十二位数字）
班级	单位（级，班）

由表4.3可见，该框架共有五个槽，分别描述了"学生"的五个属性。在每个槽里都标明了一些说明性的信息，用于规范槽值。"范围"指出槽的值只能在指定的范围内挑选，如"性别槽"，其槽值只能是"男""女"，不能是其他值。"缺省"

表示当相应槽不填入槽值时，就以缺省值作为槽值，这样可以节省一些填槽的工作。当规定完学生框架后，我们就可以将学生信息按照要求填写进去，如表4.4所示。

表4.4　学生框架的实例

<学生-1>	
姓名	王宏
年龄	20
性别	男
学号	202232210315
班级	25级计算机2班

从学生框架的例子中可以看出，表4.3所示的学生框架是一个概念或一类对象，表4.4描述的则是一个概念或一类对象中的一个具体事物。二者的关系是，后者是前者的一个实例。

在面临复杂的问题时，单个框架可能不足以解决问题，所以可以将一组相关联的框架组合在一起形成一个框架系统。框架系统可以解决更为复杂的问题。

3.框架表示法的优缺点

优点：①显式表示实体、属性、关系和默认值，框架提供了明确的表示方式，可以描述实体之间的属性和关系，还可以设定默认值。默认值在表示常识性知识时尤为重要，相当于根据以往经验对情况的预测。在推理过程中遇到未知情况时，可以使用默认值代替，这更接近于人类的推理方式。②提供继承特性，框架的层次结构使得下层框架可以继承上层框架的槽值，也可以进行补充和修改，这不仅减少了知识的冗余，还较好地保证了知识的一致性。

缺点：①知识更新与维护困难，框架通过预定义的槽和侧面来组织知识，若领域知识动态变化（如新增属性），则需频繁修改框架结构，导致维护成本高。②灵活性不足，难以适应非结构化或模糊性知识（如主观经验、不确定信息）。

4.2.5　语义网络表示法

1.语义网络表示法简介

语义网络是一种通过实体及实体间的语义联系来表示知识的有向图，由节点和带标注的弧组成。节点表示各种实体：事物、概念、情况、属性、状态、事件和动作等。节点上的标注用来区分各节点所表示的不同对象，每个节点可以带有多个属性，以表征其所代表的对象的特性。弧代表语义关系，表示它所连接的两个实体之间的语义联系。弧的方向表示节点间的主次关系，且方向不能随意调换。弧的标注用来说明各种语义联系，指明它所连接的节点间的某种语义关系。从结构上来看，语义网络由一些最基本的语义单元组成。这些最基本的语义单元被称为语义基元，可用如下三元组来表示：

$$（节点1，弧，节点2）$$

语义基元可用一个有向图来表示，如图 4.6 所示。其中 A 和 B 分别代表节点，R 则表示 A 和 B 之间的某种语义联系。

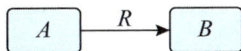

图 4.6　语义基元结构

当多个语义基元用相应的语义联系关联在一起时就形成了一个语义网络，如图 4.7 所示。

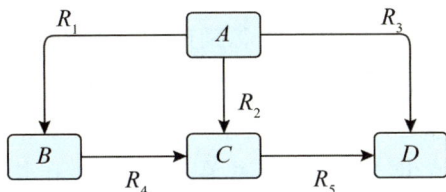

图 4.7　语义网络结构

语义网络可用来表示事实，图 4.8 表示"小明成绩考了 100 分"。

图 4.8　小明成绩考了 100 分的语义网络

语义网络也可用来表示规则，图 4.9 表示规则 R "如果下雨则撑伞"。

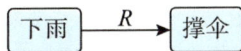

图 4.9　表示规则的语义网络结构

语义网络除了可以描述事物本身之外，还可以描述事物之间错综复杂的关系。基本语义关系是构成复杂语义关系的基本单元，也是语义网络表示知识的基础。它可以实现从一些基本的语义关系组合成各种复杂的语义关系。常用的基本语义关系有很多，例如，类属关系、包含关系、属性关系、时间关系、位置关系、相近关系、因果关系等等。

2. 语义网络表示法的优缺点

优点：①结构性，以结构化的方式将事物属性及其之间的联系表达出来。②自索引性，把各节点之间的联系以明确、简洁的方式表示出来，通过与某一节点连结的弧可以很容易地找出与该节点有关的信息，而不必查找整个知识库。这种自索引能力有效地避免了搜索时所遇到的组合爆炸问题。③自然性，其表达方式符合人们表达事物间关系的习惯。④联想性，着重强调事物间的语义联系，体现了人类的联想思维过程。

缺点：①非严格性，没有严格的表示形式，表示含义完全依赖处理程序对它的解释；②复杂性，由于表示形式不一致，使得它的处理增加了复杂性。

4.3 知识图谱

知识图谱

4.3.1 知识图谱简介

知识图谱（Knowledge Graph）的早期理念来自Web之父蒂姆·李（Tim Lee）在1998年提出的语义网，其本质是通过实体连接构建语义网络。2012年，Google正式提出该技术，旨在用实体关系模型描述客观世界。知识图谱描述的正是客观世界中的概念、实体及其关系，其中，概念指的是人们在认识世界过程中形成的对客观事实的总结，如人、动物、植物等；实体则指的是客观世界中的具体事物，如三峡大坝、北京、蜀国军师诸葛亮等；关系用于描述概念、实体之间客观存在的关联，如水利工程和三峡大坝之间的隶属关系、教师和物理教师之间的上下位关系等。

图4.10给出了"水利工程"知识图谱的典型示例。由图中可以看出，知识图谱可以看作一幅巨大的图，其中节点表示概念或实体，如图中的"三峡大坝""葛洲坝"和"水利工程"；边则表示属性或关系，如"三峡大坝"和"长江流域"的位置关系，以及"三峡大坝"的功能是发电、改善航道和种植。

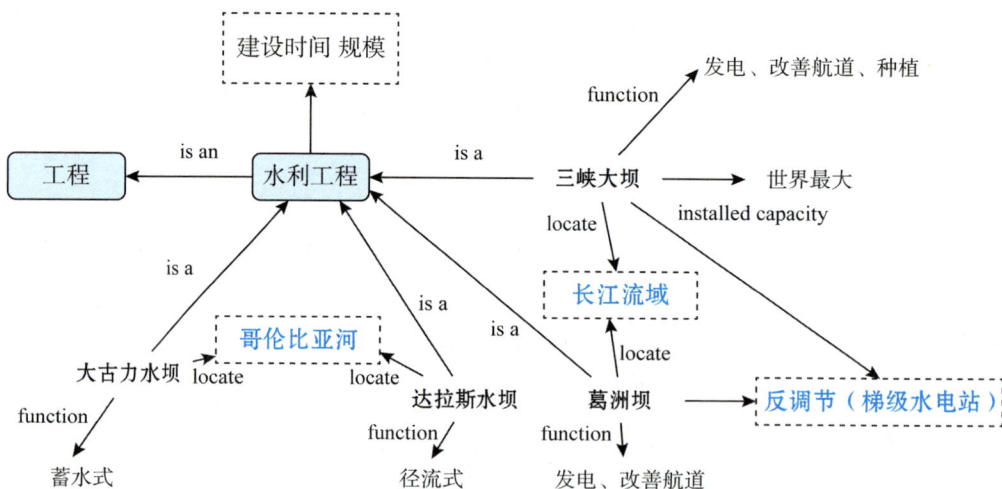

图4.10 水利工程知识图谱

4.3.2 知识图谱的表示

知识图谱采用图的方式描述和表达知识，可以建立更加复杂的事物关系并避免复杂的逻辑约束，使得知识的获取过程变得更加容易。根据应用需求，主要采用三种表示方法：基础的无向图、主流的RDF（Resource Description Framework，资源描述框架）图模型，以及专业领域使用的OWL（Web Ontology Language，网络本体语言），如图4.11所示。以下重点介绍RDF图模型。

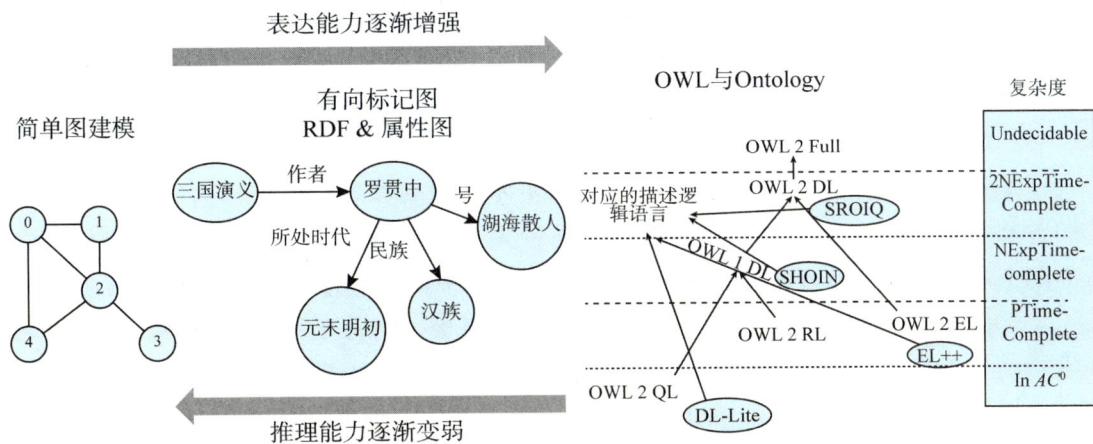

图4.11　基于图的知识表示和建模

RDF的基本组成单元是三元组，一个三元组包含（Subject，Predicate，Object）三个部分，即主语、谓语和宾语。例如，"北京是中国的首都"可以用一条三元组来描述（Beijing, capital_of, China）。一个三元组代表关于客观世界的逻辑描述或客观事实。多个三元组头尾相互连接，就形成了一个RDF图。

4.3.3　知识图谱构建技术

本节重点探讨知识图谱的构建，并着重介绍怎样从自然语言文本中抽取实体、关系和事件等知识图谱要素。

1. 实体识别

实体识别是指从文本中识别实体并确定其类型，这是进一步识别三元组的基本条件。实体识别领域涉及两个关键性问题。①实体边界识别，即如何确定实体在文本中的精确界限。例如，"中华人民共和国"作为一个完整实体，如果只识别出"人民共和国"，则将影响实体的完整性。②实体类型识别，此过程涉及对实体是否属于时间、数字、人名、地名、机构名等类别的判定。例如，"去年3月在旧金山，苹果在发布会上推出新手机"，其中"去年3月"是时间实体，"旧金山"是地点实体，"苹果"是机构实体。

实体识别的方法主要基于隐马尔可夫模型、条件随机场模型、深度学习模型等。其中，实体识别的难点主要有以下三点。①实体的形式多变，同一个实体可能有多种不同的命名方式。例如，"在旧金山的发布会上，苹果为开发者推出了新的编程语言Swift"，其中实体包括"旧金山""苹果"和"Swift"，而"苹果"和

"Swift"存在一词多义现象。"苹果"可能指代水果、公司或电影,"Swift"可能指代人名或一种编程语言。通过实体识别技术,可以明确该句中的"苹果"指的是苹果公司,而"Swift"指的是Swift编程语言。②实体的语言环境复杂,同一个名词可能指代不同的实体。例如"苹果"可能指一种水果,也可能指一家公司,还可能指一部电影。③非通用实体表达不规律,在特定领域内实体的边界识别尤为困难。例如,在医药化学领域,术语"1-甲基亚乙基二硫"的识别颇具挑战性。

2.关系抽取

关系抽取关注怎样从句子中抽取一组实体之间的关系。例如"天安门位于中国的首都北京"包含三个实体,并描述了两种关系。利用关系抽取可以把这句话转化为两个三元组,即(天安门,位于,北京)和(中国,首都,北京)。

实体关系的抽取方法很多,主要包括基于模板、特征工程、核函数、深度学习模型的关系抽取方法。实体关系抽取的挑战主要体现在以下两个方面。①语言表达的多样性。例如,"通州位于北京东南""通州坐落于北京东南部""北京的东南方是通州"这三句话均传了相同的空间关系,但其语言形式各异。②语言表达的隐含性。例如,"库克与中国移动董事长奚国华会面,透露出他将带领苹果公司进一步开拓中国市场的讯号",句中尽管未直接明示库克与苹果公司的关系,但通过提及库克关于苹果公司的未来计划,可以推断出两者的关系。这种隐含信息需要通过推理过程来揭示。

3.事件抽取

事件抽取是更为复杂的任务,一个事件至少包含一个触发词,同时还需要抽取多个要素,例如事件发生的时间、地点、涉及的对象等。一个事件抽取的过程可以看作一个三元组的联合抽取过程。例如,"苹果公司将于西部时间9月12日上午10点在史蒂夫·乔布斯剧院举行新品发布会,根据目前消息,这次发布会上苹果将会发布iPhone16",其中,"发布会"是时间触发词,"苹果公司"是机构实体,"西部时间9月12日上午10点"是时间实体,"史蒂夫·乔布斯剧院"是地点实体,"iPhone16"是产品实体。事件抽取致力于探究如何从文本中抽取事件相关信息,并将其以结构化的形式呈现。

4.3.4　知识图谱推理技术

知识图谱推理是一个基于已有三元组信息,通过逻辑演绎推导出未知三元组的过程。知识图谱的推理技术很多,例如基于逻辑学习、表示学习、神经网络、图等推理方法。知识图谱推理是将每个三元组视为一个"事实",并根据知识图谱中的"关系集合"制定出一系列"推理规则"。依据这些规则,可以采用自动推理方法在知识图谱上实施推理操作。

例 4.1 "is_a" 推理规则：IF（A，is_a，B）AND（B，is_a，C）THEN（A，is_a，C）。

若知识图谱中存在：（贝多芬 is_a 音乐家）、（音乐家 is_a 艺术家），则运用 "is_a" 关系推理规则就可以推理出（贝多芬 is_a 艺术家）。

例 4.2 关系值的匹配推理：若存在 R_1、R_2、R_3 三个三元组：

R_1：（音乐家，can_play，歌曲）；

R_2：（小夜曲，is_a，歌曲）；

R_3：（贝多芬，can_play，小夜曲）；

则通过三元组 R_2，把 R_3 中的小夜曲与 R_1 中的歌曲做匹配，就可以把 R_1 和 R_3 连接起来，得到（贝多芬 is_a 音乐家）。

4.3.5 知识图谱的应用

目前，医疗、金融、建筑等垂直行业领域已经构建了很多大型的知识图谱，为用户提供智能搜索、精准推荐、深度问答等服务。接下来以知识问答系统为例展示知识图谱的应用，该系统旨在使计算机能够自动回答用户的问题。

例 4.3 当向知识问答系统提出以下问题："谁出演了《变形金刚》，并且与 Monkey Business 的演唱者结婚了"时，该系统需执行以下步骤。

（1）实体识别。"变形金刚"为电影实体，"Monkey Business"为歌曲实体。

（2）关系抽取。识别出"出演"和"结婚"两种关系，并根据语义将实体和关系组合成待查询的三元组：

"谁出演了变形金刚"：（WHO，starred_in，变形金刚（电影））。

"和……结婚"：（WHO，marry_with（WHO，singer_of，Monkey Business（歌曲名）））。

（3）知识推理。将构造的三元组作为已知知识，与知识图谱中的现有知识相结合并进行推理，最终得出答案：乔什·杜哈明。

4.4 模糊推理与决策

4.4.1 模糊理论基础

1.模糊理论

模糊是人类感知万物、获取知识、思维推理、决策实施的重要特征。例如，一个人的身高，很难通过一个具体的数值来明确界定多少算是高或矮。为了用数学方法描述和处理世界中出现的模糊信息，1965年美国著名学者加利福尼亚大学教授扎德（L. A. Zadeh）发表了关于"Fuzzy Set"的论文，首次提出了模糊理论。

模糊推理
与决策

在模糊理论刚提出的年代，由于科学技术发展的限制，该理论没有得到应有的发展，只有少数科学家研究模糊理论。模糊理论的成功应用首先是在自动控制领域。1974年，英国伦敦大学教授曼丹尼（Mamdani）首次将模糊理论应用于热电厂的蒸汽机控制，充分展示了模糊控制技术的广阔应用前景。1976年，曼丹尼又将模糊理论应用于水泥旋转炉的控制。到20世纪80年代，随着计算机技术的发展，日本科学家将模糊理论成功地运用于工业控制和消费品控制，在世界范围内掀起了关于模糊控制应用的高潮。1983年，日本Fuji Electric公司实现了饮水处理装置的模糊控制，1987年日本Hitachi公司研制出地铁的模糊控制系统，1987—1990年在日本申报的模糊产品专利就达319种，分布在过程控制、汽车电子、图像识别、机器人、诊断、家用电器控制等领域。

模糊理论赋予了计算机处理现实中复杂、不确定性问题的能力，使得智能系统更加智能化和人性化，更好地与人类互动并适应多样化的场景。如今，模糊理论已经广泛运用于生活中的各个领域。例如，在智能家居中，当计算机需要准备热水供洗澡时，模糊逻辑可以帮助计算机根据用户的习惯和需求，而非根据严格的数值要求来调整水温，使得用户体验更符合期望。同样，在人脸识别方面，模糊理论可以让计算机更灵活地处理不同光线、角度和面部情况下的识别问题，提高了准确性和适应性。

2. 模糊集合

模糊集合（Fuzzy Set）是经典集合的扩充，主要包含以下几个概念。

论域：所讨论的全体对象，一般用 U、E 等大写字母表示。

元素：论域中的每个对象，一般用 a、b、c、x、y、z 等小写字母表示。

集合：论域中具有某种相同属性的、确定的、可以彼此区别的元素的全体，常用 A、B、C、X、Y、Z 等表示。

在经典集合中，元素 a 和集合 A 的关系只有两种：a 属于 A 或 a 不属于 A。即只有两个真值——"真"和"假"。例如，如果定义身高大于等于175厘米的人为"高个子"集合，则一位身高超过175厘米的人属于"高个子"集合，而另一位身高不足175厘米的人，哪怕只差1毫米也不属于该集合，如图4.12所示。

模糊集合中的每一个元素被赋予一个介于0和1之间的实数，描述其属于一个集合的强度，该实数称为元素属于一个集合的隶属度。在上述例子中，"高个子"可以用一个连续曲线表示，如图4.13所示。当身高为180厘米时，属于"高个子"集合的隶属度为1.0，表明180厘米是真正的"高个子"。当身高为170厘米时，属于"高个子"集合的隶属度为0.5，表示170厘米接近"高个子"的定义；而当身高为155厘米时，属于"高个子"集合的隶属度为0，表示身高155厘米绝对不是一个"高个子"。这种模糊逻辑的描述方式可以帮助处理不确定或模糊的情况，使得对于概念或集合的界定更加灵活和符合实际情况。

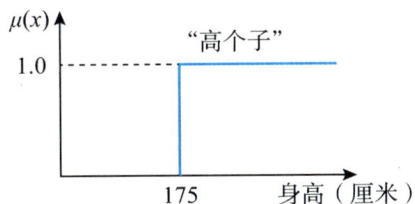

图 4.12　"高个子"特征函数　　　　图 4.13　"高个子"隶属函数

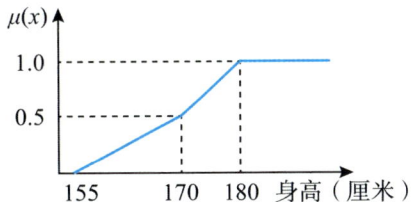

3.模糊集合的表示方法

模糊集合中不仅要列出属于某个集合的元素，而且还要标注出该元素属于该集合的隶属度。当论域离散且元素数目有限时，模糊集合通常有以下三种表示方法。

（1）Zadeh 表示法：

$$A = \mu_A(x_1)\big/x_1 + \mu_A(x_2)\big/x_2 + \cdots + \mu_A(x_n)\big/x_n = \sum_{i=1}^{n}\mu_A(x_i)\big/x_i \tag{4.4}$$

其中，x_i 表示模糊集合所对应的论域中的元素；$\mu_A(x_i)$ 表示相应的隶属度；符号 "/" 表示的是一个分隔符号，而不是分数的意思；符号 "＋" 和 "$\sum$" 表示模糊集合在论域上的整体，而不是求和。上式也可以等价地表示为：

$$A = \left\{\mu_A(x_1)\big/x_1, \mu_A(x_2)\big/x_2, \cdots, \mu_A(x_n)\big/x_n\right\} \tag{4.5}$$

（2）序偶表示法：

$$A = \left\{\left(\mu_A(x_1), x_1\right), \left(\mu_A(x_2), x_2\right), \cdots, \left(\mu_A(x_n), x_n\right)\right\} \tag{4.6}$$

（3）向量表示法：

$$A = \left\{\mu_A(x_1), \mu_A(x_2), \cdots, \mu_A(x_n)\right\} \tag{4.7}$$

在向量表示法中，因为默认模糊集合中的元素依次是 $x_1, x_2, \cdots, x_n$，所以隶属度为 0 的项不能省略。

4.隶属函数

模糊集合中所有元素的隶属度的全体构成模糊集合的隶属函数。隶属函数是对模糊概念的定量描述。隶属函数一般根据经验或统计进行确定，也可以通过正态分布、三角分布、梯形分布等方法确定。对于同一个模糊概念，尽管不同的人会构建不同的隶属函数，但是只要能反映同一模糊概念，仍然能够较好地解决和处理实际模糊信息的问题。

4.4.2　模糊推理

人类思维判断的基本形式是"如果（条件）→则（结论）"，其中条件和结论通常是模糊的。本节主要针对"如果（条件）→则（结论）"类型的模糊规则进行推理。如果已知输入为 A，则输出为 B；如果现在已知输入为 A'，则输出 B' 用合成规则求取 $B' = A' \circ R$，其中 $R = A \times B$，表示 A 到 B 的模糊关系。

例4.4 已知输入的模糊集合 A 与输出的模糊集合 B 分别为

$$A = 1.0/a_1 + 0.8/a_2 + 0.5/a_3 + 0.2/a_4 + 0.0/a_5$$
$$B = 0.7/b_1 + 1.0/b_2 + 0.6/b_3 + 0.0/b_4$$

当输入为 $A' = 0.4/a_1 + 0.7/a_2 + 1.0/a_3 + 0.6/a_4 + 0.0/a_5$ 时，求输出 B'。

解 首先计算模糊关系 R，即

$$R = A \times B = \begin{bmatrix} 1.0 \\ 0.8 \\ 0.5 \\ 0.2 \\ 0.0 \end{bmatrix} \circ \begin{bmatrix} 0.7 & 1.0 & 0.6 & 0.0 \end{bmatrix}$$

$$= \begin{bmatrix} 1.0 \wedge 0.7 & 1.0 \wedge 1.0 & 1.0 \wedge 0.6 & 1.0 \wedge 0.0 \\ 0.8 \wedge 0.7 & 0.8 \wedge 1.0 & 0.8 \wedge 0.6 & 0.8 \wedge 0.0 \\ 0.5 \wedge 0.7 & 0.5 \wedge 1.0 & 0.5 \wedge 0.6 & 0.5 \wedge 0.0 \\ 0.2 \wedge 0.7 & 0.2 \wedge 1.0 & 0.2 \wedge 0.6 & 0.2 \wedge 0.0 \\ 0.0 \wedge 0.7 & 0.0 \wedge 1.0 & 0.0 \wedge 0.6 & 0.0 \wedge 0.0 \end{bmatrix}$$

$$= \begin{bmatrix} 0.7 & 1.0 & 0.6 & 0.0 \\ 0.7 & 0.8 & 0.6 & 0.0 \\ 0.5 & 0.5 & 0.5 & 0.0 \\ 0.2 & 0.2 & 0.2 & 0.0 \\ 0.0 & 0.0 & 0.0 & 0.0 \end{bmatrix}$$

其中，$a \vee b = \max\{a, b\}$，$a \wedge b = \min\{a, b\}$。接着进行模糊合成得到 B'：

$$B' = A' \circ R = \begin{bmatrix} 0.4 & 0.7 & 1.0 & 0.6 & 0.0 \end{bmatrix} \circ \begin{bmatrix} 0.7 & 1.0 & 0.6 & 0.0 \\ 0.7 & 0.8 & 0.6 & 0.0 \\ 0.5 & 0.5 & 0.5 & 0.0 \\ 0.2 & 0.2 & 0.2 & 0.0 \\ 0.0 & 0.0 & 0.0 & 0.0 \end{bmatrix}$$

$$= \begin{bmatrix} (0.4 \wedge 0.7) \vee (0.7 \wedge 0.7) \vee (1.0 \wedge 0.5) \vee (0.6 \wedge 0.2) \vee (0.0 \wedge 0.0) \\ (0.4 \wedge 1.0) \vee (0.7 \wedge 0.8) \vee (1.0 \wedge 0.5) \vee (0.6 \wedge 0.2) \vee (0.0 \wedge 0.0) \\ (0.4 \wedge 0.6) \vee (0.7 \wedge 0.6) \vee (1.0 \wedge 0.5) \vee (0.6 \wedge 0.2) \vee (0.0 \wedge 0.0) \\ (0.4 \wedge 0.0) \vee (0.7 \wedge 0.0) \vee (1.0 \wedge 0.0) \vee (0.6 \wedge 0.0) \vee (0.0 \wedge 0.0) \end{bmatrix}$$

$$= \begin{bmatrix} 0.4 \vee 0.7 \vee 0.5 \vee 0.2 \vee 0.0 \\ 0.4 \vee 0.7 \vee 0.5 \vee 0.2 \vee 0.0 \\ 0.4 \vee 0.6 \vee 0.5 \vee 0.2 \vee 0.0 \\ 0.0 \vee 0.0 \vee 0.0 \vee 0.0 \vee 0.0 \end{bmatrix} = \begin{bmatrix} 0.7 \\ 0.7 \\ 0.6 \\ 0.0 \end{bmatrix}$$

由此可得：
$$B' = 0.7/b_1 + 0.7/b_2 + 0.6/b_3 + 0.0/b_4$$

4.4.3　模糊决策

由模糊推理得到的结论是一个模糊向量，需要将其转化为确定值才能加以应用，这个过程称为模糊决策。以下是两种常见的模糊决策方法。

（1）最大隶属度法。最大隶属度法是在模糊向量中，取隶属度最大的元素作为推理结果；当有多项元素的隶属度都为最大时，则取它们的平均值作为推理结果。

在例 4.4 中，$B' = 0.7/b_1 + 0.7/b_2 + 0.6/b_3 + 0.0/b_4$，其中 $b_1=0.7$ 和 $b_2=0.7$，由此可知推理结果隶属于等级 1 和 2 的隶属度为最大，所以取它们的平均值 1.5 作为最终的推理结果。此方法虽然简单，但会忽略其他隶属度较小的信息，这可能会导致一些重要条件信息被丢失。

（2）加权平均判决法。其计算方式如下：

$$U = \frac{\sum_{i=1}^{n} \mu(\mu_i)\mu_i}{\sum_{i=1}^{n} \mu(\mu_i)} \tag{4.8}$$

例如，当 $B = 0.2/3 + 0.1/4 + 0.8/5$ 时，则
$$U = \frac{0.2 \times 3 + 0.1 \times 4 + 0.8 \times 5}{0.2 + 0.1 + 0.8} = \frac{5}{1.1} \approx 4.55$$

4.4.4　模糊推理的应用

例 4.5　设有模糊控制规则"如果外面湿度大，则窗户开小点"。设湿度和窗户打开程度的论域均为 $\{1, 2, 3, 4\}$。"湿度大"和"窗户开小点"的模糊量可以表示为：

"湿度大" $= 0/1 + 0.3/2 + 0.6/3 + 0.9/4$

"窗开小点" $= 0.8/1 + 0.6/2 + 0.2/3 + 0.1/4$

已知事实"湿度较高"可以表示为：

"湿度适宜" $= 0.1/1 + 0.6/2 + 0.6/3 + 0.1/4$

请用模糊推理确定窗户的打开程度。

解　（1）确认模糊关系 R。将"湿度大"的模糊量用 A 表示，"窗开小点"的模糊量用 B 表示，则模糊关系 $R = A \times B$。

$$R = \begin{bmatrix} 0.1 \\ 0.3 \\ 0.6 \\ 0.9 \end{bmatrix} \circ [0.8 \quad 0.6 \quad 0.2 \quad 0.1]$$

$$= \begin{bmatrix} 0.1 \wedge 0.8 & 0.1 \wedge 0.6 & 0.1 \wedge 0.2 & 0.1 \wedge 0.1 \\ 0.3 \wedge 0.8 & 0.3 \wedge 0.6 & 0.3 \wedge 0.2 & 0.3 \wedge 0.1 \\ 0.6 \wedge 0.8 & 0.6 \wedge 0.6 & 0.6 \wedge 0.2 & 0.6 \wedge 0.1 \\ 0.9 \wedge 0.8 & 0.9 \wedge 0.6 & 0.9 \wedge 0.2 & 0.9 \wedge 0.1 \end{bmatrix}$$

$$= \begin{bmatrix} 0.1 & 0.1 & 0.1 & 0.1 \\ 0.3 & 0.3 & 0.2 & 0.1 \\ 0.6 & 0.6 & 0.2 & 0.1 \\ 0.8 & 0.6 & 0.2 & 0.1 \end{bmatrix}$$

（2）进行模糊推理 $B' = A' \circ R$，其中 A' 表示"湿度适宜"模糊量。

$$B' = A' \circ R = [0.1 \quad 0.6 \quad 0.6 \quad 0.1] \circ \begin{bmatrix} 0.1 & 0.1 & 0.1 & 0.1 \\ 0.3 & 0.3 & 0.2 & 0.1 \\ 0.6 & 0.6 & 0.2 & 0.1 \\ 0.8 & 0.6 & 0.2 & 0.1 \end{bmatrix} = [0.6 \quad 0.6 \quad 0.2 \quad 0.1]$$

（3）模糊决策。采用最大隶属度法，得到窗的开度为 $U = (1+2)/2 = 1.5$。采用加权平均判决法，得到窗的开度为

$$U = \frac{0.6 \times 1 + 0.6 \times 2 + 0.2 \times 3 + 0.1 \times 4}{0.1 + 0.6 + 0.2 + 0.1} = 2.8$$

4.5 章后习题

一、选择题

1.［多选题］框架表示法中的框架一般由（　　）组成。

A.框架名　　　B.槽名　　　C.侧面名　　　D.侧面值

2.［单选题］论域 $U = \{x_1, x_2, x_3, x_4\}$ 为4人集合，U 上对应的模糊集合 A 表示"喜欢打羽毛球"，模糊集合 B 表示"不喜欢打乒乓球"，则下列选项中描述为"对羽毛球喜爱程度一般，但很喜欢打乒乓球"的人为（　　）。

A.$\mu_A(x_1) = 0.3, \mu_B(x_1) = 0.9$　　　　　B.$\mu_A(x_2) = 0.5, \mu_B(x_2) = 0.1$

C.$\mu_A(x_1) = 0.9, \mu_B(x_1) = 0.1$　　　　　D.$\mu_A(x_1) = 0.9, \mu_B(x_1) = 0.6$

3.［多选题］知识图谱的推理方法主要包括（　　）。

A.基于逻辑学习的推理　　　　　B.基于神经网络的推理

C.基于分布式的表示学习推理　　　D.基于图的推理

二、判断题

1.一阶谓词逻辑表示法中的蕴涵式与产生式的基本形式相似，表达意思也

差不多，所以可以用蕴涵式代替产生式来表示知识。

2.知识图谱是一个大型语义网络，它描述的是客观世界中的概念、实体及其关系，其中节点表示概念或实体，边表示属性或关系。

三、讨论题

1.知识表示方法是人工智能的核心问题之一，不同的方法在表达能力、推理效率和可解释性方面各有优劣。请你结合具体的应用场景，例如问答系统、推荐系统、智能医疗等，分析不同知识表示方法（至少三种表示方法）的优劣势。

2.知识图谱是一个大型语义网络，它采用图的方式描述和表达知识。请结合你对知识图谱的理解，论述其在现实应用中的重要作用。

3.请谈谈模糊理论在现实生活中的应用。

产生式表示法

知识和知识
表示方法概述

框架表示法

整部

整部

整部

一阶谓词逻辑
表示法

整部

知识及其
表示

递进

导入案例:
教学助手

整部

语义网络
表示法

整部

整部

模糊理论基础

整部

模糊推理
与决策

共生

知识图谱

知识图谱
构建技术

整部

模糊推理

整部

整部

知识图谱
简介

模糊推理的应用

整部

整部

整部

整部

知识图谱
的应用

模糊决策

知识图谱
的表示

整部

知识图谱
推理技术

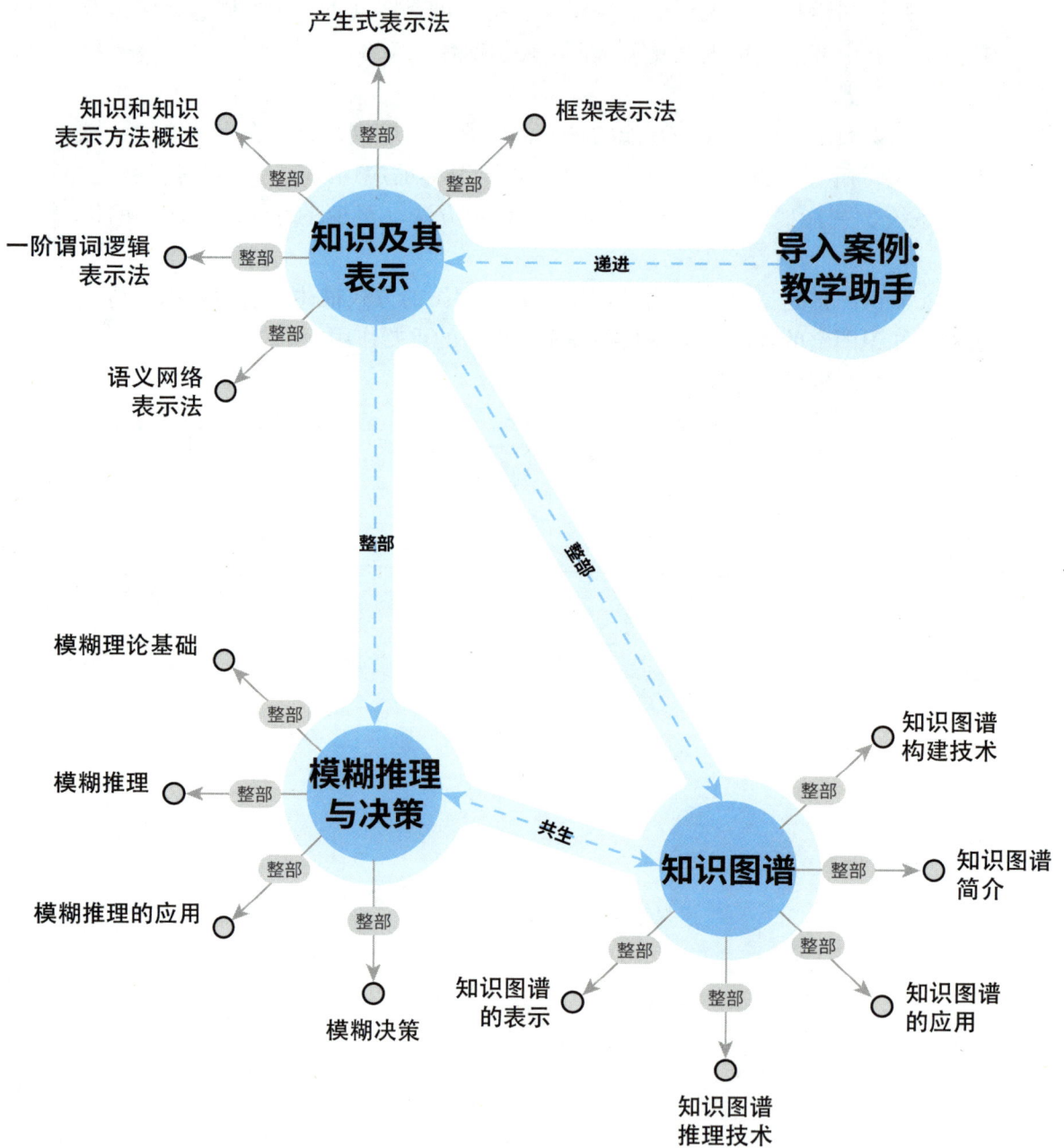

知识表示
与推理

第 5 章　机器学习

案例：个
性化学习

5.1　导入案例：个性化课程推荐

　　机器学习是人工智能领域的一个重要分支，涵盖概率论知识、统计学知识、近似理论知识和复杂算法知识，使用计算机作为工具并致力于模拟人类的学习方式，并将现有内容进行知识结构划分来有效提高学习效率。如图5.1所示，机器学习大致包括以下几类：监督学习、非监督学习和强化学习。监督学习是指从带标签的数据中学习输入与输出间的映射关系，其代表性算法有回归算法。非监督学习是指从未标记的数据中发现模式、结构和关系，其代表性算法有K均值聚类。强化学习的定义是智能体在与环境的交互中学习如何采取行动来最大化奖励，其代表性算法有Q学习。

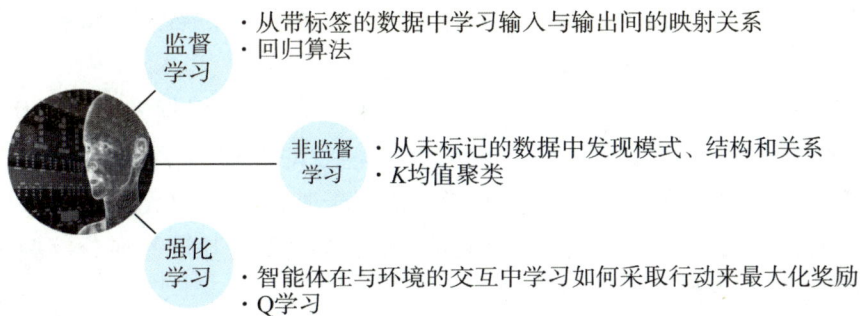

监督学习　·从带标签的数据中学习输入与输出间的映射关系
　　　　　·回归算法

非监督学习　·从未标记的数据中发现模式、结构和关系
　　　　　·K均值聚类

强化学习　·智能体在与环境的交互中学习如何采取行动来最大化奖励
　　　　·Q学习

图5.1　机器学习的分类

　　个性化推荐旨在根据每个个体的特点和需求，为其提供定制化的体验或服务。这种方法的核心是将机器学习算法应用于个体数据，以便系统可以针对每个用户的偏好、行为模式和特定需求进行个性化的优化。

如图5.2所示，想象一家网上课程网站，它使用个性化推荐功能来将课程推荐给学生。系统会分析每个学生的浏览历史、听课记录、喜好等数据，然后利用这些信息来预测学生可能感兴趣的课程，并将这些课程展示给学生。随着学生与网站的互动不断增加，系统会不断地根据学生的反馈和行为进行调整和优化，以提供更加个性化的推荐。

图5.2 个性化推荐在课程网站上的应用

个性化推荐分为三方面：数据分析、个性化内容推荐及智能优化。数据分析是指利用机器学习识别学生特点、偏好和难点。个性化内容推荐通过协同过滤技术，结合学生的历史记录，推荐适合的学习内容，并动态调整。智能优化则根据学生反馈和实时数据优化推荐算法，提升准确性。

如图5.3所示，收集学生对课程的喜欢程度，采用协同过滤技术预测新学生小明对课程4的喜欢程度。通过比较小明与其他学生的相似性，预测其喜好并据此推荐。协同过滤技术可以简单理解为找到用户之间的相似性，然后，将新用户分到与之相似的用户组中，最后完成推荐。

基于用户的协同过滤技术如图5.4所示，对于学生1，根据该用户的历史偏好，这里只计算得到一个邻居，即学生2，然后将学生2对课程4的喜欢程度，设置为学生1对课程4的喜欢程度，进而进行推荐。依赖于其他学生的数据进行分析，然后对新数据进行预测，这是机器学习的内涵。即以大数据为基础，充分挖掘数据的本质和内涵，挖掘数据的内在价值。

	课程1	课程2	课程3	课程4
小明	5	1	4	

	课程1	课程2	课程3	课程4
学生1	5	1	3	5
学生2	5	1	4	5
学生3	5	1		5
学生4	1	2	3	4

图 5.3　学生对课程的喜欢程度（"5"表示最喜欢，"1"表示最不喜欢）

	课程1	课程2	课程3	课程4
学生1	5	1	3	预测5
学生2	5	1	4	5
学生4	1	2	3	4

图 5.4　基于用户的协同过滤技术

我们可用聚类算法将学生分类，依据新学生小明与哪一类相似再进行推荐。如图 5.5 所示，学生被分为三类，小明与第一类相似，预测其对课程 4 的喜好度为 5，据此进行推荐。

	课程1	课程2	课程3	课程4
学生1	5	1	3	5
学生2	5	1	4	5
学生3	5	1	3	5
学生4	1	2	3	4
学生5	1	1	3	4
学生6	1	2	3	4
学生7	3	2	2	1
学生8	3	2	2	1
学生9	3	3	2	1

图 5.5　基于聚类算法的推荐技术

　　综上所述，个性化在线课程设计系统的核心算法是收集学生数据、利用机器学习算法进行数据分析，以及为学生推荐个性化的学习内容。这种设计方式能够确保学生在学习过程中始终能够接收到最适合自己的学习资源和学习建议，从而提高学习效率和效果。

5.2　机器学习基础理论

5.2.1　发展历程

1.符号主义时期（20世纪50—80年代）

　　该时期主要关注如何利用逻辑和符号推理来解决问题。代表性的工作包括逻辑推理和专家系统。然而，这种方法的局限性在于无法很好地处理复杂的现实世界问题。

　　在符号主义时期，科学家们尝试用规则和逻辑教计算机解决问题，模拟人类专家进行决策，由此产生了专家系统。但该方法在处理复杂、数据量大且不确定的现实问题时面临挑战。因此，符号主义方法在某些领域获得成功，但在处理复杂现实问题时受限，促使科学家们开始探索如连接主义和统计学习等方法。如图5.6所示，专家系统通过存储专家知识和规则来模拟决策，依赖知识库和数据库，通过界面获取知识。

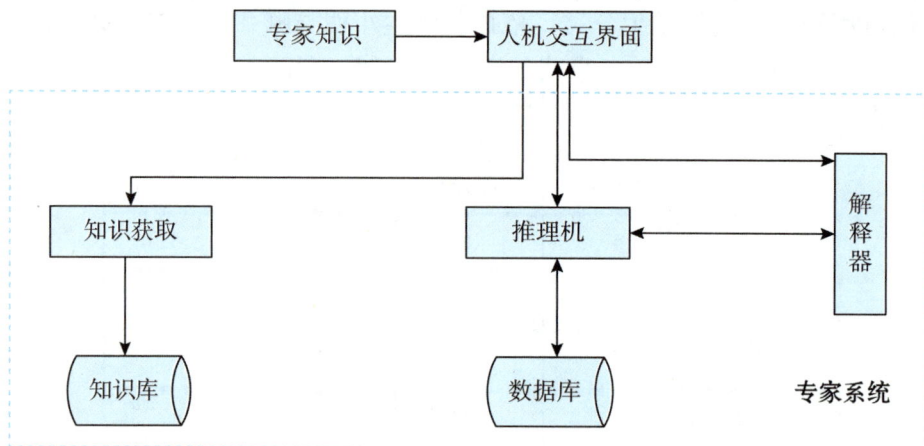

图5.6　专家系统的一般结构

2.连接主义时期（20世纪80—90年代）

　　该时期的关注点转向了神经网络和并行分布式处理。神经网络模型受到生物神经系统的启发，试图模拟人脑的工作原理。然而，在当时硬件和算法的限制下，这些模型并没有取得太大成功。

　　在连接主义时期，科学家们模拟人脑神经元连接方式，创建人工神经网络进行学习和处理信息。虽因计算力有限和缺乏有效训练算法未获大的成功，但它为深度学习奠定了基础。早期的人工神经网络的一般结构，如图5.7所示。

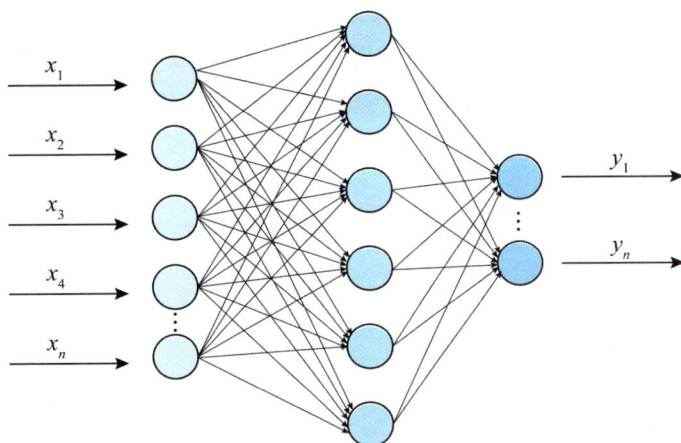

图5.7 人工神经网络的一般结构

3.统计学习时期（20世纪90年代—21世纪初）

随着计算机硬件的发展和统计学习理论的进步，统计方法开始成为主流。支持向量机（SVM）、决策树、随机森林等算法成为研究和应用的焦点。

在统计学习时期，科学家们利用数学和统计方法解决问题，寻找数据中的模式和规律。出现了支持向量机、决策树等算法，通过分析数据特征进行预测或决策。这种方法能处理复杂数据，在医疗、金融等领域效果显著。统计方法虽有效，但在面对复杂高维数据或标记数据稀缺时可能受限。人们也开始寻找其他更加灵活和适用于各种情况的方法。如图5.8所示，决策树利用一种树形图作为分析工具，基本原理是用矩形框代表决策问题，用方案分枝代表可供选择的方案。

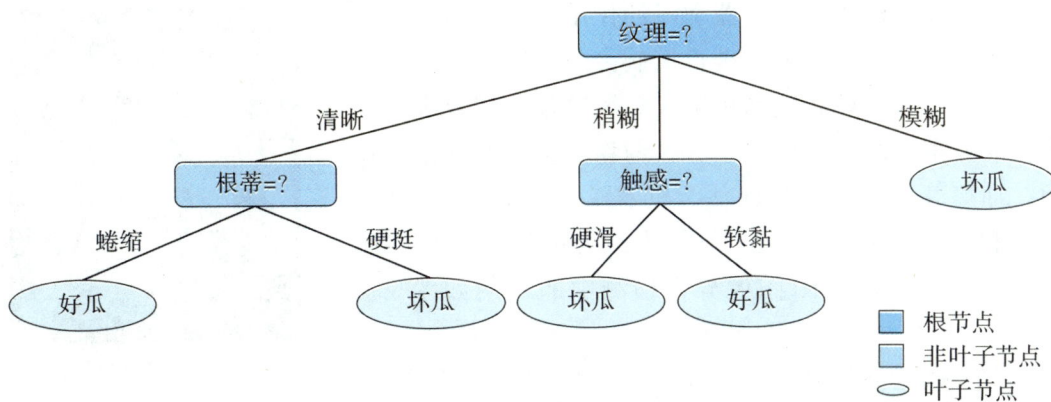

图5.8 决策树

4.深度学习时期（21世纪初至今）

随着大数据和计算能力的增强，深度学习重新引起了广泛关注。深度学习利用多层神经网络结构来学习复杂的特征和模式，取得了在图像识别、语音识别、自然语言处理等领域的突破性进展。

在深度学习时期，科学家们利用强大计算机和大量数据，让计算机模拟人脑学习。深度学习通过神经网络技术，从数据中学习抽象特征。深度学习虽带来突破，但训练需要大量数据和计算资源，且决策的可解释性差。它非所有任务最佳选择，但深刻改变了人工智能认知，使科幻想象成为可能。图5.9展示了物体检测流程，借助卷积神经网络实现。

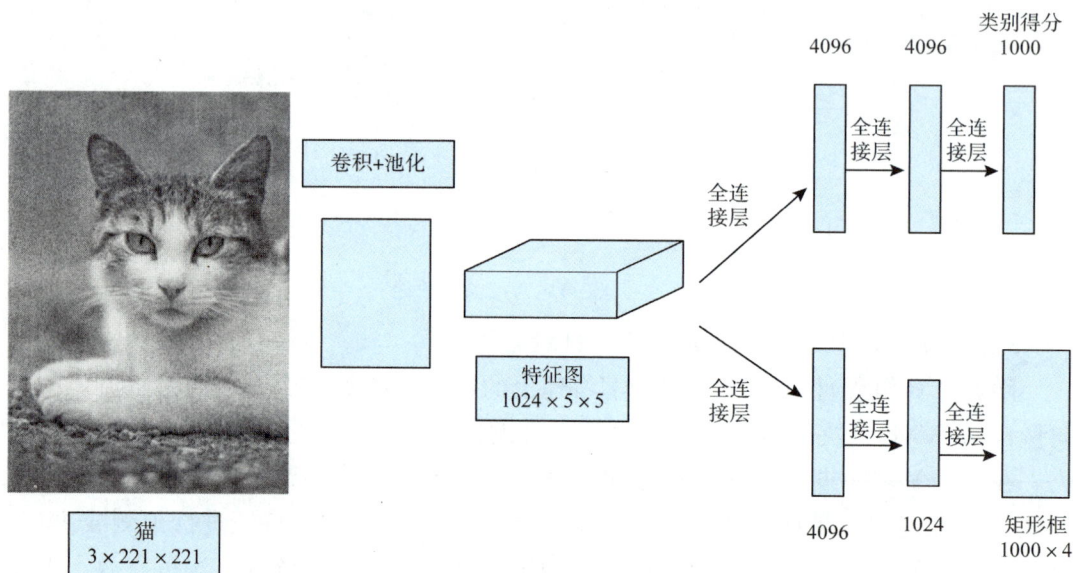

图5.9　物体检测流程

5.2.2　应用现状

在医疗保健领域，机器学习的作用日益凸显。它应用于医学影像分析，辅助进行疾病诊断。同时，推动个性化医疗，根据患者数据预测疾病风险及治疗效果，提供精准方案。此外，机器学习在药物研发中发挥重要作用，加速新药物发现和评估。机器学习的应用使诊断、治疗和药物研发更高效、个性化，为患者带来更好服务。机器学习在MRI图像异常检测中的应用如图5.10所示。

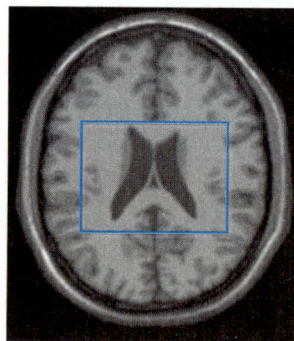

图5.10　MRI图像的异常检测

在金融服务领域，机器学习广泛应用于风险管理、欺诈检测及个性化推荐。它通过分析大量数据，识别风险因素，预测并管理风险，如预测贷款违约概率，助力金融机构制定风险管理策略。欺诈行为长期困扰各行业，传统检测方法效率低下。随着大数据和机器学习技术的发展，这一难题得到缓解。机器学习能深入挖掘数据，识别欺诈行为的潜在模式，构建高效检测模型，实现实时预警和精准识别。同时，它还能分析客户数据，识别客户的需求和偏好，推荐个性化产品和服务。

自然语言处理（Natural Language Processing，NLP）是机器学习在语言领域的重要应用。机器翻译、智能客服、文本分类、情感分析和语音识别等技术，使计算机能更好地理解和处理人类语言。语音识别系统的结构如图 5.11 所示。语音首先经过信号处理，并通过解码器，最后应用到实际中，其中需要借助语音模型和声学模型。

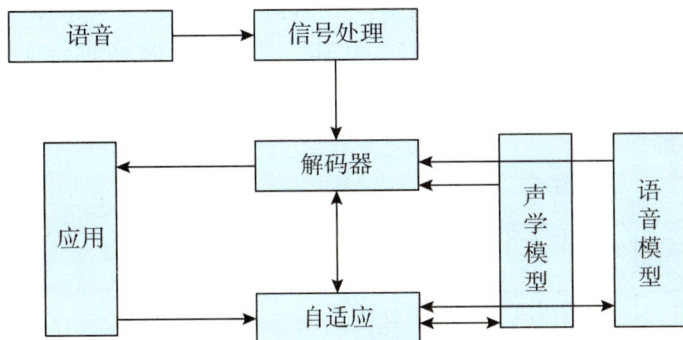

图 5.11　语音识别系统结构

在教育领域，机器学习技术正在改变教学方式，提供个性化学习体验。它通过分析学生的学习行为等数据，定制学习计划和内容。智能辅导系统能根据学生的学习进度提供个性化辅导。机器学习技术还应用于作业评估领域，能快速准确地反馈学生的成绩。这些技术提高了教学效率和学习成果，促进教育智能化发展。

5.2.3　模型评估方法

机器学习通常的做法是：先训练出模型，然后将训练好的模型用于预测。这里，我们介绍模型的两种评估方法：交叉验证法和自助法。

训练集和测试集划分是机器学习中的基本评估方法。模型用训练集进行学习，用测试集评估性能和泛化能力。此方法简单直接，能有效选择和优化模型，提高预测准确性和可靠性。图 5.12 展示了其原理：训练模型→评估模型→调整模型→选择最佳模型。

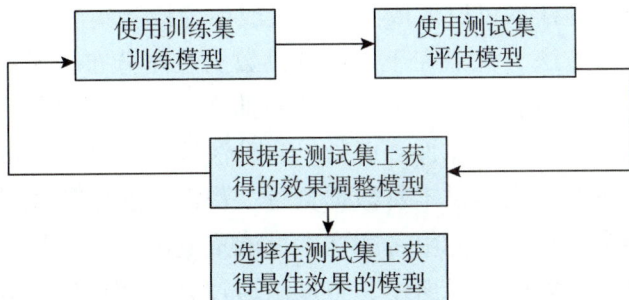

图 5.12　模型评估方法的基本原理

交叉验证法是一种常用的模型评估方法，通过将原始数据集分成 K 个子集（通常 K 的值为 5 或 10），每次选取其中 1 个子集作为测试集，剩余的 $K-1$ 个子集作为训练集，进行 K 次训练和测试。这样可以避免单次训练测试可能存在的偶然性，更充分地利用数据进行评估。最终，将 K 次评估结果的平均值作为最终评估结果，从而减少了评估结果的方差，提高了评估的稳定性和可靠性。交叉验证法适用于各种不同大小的数据集和不同复杂度的模型，并且能够有效地评估模型的泛化能力，对于模型选择和参数调优具有重要意义。如图 5.13 所示，将数据集平均分为 5 份，即 D_1、D_2、D_3、D_4、D_5，5 次测试分别以 D_1、D_2、D_3、D_4、D_5 为测试集，将 5 次结果取平均则可得到最终结果。

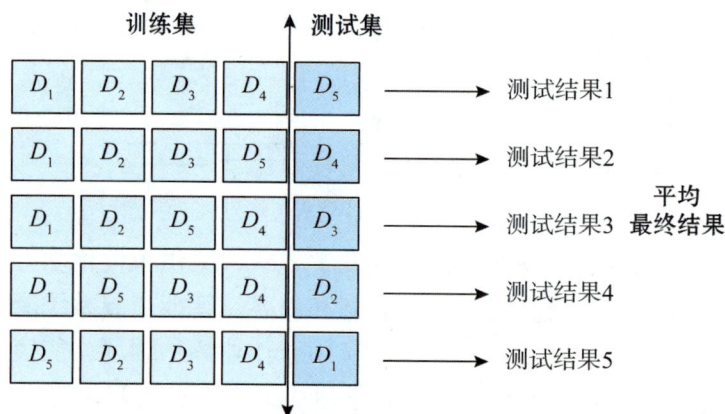

图 5.13　5 折交叉验证

自助法是一种在统计学和机器学习中广泛应用的非参数方法，通过对原始训练数据集进行有放回的均匀抽样，生成新的样本集。其核心在于"有放回"抽样，增加了数据多样性和模型鲁棒性。自助法的操作步骤如下：假设一个原始数据集有 m 个样本，每次从数据集中随机选择一个样本，将其复制并放入新的训练集中，然后，把这个样本再放回到原始数据集中（这就是"有放回"的抽样方式）。重复上述步骤 m 次，直到新的训练集中也有 m 个样本。在这个过程中，原始数据集中的某些样本可能会在新的训练集中出现多次，而其他一些样本可能一次都不会出现。那些没有进入新训练集的样本可以形成测试集（或称为检验集）。

自助法是非参数方法，优点在于无须预设数据总体分布，灵活适用于各种数据集。在处理小样本数据时，自助法通过有放回抽样增加了数据的多样性，减少了估计偏差，具有更高准确性和可靠性。此外，自助法能生成多个训练集，对集成学习等机器学习方法很重要。它提供丰富数据资源，帮助构建多样化模型，提高预测准确性和稳定性。但自助法也有局限，如样本可能重复出现影响估计准确性，且不适合大规模数据集分析。如图 5.14 所示，自助法通过有放回抽样获取新样本集。总的来说，自助法是一种强大而灵活的统计学工具，尤其在处理小样本数据或需要生成多个训练集的场景中表现出色。

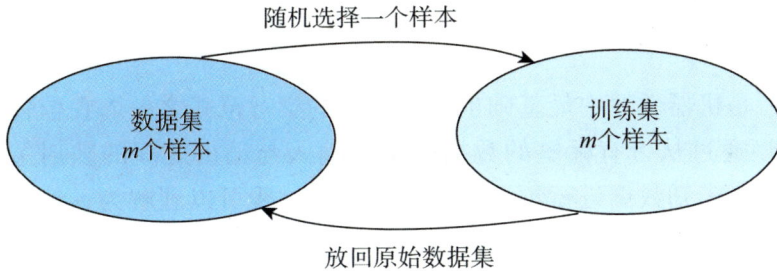

图5.14 自助法

5.2.4 模型的性能度量

在评估模型泛化能力时,不仅需要选择合适的评估方法,还需要衡量模型泛化能力的标准(即模型的性能度量)。为了有效地分析模型的性能度量,本节给出混淆矩阵的基本定义,如图5.15所示。

图5.15 混淆矩阵

(1) 准确率(Accuracy)。准确率是指模型正确分类的样本数占总样本数的比例,即 $\dfrac{TP + TN}{TP + TN + FP + FN}$。该指标适用于各类别样本数量相对均衡的情况。

(2) 精确率(Precision)。精确率是指模型预测为正例的样本中实际为正例的比例,即 $\dfrac{TP}{TP + FP}$。该指标衡量了模型在正例预测中的准确性。

(3) 召回率(Recall)。召回率是指实际为正例的样本中被模型正确预测为正例的比例,即 $\dfrac{TP}{TP + FN}$。该指标衡量了模型对正例的识别能力。

(4) F1分数(F1-score)。F1分数是精确率和召回率的调和平均值,其计算公式为 $2 \times \dfrac{精确率 \times 召回率}{精确率 + 召回率}$。该指标综合考虑了精确率和召回率,适用于样本不平衡的情况。

5.3　监督学习

监督学习是机器学习中最基础也是最常见的学习范式之一。在监督学习中，模型通过从带有标签的数据中学习输入与输出之间的映射关系，从而能够对未知数据进行预测或分类。这一过程可以理解为，给定输入数据和对应的输出标签，模型尝试学习如何根据所输入的数据来准确地预测或分类输出。

监督学习

如图5.16所示，给出训练数据，青色的苹果不甜，红色的苹果甜，这里的甜和不甜就是数据的标签，然后，通过学习算法得到一个模型，最后，对新的苹果进行预测，判断它是甜或者不甜。这就是监督学习的原理。它告诉我们，监督学习是对有标签的数据进行处理，学习输入与输出之间的关系，进而对未知数据进行分类或预测。预测在机器学习中被称为回归，即根据自变量，预测因变量。

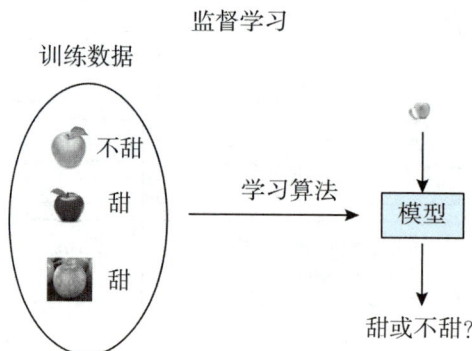

图5.16　监督学习的原理

其中，监督学习中以分类算法和回归算法最具代表性，下面将介绍这两类算法。

5.3.1　分　类

在数据分类问题中，支持向量机（Support Vector Machine，SVM）是一种强大的机器学习算法。它的工作原理是寻找一个决策边界（也称为超平面），该边界能够将不同类别的数据分隔开来，同时最大化边界两侧数据的间隔（即所谓"间隔最大化"）。

在支持向量机分类中，如果数据点可以通过一个线性超平面完全分开，那么这些数据就是线性可分的。如果数据点不能通过一个线性超平面完全分开，但可以通过一个非线性函数映射到更高维度的空间后变得线性可分，那么这些数据就是线性不可分的。在二维空间中，决策边界是一条直线；在三维空间中，它是一个平面；在高维空间中，它是一个超平面。这个超平面由权重向量 w 和偏置项 b 定义，形式为 $w^{\mathrm{T}}x+b=0$，其中，x 表示输入数据的特征向量。

支持向量是距离决策边界最近的数据点。这些数据点对于确定决策边界的位置至关重要。在训练 SVM 时，只有支持向量会影响决策边界的位置，而其他数据点则不会。给定一组训练数据（包括特征向量和标签），SVM 的训练过程就是找到一个能够正确分类这些数据且间隔最大的决策边界，如图 5.17 所示，线性分类器 $w^{\mathrm{T}}x+b=0$，w 表示分类超平面的法线，b 表示截距。

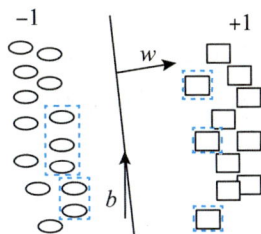

图 5.17 线性分类器 $w^{\mathrm{T}}x+b=0$

支持向量机的分类过程包括数据准备、训练 SVM 和分类新数据三步。训练时，找最佳决策边界，可分硬间隔 SVM 和软间隔 SVM，软间隔允许部分错分。当处理线性不可分的数据时，用核函数将这些数据映射到高维空间。分类新数据时，根据与决策边界的距离判断这些数据的类别，即计算 $w^{\mathrm{T}}x+b$ 的值。如果结果大于 0，则该数据点属于一个类别；如果结果小于 0，则属于另一个类别。

在实际应用中，通常使用现成的机器学习库（如 scikit-learn、LibSVM 等）来训练和使用 SVM 分类器，而不是手动实现 SVM 算法的所有细节。这些库提供了丰富的功能，可以方便地用于各种机器学习任务。准确划分的线性分类超平面如图 5.18 所示，图（a）和图（c）表明分割间距相对较小，图（b）表明分割间距相对较大，所以在支持向量机的训练过程中，支持向量的选取十分重要。选择合适的支持向量，会得到分割间距相对大的超平面，这样会有利于模型的泛化。

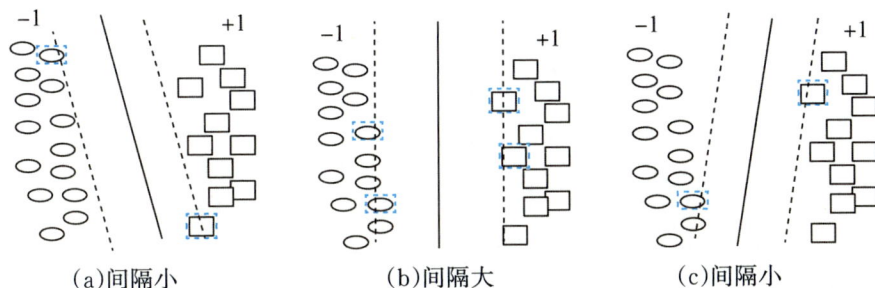

(a)间隔小　　　　　　　(b)间隔大　　　　　　　(c)间隔小

图 5.18 准确划分的线性分类超平面

5.3.2 回 归

回归与分类本质上是一样的，都是对输入作出预测，区别在于两者的输出不同：分类算法输出的是物体所属的类别，而回归算法输出的是物体的值；分类算法输出的值是离散的，而回归算法输出的值是连续的；分类算法输出的值是定性的，而回归算法输出的值是定量的。同时，两者的目的也不同。分类算法的目的是寻找决策边界，用于对数据集中的数据进行分类；回归算法的目的是找到最优拟合曲线，这条拟合曲线可以接近数据集中的各个点。

两者的结果和评估指标不同。对于分类来说，物体是什么类别就是什么类别，结果就只有一个。回归是对真实值的一种逼近预测，当预测值与真实值相近时，可以认为这是一个好的回归。在分类任务中，使用准确率作为指标，也就是预测结果中正确分类的数据占总数据的比例。在回归任务中，我们用决定系数R^2来评估模型的好坏，R^2越接近1，则表明拟合效果越好。

回归的目标是找到最佳拟合的回归线（或更高维度的回归面），使得预测值与实际值之间的误差平方和最小。在一元线性回归中，模型通常表示为：

$$y = ax + b$$

其中，x表示模型变量；a表示模型参数权重；b表示模型参数偏置值。

如何根据样本数据(x_1, y_1)，(x_2, y_2)，$\cdots$，(x_n, y_n)，来确定模型参数a和b？如图5.19所示，我们把这些数据点绘制在图中，对于平面中的n个点，可以有无数条直线来进行拟合，然而我们的目标是寻找一条最佳的拟合直线来拟合这些数据点。从图中我们可以看出，其中的蓝色直线是比较理想的。

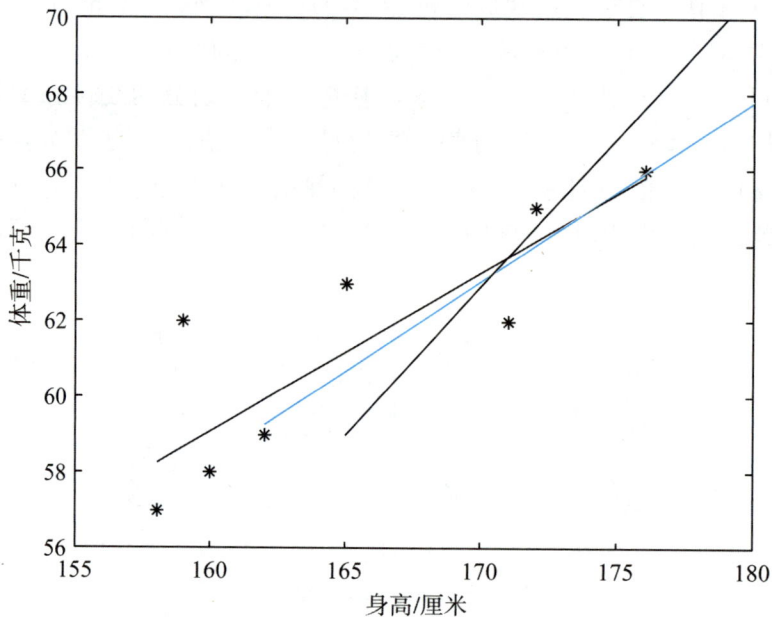

图5.19　一元线性回归

我们以人的身高（x）和体重（y）为例，二者是线性关系，身高正比于体重。如表5.1所示，左边一列表示人的身高，右边一列表示人的体重，这里一共有9组数据。可以大致看出，人的身高越高，则体重越大，呈现正比例关系。一元线性回归的目标就是让$f(x)$与y之间的差距最小，也就是权重a和偏置b取什么值的时候，$f(x)$和y最接近。这里，$f(x)$表示拟合函数。显然，$f(x) = ax + b$。

表5.1 人的身高和体重数据

身高/厘米	体重/千克	身高/厘米	体重/千克
160	58	176	66
165	63	160	58
158	57	162	59
172	65	171	62
159	62		

接下来，我们构建损失函数，损失函数是用来度量模型预测值与真实值的差异程度的，损失函数值越小，表明模型的拟合效果越好。损失函数的原理如图5.20所示，即寻找蓝色的拟合直线，使得预测值与真实值之间差的平方和最小。从图中可以看出，损失函数值越小，拟合的效果就越好，模型对新数据的预测也就越准确。

令损失函数$L(a,b)$为误差平方和，则损失函数为：

$$L(a,b)=\sum_{i=1}^{n}(f(x_i)-y_i)^2=\sum_{i=1}^{n}(ax_i+b-y_i)^2 \qquad (5.1)$$

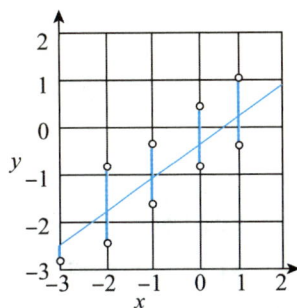

图5.20 损失函数的原理

因此，将9个点分别代入该二元方程得到如下方程组：

$$\begin{cases} 58=160a+b \\ 63=165a+b \\ \cdots\cdots\cdots \\ 62=171a+b \end{cases}$$

损失函数（总误差）为：

$$L(a,b)=(160a+b-58)^2+(165a+b-63)^2+\cdots+(171a+b-62)^2$$

如何得到最佳的参数a和b，使得尽可能多的数据点(x,y)落在或者更靠近这条拟合出来的直线上？上面的最小二乘法就是一种较好的计算方法。

对于参数a和b的求解，我们可使用MATLAB仿真软件得到a和b的值，进而得到如图5.21所示的身高和体重的拟合直线。如图5.21所示，横坐标x表示身高，纵坐标y表示体重，蓝色的直线表示拟合的结果。这样就会得到身高和体重的线性表达式，当知道一个人的身高是多少时，就可以对这个人的体重进行预测。这就是监督学习中，利用一元线性回归思想，对已知数据建模，并预测未知数据点。

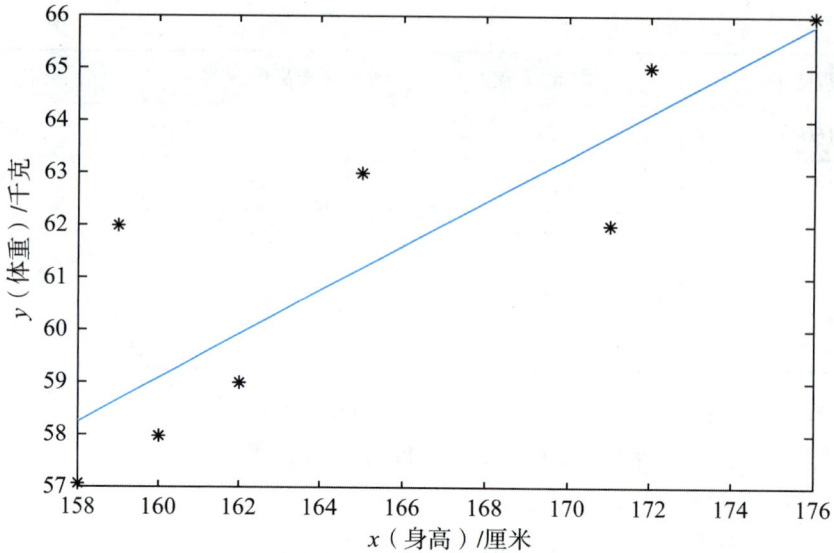

图 5.21　身高和体重的拟合直线

我们把自变量 x 扩展为多元的情况，即多种因素共同影响因变量 y。现实问题也往往是这种情况，比如，要预测房价，需要考虑的因素包括房子的面积、楼层、房龄、是否配置电梯等。如表 5.2 所示，最左边一列是房价，对应的有房间面积、楼层、房龄和是否配置电梯等等。这些因素对房价影响的权重是不同的，所以我们可以使用多个权重来表示多个因素与房屋价格的关系。回归方程如下：

$$y = a_1x_1 + a_2x_2 + \cdots + a_nx_n + b \tag{5.2}$$

其中，y 表示房屋价格；$x_1, x_2, \cdots, x_n$ 表示数据的多种属性，分别对应于上例中的房间面积、楼层、房龄等。

表 5.2　房价数据

房价/万元	房间面积/m²	楼层/层	房龄/年	配套电梯
253	121	18	21	1
370	229	6	7	0
135	75	18	21	1
165	89	32	8	1
270	132	33	21	1
143	73	30	8	1
275	127	32	9	1
130	73	33	9	1
264.5	131	32	9	1

续表

房价/万元	房间面积/m²	楼层/层	房龄/年	配套电梯
130	73	33	6	1
120	66	18	9	1
258	129	18	11	1
185	90	30	9	1
182	90	32	9	1
165	89	32	9	1
278	128	6	9	1
107	69	28	9	1

对于这些参数的求解，我们可使用 MATLAB 仿真软件，得到参数 $a_1, a_2, \cdots, a_n$ 和 b 的值，然后对房价进行预测。这就是利用多元线性回归思想，对数据进行预测。与一元线性回归的区别在于，这里的数据具有多种属性，很多实际例子也都属于这种情况。

5.4　无监督学习

无监督学习

无监督学习是机器学习的重要方法，旨在从未标记数据中挖掘模式、结构和关系。与监督学习不同，它无须人为提供标签，适用于缺乏标注信息的大规模数据集。无监督学习算法自动探索数据的内在规律，如聚类结构、分布形态和关联性等，广泛应用于数据挖掘、市场分析、图像处理和自然语言处理等领域。

无监督学习技术主要包括降维和聚类。降维通过挑选代表性特征减少数据维度，同时最小化信息丢失，旨在提高计算效率、减少噪声、揭示数据关系，使高维数据在低维空间中更易于分析。聚类是无监督学习的核心领域，旨在将数据按规则分成不同类别或簇。理想情况下，同一簇内的样本特征相似，不同簇间的样本差异大。聚类分析有助于理解数据、揭示数据结构和规律，为决策和分析提供支持。

如图 5.22 所示，给出苹果和香蕉，尽管没有直接给出它们的类别标签，但我们仍然可以通过无监督学习的方法，尤其是聚类分析，来对这些数据进行有效的分类。在这个例子中，虽然没有明确指定"这是苹果"或"那是香蕉"的标签，但通过学习，我们能够识别出苹果和香蕉各自对应的两种不同模式或特征集。

图 5.22　无监督学习的原理

无监督学习能从数据中自动发现结构和模式。苹果和香蕉因物理和化学特征在数据空间中形成不同聚类。算法会学习这些特征，生成判别性特征表示，准确区分两者，故无须明确标签。

5.4.1　降　维

在数据降维问题中，主成分分析（Principal Component Analysis，PCA）是一种常用的无监督学习方法。它的核心思想是将原始数据通过线性变换转化为一组新的变量（即主成分），这些新变量是原始变量的线性组合，并且互不相关。这些新变量按照方差大小进行排序，第一个主成分具有最大的方差，后续的主成分依次具有较小的方差。

如图 5.23 所示，图（a）是三维空间，图（b）是一维空间，图（a）中的三种不同颜色表示这些数据点分别在上面、中间和下面，主成分分析的直观解释是，我们希望在新的坐标系中，数据的重要性集中在少数几个主成分上。比如图（b），最终用一维空间来刻画数据，从而实现数据的降维效果。同时，由于选择的是方差最大的主成分，也就是数据中的主要变化趋势，因此有助于保持数据的特征。

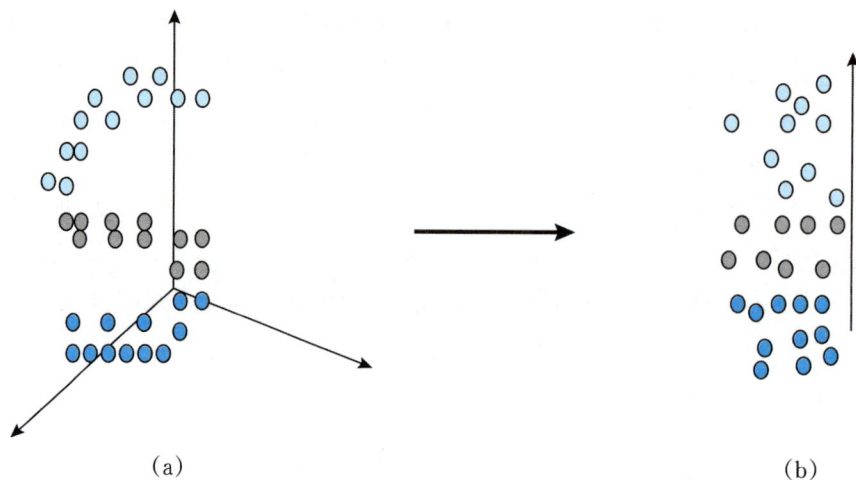

（a）　　　　　　　　　　　　　　　　　　　（b）

图 5.23　主成分分析

主成分分析算法主要包括数据标准化、计算协方差矩阵、计算协方差矩阵的特征值和特征向量、选择主成分和将原始数据转换为主成分等步骤。主成分分析算法的流程如图5.24所示。

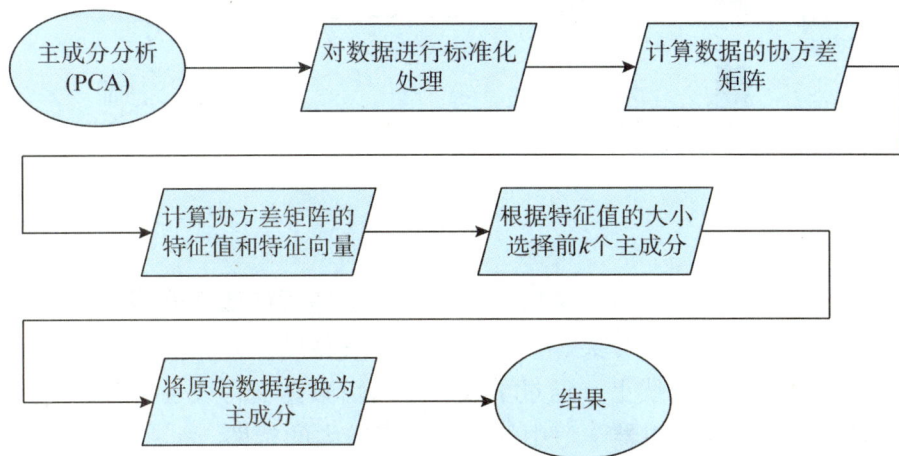

图5.24 主成分分析算法流程

（1）数据标准化。对数据进行标准化处理，即减去均值并除以标准差，使得每个特征都具有相同的尺度。

（2）计算协方差矩阵。标准化后的数据集的协方差矩阵表示了各个特征之间的相关性。

（3）计算协方差矩阵的特征值和特征向量。特征值表示了对应主成分所能解释的方差大小，而特征向量则描述了主成分的方向。

（4）选择主成分。根据特征值的大小选择前k个主成分，这k个主成分能够解释数据集中的大部分方差。

（5）将原始数据转换为主成分。使用选定的主成分的特征向量，将原始数据转换为主成分坐标。

主成分分析的特点包括：一种线性降维方法，对于非线性数据可能效果不佳；依赖于数据的方差来提取主要特征，因此可能对数据的分布和尺度敏感；一种无监督学习方法，无法利用数据的标签信息；在选择主成分数量时，需要根据实际需求和数据进行权衡，通常可以选择能够解释大部分方差的主成分数量。

主成分分析的应用包括：将数据从高维空间映射到低维空间，同时保留数据中的主要信息。这在数据可视化、数据存储和计算效率提升等方面都有重要应用。如图5.25所示，图（a）是一些人脸图像和物体图像，其中人脸图像是在不同光照下拍摄的，物体图像是在不同角度下拍摄的，使用主成分分析技术，把这些二维矩阵降维到长度为3的向量，然后在坐标系中刻画出来，进而分析人脸图像和物体图像是否坐落在坐标系中的不同部分。

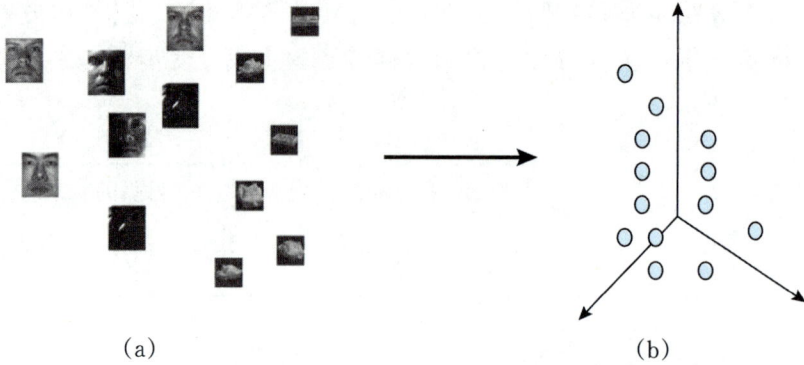

（a）   （b）

图 5.25   数据可视化

主成分分析可用于提取数据中的主要特征，这些特征通常能够反映数据的本质结构。这对于机器学习中的分类、回归等任务都有帮助。如图 5.26 所示，最能区别的信息在这条浅蓝色的直线上，通过主成分分析后数据变得线性可分，右上角表示狗，左下角表示猫，这对机器学习中的分类具有较大的帮助。

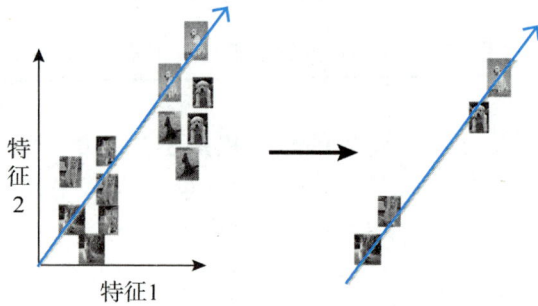

图 5.26   特征提取

可以通过保留方差较大的主成分，将噪声的影响降到最低。在数据的预处理阶段，主成分分析是一种有效的工具。如图 5.27 所示，原始数据具有噪声，经过去噪处理后得到的数据基本处于一条直线上。

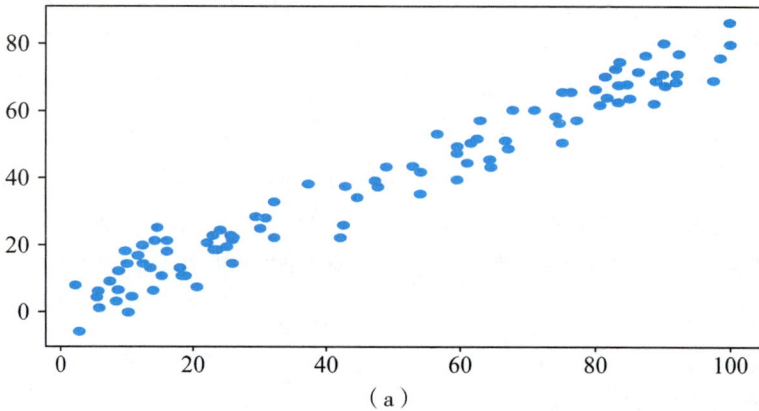

（a）

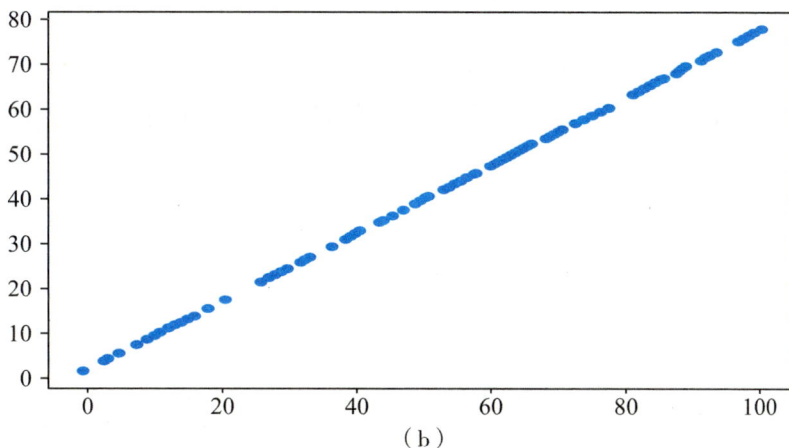

（b）

图 5.27　噪声去除前后

5.4.2　聚　类

在聚类问题中，K 均值（K-Means）聚类是一种非常流行的无监督学习方法，用于将数据点划分为 K 个不同的簇（或集群）。在 K 均值聚类中，每个簇由其聚类中心（Centroid，即簇中所有点的平均值）来定义。K 均值聚类的算法步骤包括初始化、迭代过程和收敛检查等，其流程如图 5.28 所示。

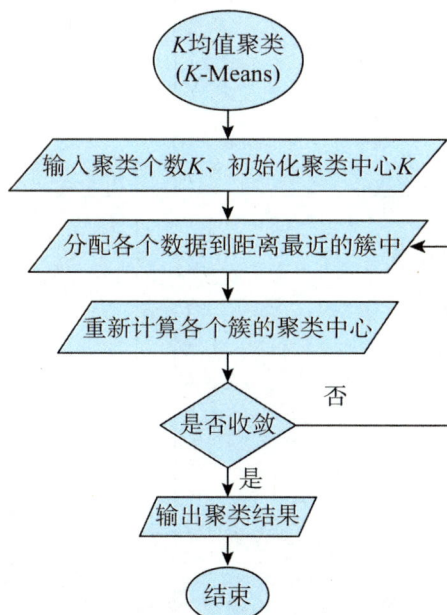

图 5.28　K 均值聚类算法的流程

（1）初始化。给定簇的数量 K，然后随机选择 K 个点作为初始聚类中心（或从数据集中选择 K 个样本作为初始聚类中心）。

（2）迭代过程。首先，对于数据集中的每个数据点，计算它到每个聚类中心的距离，并将该数据点分配给距离其最近的聚类中心所对应的簇。其次，对于每个簇，重新计算其聚类中心，即计算该簇中所有数据点的平均值。聚类中心现在是该簇的新中心。

（3）收敛检查。检查聚类中心是否发生变化（或变化量是否小于某个阈值）。如果没有变化（或变化量很小），则认为算法已经收敛，停止迭代；否则，返回"迭代过程"继续迭代。

K 均值聚类对初始聚类中心的选择很敏感，不同的初始聚类中心可能导致不同的聚类算法结果。K 均值聚类要求预先指定簇的数量 K，这在某些情况下可能是一项挑战。对于非凸形状或大小差异很大的簇，K 均值聚类可能不是最佳的选择。K 均值聚类对噪声和异常值也比较敏感。给定 300 个数据点，类别数为 3，采取 K 均值聚类算法，其结果如图 5.29 所示。图（a）表示初始数据，三种颜色分别表示三种不同类别，图（b）表示一次迭代后的结果，图（c）表示 3 次迭代后的结果，图（d）表示最终结果，从图中可以看出数据点最终被准确分为 3 类。

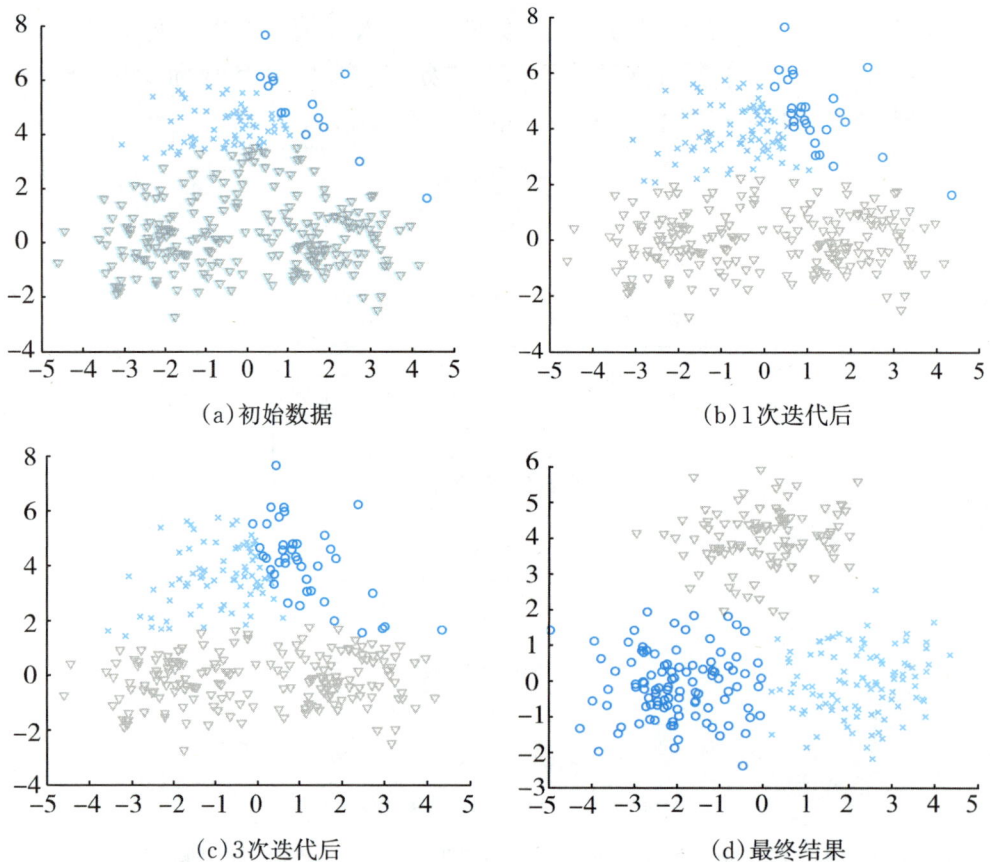

(a)初始数据　　　　　　　　　　(b)1次迭代后

(c)3次迭代后　　　　　　　　　　(d)最终结果

图 5.29　K 均值聚类算法实例

同时，给定 200 个环形数据点，类别数为 2，采取 K 均值聚类算法，其结果如图 5.30 所示。图（a）表示环形数据，很明显应该被分为 2 类，里面的环是类别 1，外面的环是类别 2。图（b）表示最终的聚类结果，从图中可以看出数据点被分为 2 类，但这明显有问题，左边是第一类，右边是第二类，事实上应该是里面的环和外面的环各为一类。所以我们可以得出以下结论：K 均值聚类算法在处理环形数据时存在不足之处。

K 均值聚类算法的特点包括：原理简单，易于理解和实现；具有较快的计算速度，可以处理大规模数据集；其结果会受到初始聚类中心选择的影响；可能会将这些异常值分配到错误的簇中；在使用该算法之前，需要预先设定要划分的簇的数量 K；对半球形或密度不均匀的数据集，效果较差。

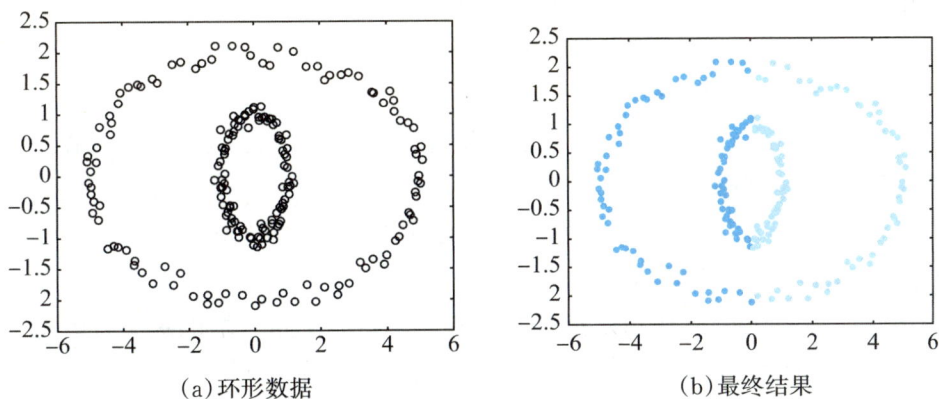

(a) 环形数据　　　　　　　　　(b) 最终结果

图 5.30　K 均值聚类算法异常实例

在图像处理领域中，K 均值聚类算法展现出了其强大的应用潜力，特别是在图像分割方面。该算法能够基于像素的相似度，将图像自动划分为若干个不同的区域，这些区域在颜色、纹理或亮度等特征上具有一定的连贯性和一致性。通过 K 均值聚类，我们可以轻松地将图像中的前景与背景、不同的物体或区域分割开来，为后续的图像分析和识别工作提供有力的支持。

此外，K 均值聚类算法在数据预处理和特征提取方面也发挥着重要作用。在处理大规模数据集时，我们通常会面临数据维度高、噪声大等问题。K 均值聚类可以帮助我们降低数据的维度，去除冗余信息，同时保留数据的主要特征。通过 K 均值聚类分析，我们可以将数据集中的样本划分为若干个簇，每个簇内的样本在特征上具有较高的相似性和一致性。这样，我们就可以为每个簇提取出具有代表性的特征，从而简化后续的分类、回归等任务。

值得一提的是，K 均值聚类算法还具有发现潜在异常值或异常行为的能力。在数据集中，有些数据点可能与其他数据点存在显著的差异，这些差异可能源于测量误差、数据录入错误或真实的异常行为。通过 K 均值聚类，我们可以识别出与大多数数据点距离较远的簇，这些簇往往对应着潜在的异常值或异常行为。这对于数据清洗、欺诈检测等领域具有重要的实际意义。

强化学习

5.5　强化学习

强化学习是一种机器学习范式，其目标是使智能体（Agent）在与环境的交互中学习如何通过采取特定的行动来最大化预期的累积奖励。在强化学习中，智能体通过尝试不同的行动并观察环境对其行为的反馈来学习。与监督学习的区别在于，强化学习通常没有明确的标签或者指导性的数据，而是通过尝试和错误来获取知识。

强化学习系统通常由以下几个要素组成。

（1）智能体（Agent）。智能体是指执行动作的实体，它与环境进行交互，并根据环境的反馈来学习适当的行为策略。

（2）环境（Environment）。环境是指智能体所处的外部系统，它接收智能体的行动并返回相应的奖励或者状态。

（3）状态（State）。状态是指描述环境的特定配置或情况的信息。智能体的决策通常基于当前状态来选择行动。

（4）行动（Action）。行动是指智能体在给定状态下所采取的决策或者行为。

（5）奖励（Reward）。奖励是指环境对智能体行动的反馈，它指示了行动的优劣程度。智能体的目标是通过最大化长期累积奖励来学习适当的行为策略。

强化学习系统各要素之间的关系，如图5.31所示。

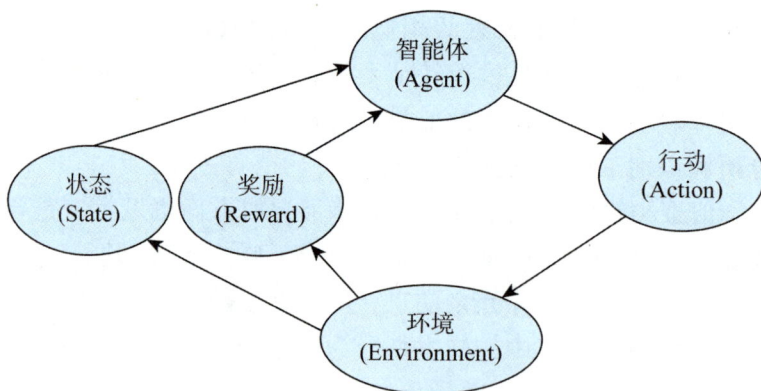

图5.31　强化学习系统

5.5.1　任务与奖励

强化学习任务通常被描述为一个马尔可夫决策过程（Markov Decision Process,

MDP），其中包含以下几个关键要素。

状态空间（s）：这是智能体感知到的环境的描述。

动作空间（a）：智能体可以采取的所有动作的集合。

转移函数（p）：描述了在给定状态下执行某个动作后，环境状态如何变化的概率分布。

奖赏函数（r）：定义了智能体在给定状态下执行某个动作后获得的奖赏。

智能体的目标是学习一个策略，该策略能够指导智能体在不同的状态下选择最优的动作，以最大化长期累积的奖赏。教狗做游戏的马尔可夫决策过程如图 5.32 所示，此时，狗就是智能体，环境就是给它骨头或不给它骨头。这里的状态空间包括狗不动和狗做游戏这两种状态。在狗做游戏的过程中，动作空间包括给它骨头和不给它骨头。对于转移函数，当狗不动时，给它骨头，它会以概率 0.5 继续保持不动，或以概率 0.5 做游戏。对于奖赏函数，当狗不动时，给它骨头，它会以概率 0.5 继续保持不动，此时 $r = -10$，如果做游戏，则 $r = 10$。

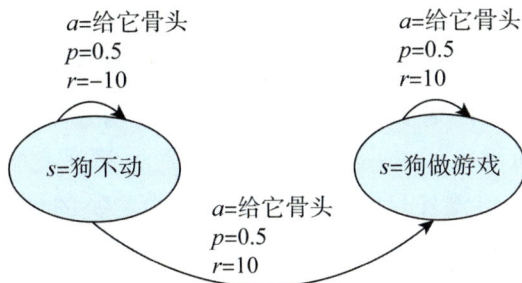

图 5.32　教狗做游戏的马尔可夫决策过程

即时奖赏（Immediate Reward）：智能体在执行某个动作后从环境中获得的直接反馈。这个反馈通常是标量值，可以是正数（奖励）或负数（惩罚）。

累积奖赏（Cumulative Reward）：智能体在遵循某个策略与环境交互过程中获得的奖赏的总和。在强化学习中，通常有折扣累积奖赏和 K 步累积奖赏。

折扣累积奖赏：未来的奖赏会按照一定的折扣率进行衰减，如图 5.33 所示，r_1 表示第 1 步获得的奖赏，以此类推，γ 表示折扣率。可以看出，奖赏函数是按照一定的折扣率进行衰减的。其计算公式如下：

$$G_k = E(\gamma^0 r_1 + \gamma^1 r_2 + \cdots + \gamma^{+\infty} r_{+\infty}) \tag{5.3}$$

其中，γ 表示折扣率（通常小于 1）；r_k 表示第 k 步获得的奖赏；E 表示求期望。

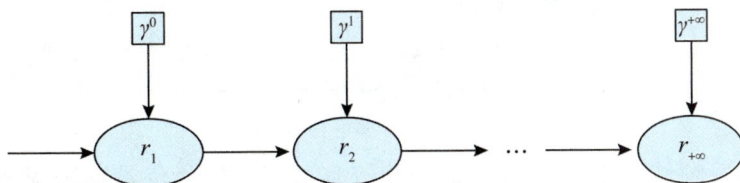

图 5.33　折扣累积奖赏

K步累积奖赏：累加后面的K步奖赏，如图5.34所示，从r_1一直累加到r_K，然后求平均值，最后求期望值。其计算公式如下：

$$G_k = E(\frac{1}{K}(r_1 + r_2 + \cdots + r_K)) \tag{5.4}$$

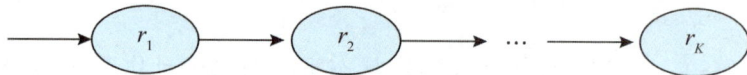

图5.34　K步累积奖赏

5.5.2　探索与利用

强化学习中的探索（Exploration）与利用（Exploitation）是一个核心问题，它涉及智能体如何在未知环境中有效地学习。在强化学习中，探索指的是智能体尝试新的、未知的行为或状态，以获取更多关于环境的信息，这有助于智能体发现可能的更优策略；利用则是指智能体基于已有的知识和经验，选择当前认为最优的行为。通过利用，智能体可以最大化即时或短期的奖励。

探索和利用之间存在一种权衡关系。过度探索可能导致智能体无法充分利用已知信息，从而效率低下；而过度利用则可能使智能体陷入局部最优解，无法发现更好的策略。如图5.35所示，当采用"仅探索"法时，将所有尝试机会平均分配给每个摇臂，最终得到每个摇臂各自吐出的钱币，作为奖赏的期望。当采用"仅利用"法时，取目前最优的摇臂。如果一味地利用，则可能得到局部最优解；而如果一味地探索，则得到的奖赏可能一直很差。在未知或动态变化的环境中，如何平衡探索与利用两者的关系，变得尤为复杂。智能体需要不断地适应环境变化，同时保持对新知识的探索。

图5.35　K-摇臂赌博机

在强化学习领域，平衡探索与利用的策略对于找到最优策略至关重要。常见的平衡探索与利用的策略包括ε-Greedy策略和Softmax策略。ε-Greedy策略是一种简单而常用的平衡探索和利用的方法。其中，ε（epsilon）是一个介于0和1之间的参数，决定了探索和利用之间的权衡。它的工作机制是：在探索阶段，以ε的概率随机选择一个行动，不受历史经验或模型预测的影响；在利用阶段，以$1-\varepsilon$的概率选择当前已知的最佳行动（即根据历史经验或模型预测的最优行动）。如图5.36所示，以找酒店为例，我们可以选择之前住过的较好的酒店，这就是经验；我们也可以重新探索新的酒店，这就是随机选择。

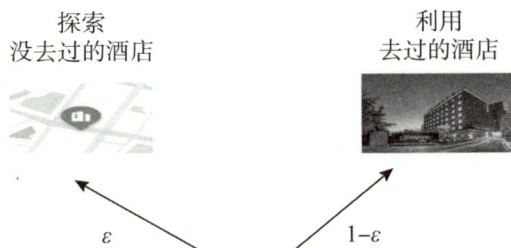

图5.36　ε-Greedy策略的形象化解释

ε-Greedy策略的优点是只需设定一个ε值，即可在探索和利用之间达到平衡。并且通过调整ε值，还可根据任务的需求和环境的变化灵活改变探索和利用的比例。ε-Greedy策略广泛应用于各种强化学习问题和算法中，特别是在早期探索和学习环境中非常有效。

Softmax函数是一种将一组实数转换为概率分布的函数。给定一个K维的实数向量z，Softmax函数可将其转换为另一个K维的实数向量$\delta(z)$，其中，每个元素的范围都在0和1之间，并且所有元素的和为1。

在强化学习中，Softmax策略根据每个动作可能带来的收益（或称为Q值）为每个动作分配一个选择概率。这个概率是通过将Q值传递给Softmax函数而计算得到的。因此，具有较高Q值的动作有更高的被选择概率，但仍有选择其他动作（即探索）的可能性。如图5.37所示，对于这么多家酒店，我们可以根据经验为每个酒店赋值Q值，然后通过Softmax函数计算概率，最后选择一家酒店。

ε-Greedy策略和Softmax策略都是用于平衡探索和利用的有效方法。ε-Greedy策略通过固定概率ε来控制探索和利用的比例，简单直观但较为刚性。Softmax策略则通过引入温度参数T，为智能体的选择行为提供了更多的灵活性，能够根据具体情况动态调整探索和利用的比例。在实际应用中，可以根据具体问题和需求选择适合的策略，或者结合两种策略的优点进行混合使用。

平衡探索与利用的意义深远且广泛，它直接关系到智能体在解决各种任务时的效率、鲁棒性和适应性。在强化学习的框架下，探索和利用是两个核心要素，它们分别代表了智能体对未知领域的探索能力和对已知策略的有效利用能力。

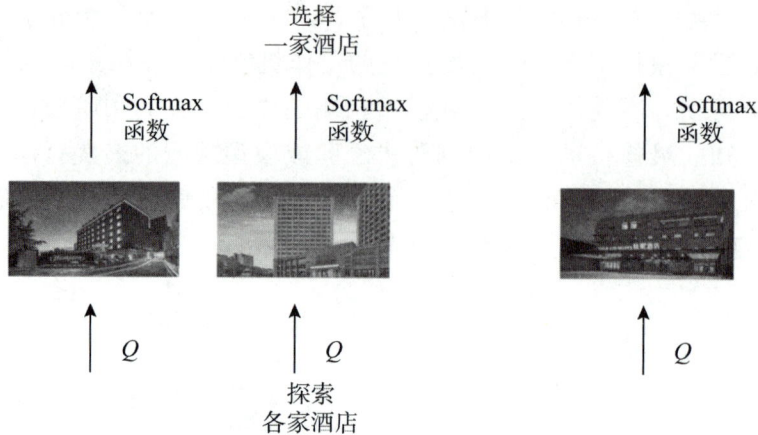

图 5.37　Softmax 策略的形象化解释

　　首先，通过合理平衡探索和利用，智能体能够在学习过程中更加高效地发现最优策略。在初始阶段，智能体需要广泛探索环境，以了解不同状态下的奖励和行动效果。随着经验的积累，智能体逐渐转向利用已知策略，以最大化长期奖励。这种平衡确保了智能体不会陷入局部最优解，而是能够持续发现更好的策略，从而提高学习效率。

　　其次，在面对不确定或复杂的环境时，平衡探索和利用对于增强智能体的鲁棒性和适应性至关重要。在不确定环境中，智能体需要不断尝试新的行动，以应对潜在的变化和不确定性。通过持续探索，智能体能够发现新的机会，并适应环境的变化。同时，利用已知策略可以确保智能体在探索过程中保持一定的稳定性和可靠性。这种平衡使得智能体能够在复杂多变的环境中保持高效和稳健的表现。

5.6　章后习题

一、选择题

　　1. ［单选题］混淆矩阵中的 TP＝16，FP＝12，FN＝8，TN＝8，则准确率是（　　）。

A.6/11　　　　　　　B.1/4　　　　　　　C.1/2　　　　　　　D.2/3

　　2. ［单选题］混淆矩阵中的 TP＝16，FP＝12，FN＝8，TN＝8，则召回率是（　　）。

A.6/11　　　　　　　B.1/4　　　　　　　C.1/2　　　　　　　D.2/3

　　3. ［多选题］对于模型的性能度量，具体的量化指标包括（　　）。

A.准确率　　　　B.真阳性　　　　C.真阴性　　　　D.召回率

二、判断题

　　1. 线性回归是一种有监督机器学习算法，它使用真实的标签进行训练。

2.最小二乘法是基于预测值和真实值的平方误差最小化的方法来估计线性回归学习器的参数 a 和 b 的。

三、讨论题

1.简述监督学习与无监督学习的区别与联系。

2.K 均值聚类算法为什么对环形数据的聚类效果不好?

3.强化学习和监督学习、无监督学习的区别是什么?

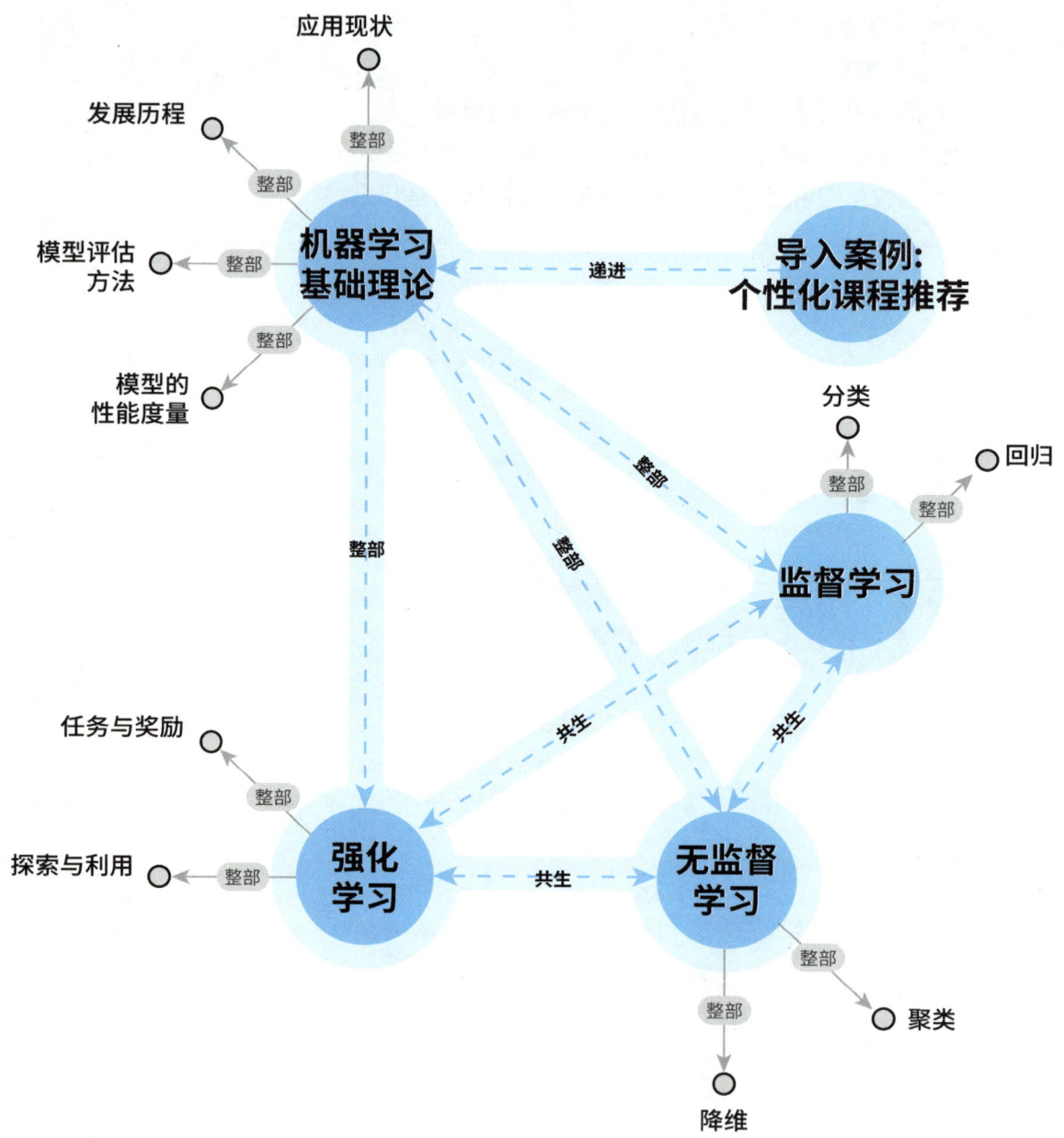

应用现状

发展历程

整部

整部

模型评估
方法

整部

机器学习
基础理论

整部

模型的
性能度量

递进

导入案例:
个性化课程推荐

整部

分类

回归

整部

整部

整部

监督学习

整部

共生

共生

任务与奖励

整部

探索与利用

整部

强化
学习

共生

无监督
学习

整部

聚类

整部

降维

机器学习

第 6 章 计算智能

案例：智能物
流机器人

6.1 导入案例：智能物流

在当今信息爆炸的时代，我们正处于数字化转型的浪潮之中。人工智能（AI）作为这一时代的核心驱动力之一，正在以惊人的速度改变着我们的生活、工作和学习方式。而其中的一个重要分支——计算智能，正是我们将要探讨的焦点。

什么是计算智能呢？直观解读，计算智能是由计算和智能两个词组合而成。计算，通常指通过一系列定义明确的规则来处理数据和解决问题的过程，如1+1＝2、2×2＝4等加减乘除运算。智能，通常指通过系统或生物体表现出的学习、理解、推理、计划、感知等能力。因此，计算智能是一种解决复杂问题的智慧，通过模拟自然界和人类智能的过程，来解决现实世界中的问题。

想象一下，有一种"智能"，它能够自动帮助我们找到最短的路线、预测未来的趋势、优化资源的利用……这种"智能"就是计算智能。它的应用范围非常广泛，涵盖了各个领域，比如医疗、金融、交通、教育等。正是因为计算智能的强大，我们才能见证无人驾驶汽车、智能机器人、交通物流、智慧医疗等一系列惊人的科技产品的诞生和发展，实现辅助人类、增益社会的目的，如图6.1所示。

(a)

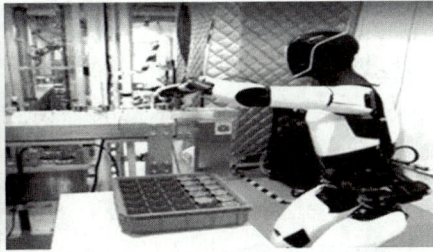
(b)

(c)　　　　　　　　　　　　　(d)

图6.1　智能计算的应用场景

　　计算智能的一个典型应用案例就是智能物流，如图6.2所示。通过机器人路径规划，智能物流实现了人们网上所购货物快速入库、分拣和出库。在这一应用中，智能物流机器人需要将入库的货物按地区等属性进行分类归整；根据商家选择的时间段，通过智能物流系统机器人高效无冲突地从货架取货并送到出库区的指定运输点进行发货。这项任务需要考虑仓库的复杂布局、实时更新的订单信息以及其他机器人的动态行为。可见，智能物流是一个典型的优化问题，需要在多个约束条件下找到最佳解决方案。而计算智能正是为解决这类复杂问题而生。

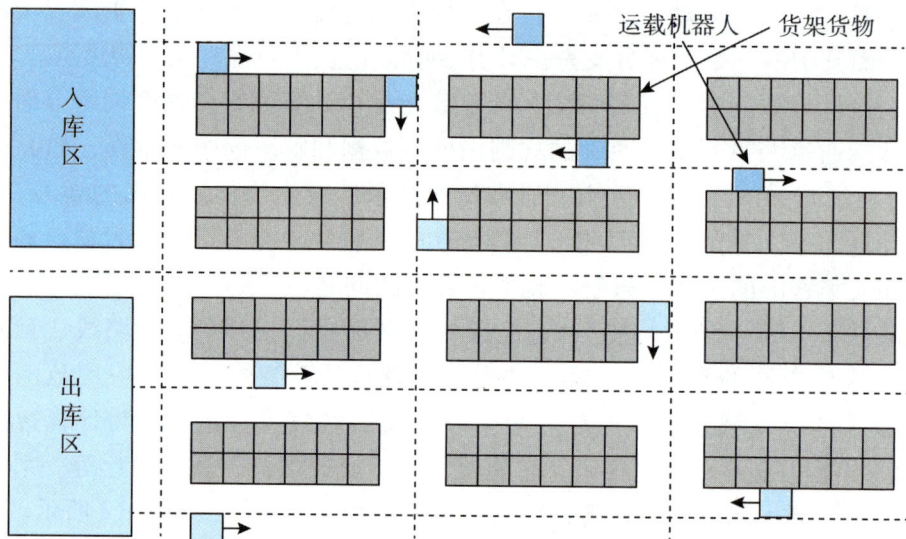

图6.2　智能物流机器人路径规划

　　现在让我们进入正题，深入探讨计算智能的核心概念和方法。计算智能并非神奇的黑盒子，它背后蕴含着丰富的知识和技术。在接下来的章节中，我们将深入探讨计算智能的核心概念和方法，带领大家一起探索这个充满奇迹的世界。

6.2　搜索策略

　　搜索策略，俗称试探性方法，是利用计算机强大的计算能力来解决

搜索策略

复杂问题的一种技术。它的实质是根据初始条件和扩展规则构造一个解答空间,并在这个空间中寻找符合目标的过程。

6.2.1 搜索策略的三大要素

搜索策略有三大要素:搜索对象、搜索的扩展规则和搜索的目标测试。搜索对象是指在什么之上进行搜索;搜索的扩展规则是指如何控制从一种状态变化为另一种状态,使得搜索得以前进;搜索的目标测试是指搜索在什么条件下终止。

下面,我们用登山案例来形象地描述搜索策略的三要素,如图6.3所示。

假设有一座大山,登山爱好者想要登顶。他们准备在山的三面规划出三条路径:正面的路径①、左面的路径②和右面的路径③。路径①较平缓,可以轻松地走上山顶。路径②陡峭,需要一定的攀岩技术才能登上山顶。路径③较为陡峭,可以边走边爬上山顶。可见,路径①是舒坦安全的,但路途较远,费时。路径②是最累的,需要一定的攀岩技术才能够最快地登上山顶。路径③是折中的,可以在效率和安全性上都有一定的保障。此外,这三条路径是可以相互转移的,如图

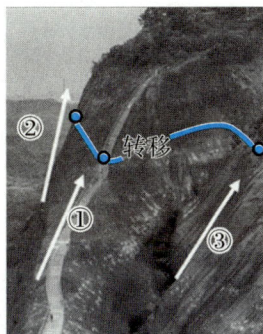

图6.3 爬山的路径

6.3中的蓝色线条所示。假如路径②上的攀登者爬到半山腰时累了或者觉得危险指数较大,可以转移到路径①上;路径①和路径③上的攀登者亦可根据局部情况转移到最高效、最安全、最适合自己的路径上进行登顶。该登山过程的平面展示效果如图6.4所示。

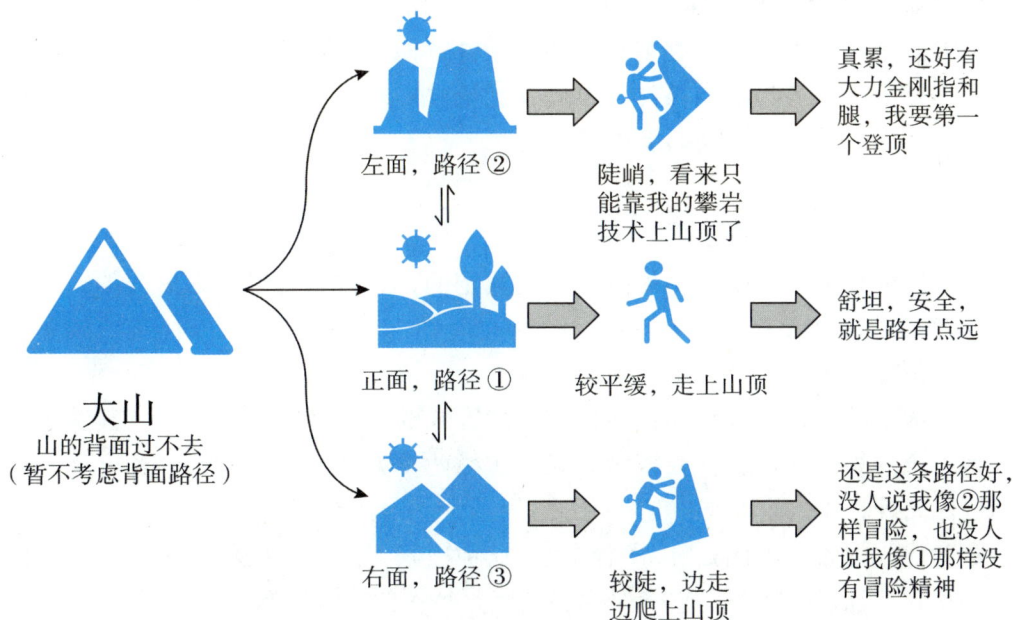

图6.4 登山的简化图

以登山过程为例，搜索策略的三要素，即搜索对象、扩展规则和目标测试分别有如下的解释。

1.搜索对象

搜索对象是指选择一种方法来寻找到达山顶的路径。在登山的案例中，我们有三条不同的路径可以选择：

● 左面的路径（路径②）；

● 正面的路径（路径①）；

● 右面的路径（路径③）。

每条路径代表一个搜索对象，它们的难度和条件各不相同，选择哪条路径就是在不同对象之间进行选择。

2.扩展规则

扩展规则是指在选择路径的过程中，用来判断和生成下一步行动的规则。在登山案例中，扩展规则就是选择路径和如何前进：

● 对于路径②，需要攀爬岩壁，规则是判断体力是否足够、岩壁是否具备攀爬条件；

● 对于路径①，需要大量时间，规则是判断是否具备足够的时间和耐心；

● 对于路径③，需要适当的攀岩技术和时间，规则是保持时间和安全性上的平衡性。

3.目标测试

目标测试是指当前状态是否达到了目标，即是否满足所有限制条件。如果与目标非常接近，则称为宽目标；如果与目标完全相符，则称为紧目标。在登山案例中，地形、距离和天气是问题本身的限制条件；而登山者的技能和体格、风险偏好和时间安排等都是人为限制条件。最后，无论是实现了紧目标还是宽目标，该过程都需要得到肯定，毕竟大家都登顶了。

6.2.2　搜索策略的分类

在上述的登山案例中，登顶路线不是固定的，有时是盲目搜索形成的，有时是启发式搜索形成的。

1.盲目搜索

盲目搜索是一种具有较高灵活性和扩展方式的多样性的搜索过程，其实质就是逐步地挨个搜索。所以，盲目搜索一般又包括两个方向上的搜索，即宽度优先搜索和深度优先搜索。

宽度优先搜索（见图6.5，横着走）：这种搜索方法从初始状态出发，逐层扩展节点，直到找到目标状态。它确保找到最短路径，但在空间和时间上效率较低。

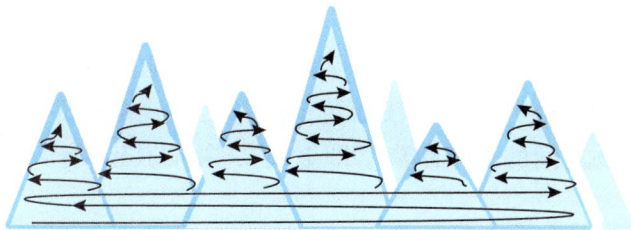

图6.5 宽度优先搜索

深度优先搜索（见图6.6，竖着走）：这种搜索方法沿着一个分支不断深入，直到达到目标状态或无法前进为止，然后回溯并选择另一个分支继续搜索。它节省空间，但可能会陷入无穷深的分支中。

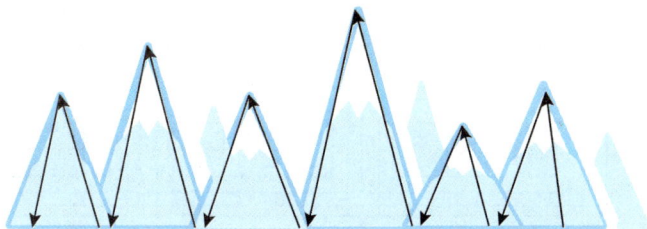

图6.6 深度优先搜索

2.启发式搜索

启发式搜索是一种通过不断评估当前状态到目标状态的估计成本或距离，并以此引导搜索方向的优化过程。这个估计值并不要求完全准确，但它提供了对路径优劣的一个相对合理的指引，帮助算法决定下一步的搜索方向。

如图6.7所示，登山者在初始地目测了山顶的方位，然后依据两点之间直线距离最短的方向进行搜索并不断评估距离。登山过程中如遇到阻隔，则通过局部目测用最短的距离下移或横移转向，继续沿着初定的大致方向继续攀爬，最终实现登顶。

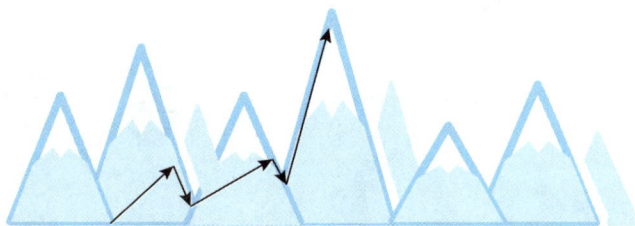

图6.7 启发式搜索

6.2.3 智能物流中的搜索策略应用

最后，回到典型的智能物流案例，如图6.8所示。在智能物流中，搜索策略的搜索对象为蓝块机器人到达物品A的所有可能路径，扩展规则为机器人遇到其他机器人等阻碍时改变路径的方式（如路径①转向路径③），目标测试则为无冲突、用时最短等目标。盲目的宽度优先搜索即为图中机器人遍历的浅蓝色竖线，盲目的宽度优先搜索即为图中机器人遍历的浅蓝色横线。启发式搜索即为图中黑线上的机器人不断评估其与货物之间的最短距离（即虚线），并向其运动。

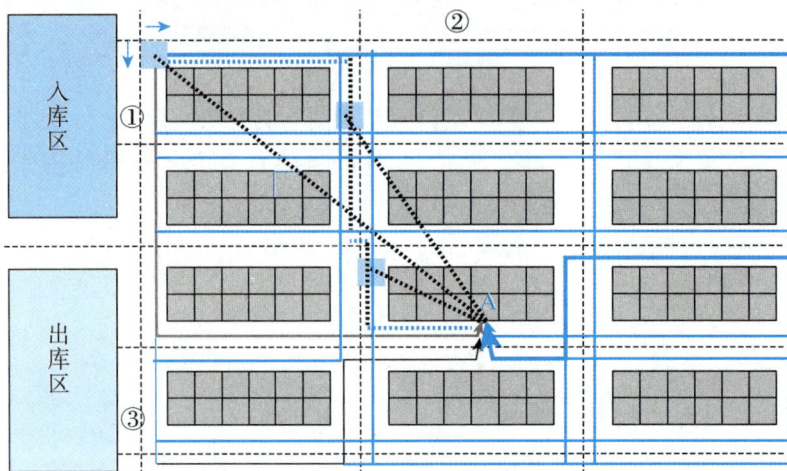

图6.8　物流机器人的不同搜索策略

6.3　进化计算

　　如图6.9所示，猿类经过漫长的发展过程，逐渐演化成集智慧、美貌和行为能力发达等优秀品质于一身的人类。在这一过程中，碍事的尾巴逐渐消失，佝偻的腰也变得挺直。如今，人们手里常常拿着公文包和现代武器，而不再是拿着树棍，赤裸着捕猎生活等。今天在镜子前完美的你，是人类在生存环境中与矛盾不断斗争的结果，是父母们优良基因不断遗传和突变给下一代，以适应社会的体现。

进化计算

从猿到人的进化

基因的遗传和突变

图6.9　人类的进化过程

一直以来，人类不断地从大自然中得到启迪，通过发现自然界中的一些规律或模仿其他生物的行为模式，获得灵感来解决各种问题。进化算法（Evolutionary Algorithm，EA）即其中的一种，它是通过模仿自然界生物基因遗传与种群进化的过程和机制，而产生的一种群体导向随机搜索技术和方法。

进化计算的理论基础源于1859年达尔文（C. R. Darwin）在其巨著《物种起源》中提出的生物进化学说，如图6.10所示。在这本书中，达尔文提出了"物竞天择""适者生存""遗传变异"等影响深远的观点，论证了生物是在遗传、变异、生存斗争及自然选择中，从简单到复杂、从低等到高等不断发展变化的。这种变化是自然界内部矛盾斗争的结果。

进化计算是一类模拟生物进化规律的智能优化方法，主要包括遗传算法、遗传规划、进化策略和进化规划四种类型。虽名称不同，但它们都像生物进化一样遵循三个基本步骤：首先，把问题转化为

图6.10 达尔文《物种起源》

计算机能处理的"基因"（比如用一串数字表示不同解决方案，就像用身份证号区分不同的人）；其次，设定评分标准衡量每个方案的好坏（类似考试分数越高，代表能力越强）；最后，通过"优胜劣汰＋随机调整"的方式迭代改进（比如保留优秀方案，同时像基因突变那样尝试新变化）。考虑到实际应用中的使用频率，我们将重点讲解其中两种方法——类似自然选择的遗传算法，以及更强调随机创新的进化策略。

6.3.1 遗传算法

遗传算法（Genetic Algorithm，GA）是对自然界中遗传现象的有效类比，它是从自然现象中抽象出来的，所以算法中的这些概念与相应的真实生物学概念并不等同，而是生物学概念的简单"代用"。

20世纪70年代初，美国密歇根大学的霍兰德（J. Holland）教授受到达尔文进化论的启发，按照类似生物界自然选择、变异和杂交等自然进化方式，用数码串来类比生物中的染色体，通过选择、交叉、变异等遗传算子来仿真生物的基本进化过程，利用适应度函数来表示染色体所蕴含问题解的质量优劣，通过种群的不断"更新换代"，提高种群的平均适应度，通过适应度函数引导种群的进化方向，并在此基础上，使最优个体所代表的问题解逼近问题的全局最优解。

1. 编码与解码

在处理复杂问题时，科学工作者们常用一种有趣的方法——把问题转化为由数字和字母组成的位串形式。就像图书馆用编号管理书籍（比如"S0305"表示社科

类图书专区第三层阅读区第5个书架），现实问题也能转化为这样的位串形式。将问题转换成位串形式的过程叫作编码，反过来把位串形式转换成我们能理解的方案叫作解码。这些位串形式有个特别的称呼——"基因密码本"，就像每个人独特的DNA决定了身体特征一样，每种位串形式的排列方式都代表着不同的解决方案。

编码是应用遗传算法时要解决的首要问题，也是关键问题。它既反映了染色体中基因的排列次序，也决定了遗传空间到解空间的变换解码方法。编码的方法也会影响遗传算子的计算方法。一种好的编码方法，它既能反映所研究问题的性质，也能够便于计算机处理，这样才能够大大提高遗传算法的效率。常用的编码方法有以下几种。

（1）二进制编码。二进制编码是遗传算法编码中最常用的方法之一。它用固定长度的二进制符号{0,1}串来表示群体中的个体，个体中的每一个二进制字符称为基因。

（2）符号编码。符号编码是指个体染色体编码串中的基因值取自一个无数值含义而只有代码含义的符号集。这个符号集可以是一个字母表，如{A,B,C,D,…}；也可以是一个数列，如{1,2,3,4,…}；等等。

（3）浮点数编码。浮点数编码是指个体的每个基因都用某一范围内的一个浮点数来表示。因为这种编码方法使用的是问题的真实值，故更贴近实际，也更具有意义。

2.适应度函数

为了体现个体的适应能力或受欢迎程度，引入对问题中的每一个个体都能进行度量的函数，即适应度函数。适应度函数作为衡量个体优劣程度的评价指标，充分体现了自然界适者生存的自然选择规律。在社会的竞争中，人们的身高、五官等外貌特征会越来越趋向于大众的喜好。这一点也充分体现在婚恋中的配偶选择上，毕竟后代的基因是通过父母的优良基因进行遗传与进化的。

在实际问题中，适应度值的期望有时是越大越好，有时是越小越好。然而，在遗传算法中，适应度值通常按最大值处理，而且不允许小于0。因此，适应度值常用于表达盈利或其他正向评价指标。一个好的适应度函数能够指导遗传算法从非最优的个体进化到最优个体，并且能够解决一些遗传算法中过早收敛与过慢结束的问题。

过早收敛是指算法在没有得到全局最优解之前，就已稳定在某个局部最优解。其原因是某些个体的适应度值远大于个体适应度的均值，在得到全局最优解之前，它们就有可能被大量复制而成为群体的大多数，从而使算法过早收敛到局部最优解，失去了找到全局最优解的机会。解决的方法是压缩适应度函数的范围，防止过于适应的个体过早地在整个群体中占据统治地位。

过慢结束是指在迭代许多代后，整个种群已经大部分收敛，但是还没有得到稳定的全局最优解。其原因是整个种群的平均适应度值较大，而且最优个体的适应度值与全体适应度均值间的差异不大，使得种群进化的动力不足。解决的方法是扩大适应度函数的范围，拉大最优个体适应度值与群体适应度均值的距离。

最后，在对简单问题进行优化时，通常可以直接将目标函数变换成适应度函数，而在对复杂问题进行优化时，往往需要构造合适的适应度函数。

3. 遗传算子

遗传算子就是遗传算法中进化的规则。基本遗传算法中的遗传算子主要有选择算子、交叉算子和变异算子。

（1）选择算子。选择算子也称复制算子，可根据个体的适应度值所度量的优劣程度决定它在下一代群体中是被淘汰还是被遗传。一般地，适应度值较大的优良个体有较大的机会被保留至下一代，而适应度值较小的低劣个体则会被逐渐淘汰。选择算子中常见的操作方法主要有以下三种。

① 排序选择法。排序选择法是最简单的方法，即将每个个体的适应度值按大小进行排序，然后将事先设计好的概率表按序分配给个体，作为各自的选择概率，如图 6.11 所示。采用这种方法时，概率和适应度值无直接关系而仅与序号有关。

$$\frac{4}{10} \quad \frac{0}{10} \quad \frac{3}{10} \quad \frac{0}{10} \quad \frac{2}{10} \quad \frac{0}{10} \quad \frac{1}{10} \quad \frac{0}{10}$$

图 6.11 排序选择方法

② 赌轮选择方法。该方法的基本思想是个体被选择的概率与其适应度值成正比。首先，同样要构造与适应度函数成正比的概率函数。其次，求出每个个体的适应度函数值占全部个体适应度函数值总和的比例，并将每个个体的比例作为赌轮的分区，如图 6.12 所示。最后，每转动一次赌轮，指针落入的所占区域的概率即被选择复制的概率。这样，适应度小的个体也有机会被选中，从而保证了群体的多样性。

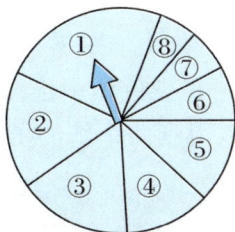

图 6.12 赌轮选择方法

③ 最优保存策略。最优保存策略又可称为末位淘汰制，其基本思想是希望适应度值最高的个体尽可能保留到下一代群体中。如图 6.13 所示，类似一个优质国家队

种子选手（蓝色表示适应度值最高，灰色表示最低），当各省队选手中出现整个群体适应度值最高的选手时，则替换掉国家队中那个适应度值最低的选手。

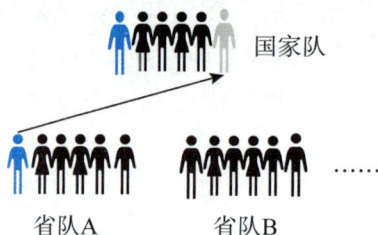

图6.13　最优保存策略

其实现的步骤如下：

第一，找出当前群体中适应度值最大和最小的个体；

第二，若群体中最优个体的适应度值比总的迄今为止的最优个体的适应度值还要大，则以当前群体中最优的个体作为新的迄今为止的最优个体；

第三，用迄今为止的最优个体替换当前群体中的最差个体。

该策略的实施可保证迄今为止得到的最优个体不会被交叉、变异等遗传算子破坏。

（2）交叉算子。交叉算子体现了自然界信息交换的思想，其作用是将原有群体的优良基因遗传给下一代，并生成包含更复杂结构的新个体。交叉算子有一点交叉、二点交叉和一致交叉等。

①一点交叉。如图6.14所示，首先在父代染色体中随机选择一个点作为交叉点，然后将父代1交叉点前的串和父代2交叉点后的串组成形成一个新的染色体，父代2交叉点前的串和父代1交叉点后的串组合形成另外一个新染色体。

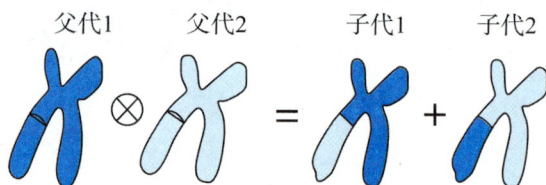

图6.14　一点交叉

②二点交叉。如图6.15所示，在染色体中选择两个点作为交叉点，然后将这两个交叉点之间的字符串互换就可以得到两个新的子代的染色体。

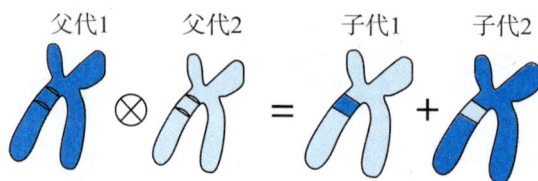

图6.15　二点交叉

③多点交叉。多点交叉和二点交叉类似，如图6.16所示。

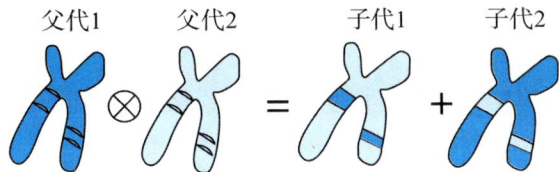

父代1　父代2　　子代1　子代2

图6.16　多点交叉

④一致交叉。如图6.17所示，一致交叉需要参照一个新研究的染色体。该参照染色体是专家们的研究结果，即指某个位置复制父代1比较好（如深灰色），另外一个位置复制父代2最佳（如浅灰色）。这样，两个父代进行交叉时可参照新染色体，得到比较好的子代。

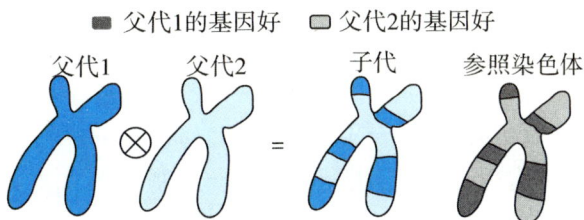

■ 父代1的基因好　□ 父代2的基因好

父代1　父代2　　子代　参照染色体

图6.17　一致交叉

（3）变异算子。变异算子是遗传算法中保持物种多样性的一个重要途径，它能模拟生物进化过程中的偶然基因突变现象。在变异的过程中，一种简单而常用的方式就是对位串中的某些位进行反转操作，如将1变为0，将0变为1。如图6.18所示，图（a）是单点交叉后，子代基因发生了突变；而图（b）中父代2早已发生了突变，却在单点交叉后，将变异遗传到子代中。

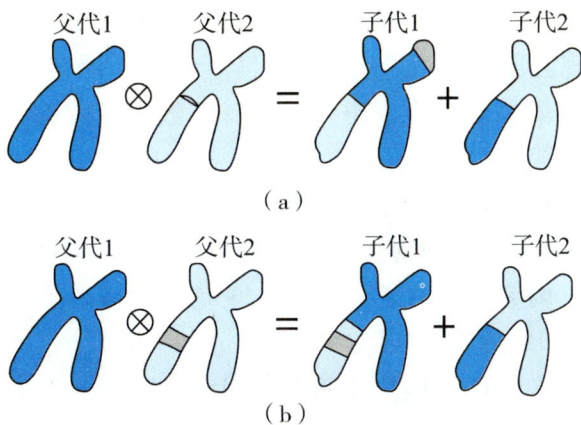

父代1　父代2　　子代1　子代2

（a）

父代1　父代2　　子代1　子代2

（b）

图6.18　交叉变异和变异遗传

同自然界一样，染色体发生变异的概率都是很小的。如果过大，会破坏许多优良个体，也可能导致无法得到最优解。

遗传算法的搜索能力主要是由选择和交叉赋予的。变异因子可保证算法能搜索到问题解空间的每一点，从而使算法具有全局最优解，可进一步增强遗传算法的能力。

对产生的新一代群体进行重新评价、选择、交叉和变异，如此循环往复，使群体中最优个体的适应度和平均适应度不断增大，直到最优个体的适应度达到某一限值或最优个体的适应度和群体的平均适应度不再增大，则迭代过程收敛，算法结束。

6.3.2　进化策略

20世纪60年代，德国柏林大学的雷切伯格（I. Rechenberg）和施韦费尔（H. P. Schwefel）等人利用生物变异的思想来随机改变用于描述风洞试验中物体形状的参数值，获得了较好的优化结果，进而提出了另一种经典的进化计算方法——进化策略（Evolution Strategy，ES）。

进化策略算法在编码与解码方式以及算子上与遗传算法存在一定的差异。进化策略算法将原问题的结构以更贴近实际问题的十进制数形式进行编码与解码，并引入高斯变异算子，对实际问题中的参数进行随机动态描述。当一个基因与其他基因交叉重组后，它们的内在传递机制并不一定适配，类似于器官移植的免疫排斥反应。高斯变异算子的作用就是动态平衡基因之间的关系，使其具备自适应能力。因此，进化策略是一种自适应能力强的优化算法，广泛应用于涉及参数优化的复杂问题中。

进化策略算法的构成要素如下所述。

1. 编码与解码

在进化策略算法中，科学工作者通常直接使用我们熟悉的十进制数字（如3.14、0.5这样的常规数字）来描述问题的特征。为了更好地实现智能优化，每个解决方案都会被装上一个"双保险密码"——每个数字参数都配有专属的波动调节器。比如描述教室空调温度时，不仅记录当前温度（26.5℃），还会附带一个温度波动范围（±2℃），这两个数字就像自行车的双轮始终成对出现。当需要改进方案时，系统会根据波动范围值智能调整温度参数，就像导航软件根据路况动态修正路线那样，这种"主参数＋调节器"的组合结构，正是进化策略实现精准优化的秘密武器。所以，现实中的问题通常用$(X, \sigma) = ((x_1, x_2, \cdots, x_L), (\sigma_1, \sigma_2 \cdots, \sigma_L))$这样的代数结构表示，其中$X$为染色体基因用十进制表达的变量，$\sigma$为染色体每个基因位的方差。

2. 进化策略算法的算子

（1）重组算子。重组是将参与重组的父代染色体上的基因进行交换，形成下一代的染色体的过程。目前常见的有离散重组、中间重组、混杂重组等重组算子。

①离散重组。如图6.19所示，离散重组是指随机选择两个父代个体来进行重组产生新的子代个体，子代上的基因是随机从其中一个父代个体上复制来的。

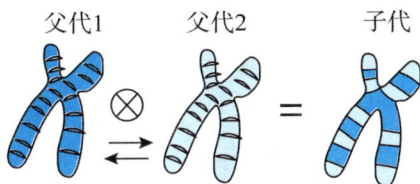

图6.19 离散重组

用公式表达如下：

父代1： $(\boldsymbol{X}^i, \boldsymbol{\sigma}^i) = ((x_1{}^i, x_2{}^i, \cdots, x_L{}^i), (\sigma_1{}^i, \sigma_2{}^i, \cdots, \sigma_L{}^i))$

父代2： $(\boldsymbol{X}^j, \boldsymbol{\sigma}^j) = ((x_1{}^j, x_2{}^j, \cdots, x_L{}^j), (\sigma_1{}^j, \sigma_2{}^j, \cdots, \sigma_L{}^j))$

然后将其分量进行随机交换，构成子代新个体的各个分量，从而得到以下的新个体。

子代： $(\boldsymbol{X}, \boldsymbol{\sigma}) = ((x_1{}^{i或j}, x_2{}^{i或j}, \cdots, x_L{}^{i或j}), (\sigma_1{}^{i或j}, \sigma_2{}^{i或j}, \cdots, \sigma_L{}^{i或j}))$

很明显，新个体只含有某一个父代个体的基因。

②中间重组。如图6.20所示，中间重组是指通过对随机两个父代对应的基因求平均值，从而得到子代对应基因，然后进行重组产生子代个体。

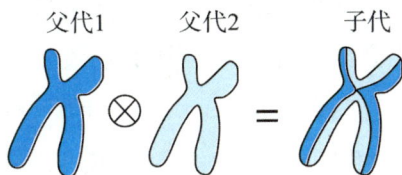

图6.20 中间重组

用公式表达如下：

父代1： $(\boldsymbol{X}^i, \boldsymbol{\sigma}^i) = ((x_1{}^i, x_2{}^i, \cdots, x_L{}^i), (\sigma_1{}^i, \sigma_2{}^i, \cdots, \sigma_L{}^i))$

父代2： $(\boldsymbol{X}^j, \boldsymbol{\sigma}^j) = ((x_1{}^j, x_2{}^j, \cdots, x_L{}^j), (\sigma_1{}^j, \sigma_2{}^j, \cdots, \sigma_L{}^j))$

子代：

$$(\boldsymbol{X}, \boldsymbol{\sigma}) = (((x_1{}^i + x_1{}^j)/2, (x_2{}^i + x_2{}^j)/2, \cdots, (x_L{}^i + x_L{}^j)/2),$$
$$((\sigma_1{}^i + \sigma_1{}^j)/2, (\sigma_2{}^i + \sigma_2{}^j)/2, \cdots, (\sigma_L{}^i + \sigma_L{}^j)/2))$$

这时，新子代的各个分量兼容两个父代的信息。

③混杂重组。如图6.21所示，混杂重组的特点表现在父代个体的选择上。混杂重组时先随机选择一个固定的父代个体，然后针对子代个体每个分量从父代群体中随机选择第二个父代个体，也即第二个父代个体是经常变化的。至于父代个体的组

合方式，既可以采用离散重组方式，也可以采用中间重组方式，甚至可以把中间重组中的1/2改成[0，1]中的任一权值。

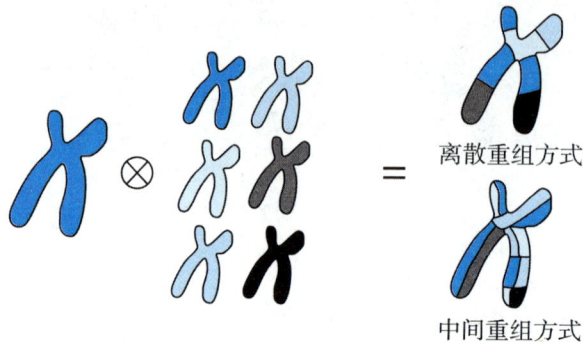

图6.21　混杂重组

（2）选择算子。选择算子可为进化规定方向，只有具有高适应度的个体才有机会进行进化繁殖。在进化策略算法中，选择过程具有确定性。目前，常用的两种选择机制分别为$(\mu+\lambda)$—ES和(μ,λ)—ES。

在$(\mu+\lambda)$—ES进化机制中，如图6.22所示，在原有μ个父代个体及新产生的λ个新子代个体中，再择优选择μ个个体作为下一代父代群体，这种选择机制即精英机制。在这种机制中，上一代的父代和子代都可以加至下一代父代的选择中，$\lambda>\mu$和$\lambda=\mu$都是可能的，对子代数量没有限制。这样就能最大限度地保留那些具有最大适应度的个体，但是这可能会增加计算量，降低收敛速度。

■　表示适应度高的染色体

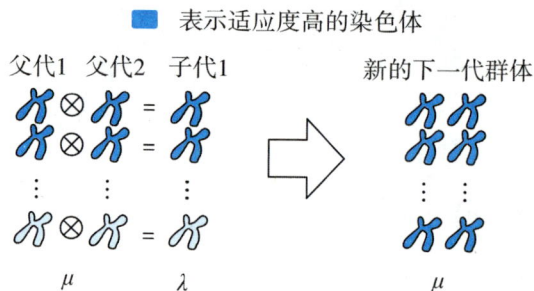

图6.22　$(\mu+\lambda)$—ES进化机制

在(μ,λ)—ES进化机制中，因为选择机制依赖于"出生过剩"，因此要求$\lambda>\mu$。如图6.23所示，在新产生的λ个子代个体中择优选择μ个个体作为下一代父代群体。无论父代的适应度和子代相比是好还是坏，在下一次迭代时都将被遗弃。在这种机制中，只有最新产生的子代才能加入选择机制，从λ个子代个体中选择出适应度较高的μ个个体，作为下一代的父代，而适应度较小的$\lambda-\mu$个个体则被放弃。

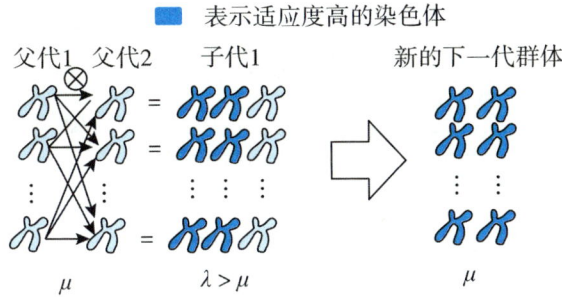

■ 表示适应度高的染色体

图 6.23 (μ, λ) -ES 进化机制

（3）变异算子。变异算子的作用是在搜索空间中随机搜索优良解，其变异机制是在旧个体的基础上增加一个服从正态分布的随机数，从而产生新个体。如图 6.24 所示，随机数相当于现实生活中的诱导因子，例如紫外线辐射或烟草中的致癌物等，这些因素可以引起基因的微小变异，从而可能导致新特性的出现。但是，变异概率不宜过大，否则搜索到的个体在搜索空间内大范围跃迁，使得算法的启发性和定向性作用不明显，随机性增强，此时算法接近于完全的随机搜索；变异概率也不宜过小，否则搜索到的个体仅在很小的领域范围内变动，发现新基因的可能性下降，优化效率很难提高。

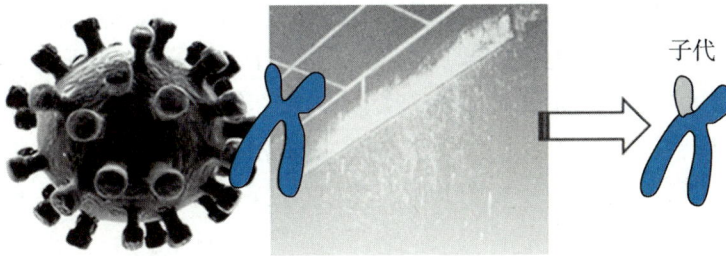

图 6.24 基因变异

6.3.3 智能物流中的进化计算应用

再次回到典型的智能物流应用案例，如图 6.25 所示。在该案例中，进化计算的应用主要体现在当蓝色机器人在既定的最短路线（深蓝色粗线）运行时，遇到淡蓝色和黑色机器人的阻碍时，能够及时与其他路线进行单点或多点交叉。如图右侧所示，原本的深蓝色最短路线通过与浅蓝色横竖线的交叉，形成新的运行轨迹，从而实现货物的顺利运载。

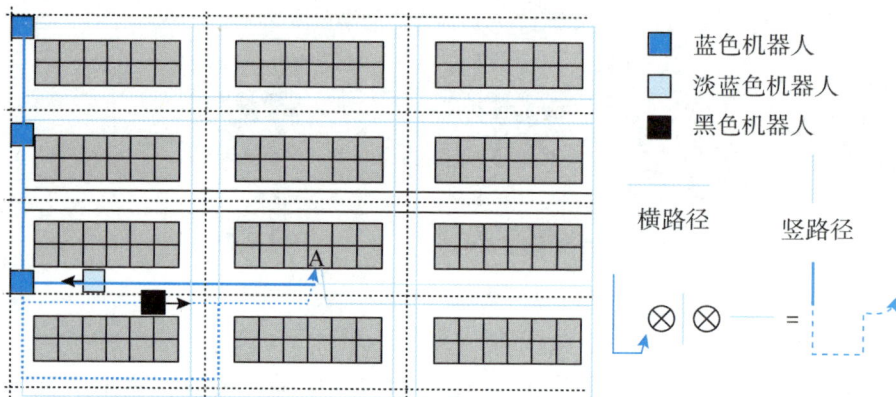

图6.25　物流机器人的路径交叉

6.4　群智能算法

群智能（Swarm Intelligence，SI）的概念最早由贝尼（G. Beni）等人在分子自动机系统中提出，指的是"无智能的主体通过合作表现出宏观智能行为的特性"。1999年，博纳博（E. Bonabeau）等人在"从自然到人工系统的群体智能"中对群智能进行了详细的论述和分析。

群智能算法

群智能起源于对人工生命的研究，涵盖了两个方面：一是研究如何利用科学计算技术研究生物现象；二是研究如何利用生物技术研究计算问题。群智能主要关注后者，形成了群智能优化算法。该算法通过模拟由简单个体组成的群体与环境以及个体之间的互动行为，模仿生物群体的运动现象及规律，如图6.26所示，从而实现复杂问题的数学优化。

（a）蚁群

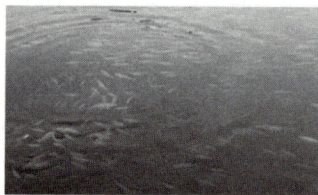
（b）鱼群

（c）鸟群

（b）蜂群

图6.26　生物群体

经过多年的研究，涌现出多种群智能算法，如蚁群优化算法、人工鱼群算法、粒子群算法、人工蜂群算法等。这些算法极大地丰富了现代技术，并已成功用于解决多种优化问题，为传统优化技术难以解决的组合优化问题提供了切实可行的解决方案。

群智能算法有很多种，本章将介绍一些常用的群智能算法。

6.4.1　蚁群优化算法

蚁群优化算法（Ant Colony Optimization Algorithm，ACOA）是一种基于种群寻优的启发式搜索算法。该算法受自然界中真实蚁群行为的启发，即蚂蚁通过个体间的信息传递（如信息素）协作寻找从蚁穴到食物的最短路径。蚁群优化算法常用于求解离散系统中的复杂优化问题（如旅行商问题、调度问题等）。

在自然界中，蚂蚁虽然单个个体的行为极为简单，但由单个个体组成的群体却能够表现出极其复杂的行为。蚂蚁之所以有这样的行为，是因为它们个体之间能够通过一种称为信息素的物质进行信息传递。在运动过程中，蚂蚁能够在它所经过的路径上留下该种物质，而且蚂蚁在运动过程中能够感知到这种物质，并以此指导自己的运动方向。所以，大量蚂蚁组成的蚁群的集体行为便表现出一种信息正反馈现象，某路径上走过的蚂蚁越多，则后来选择该路径的概率就越大，蚂蚁个体之间通过这种信息的交流达到搜索食物的目的。

蚁群优化算法是一种随机优化算法，从初始随机地选择搜索路径，到对解空间有了一定了解，再到搜索更加具有规律性，然后逐步得到全局最优解。蚁群优化算法的大致原理如图6.27所示。

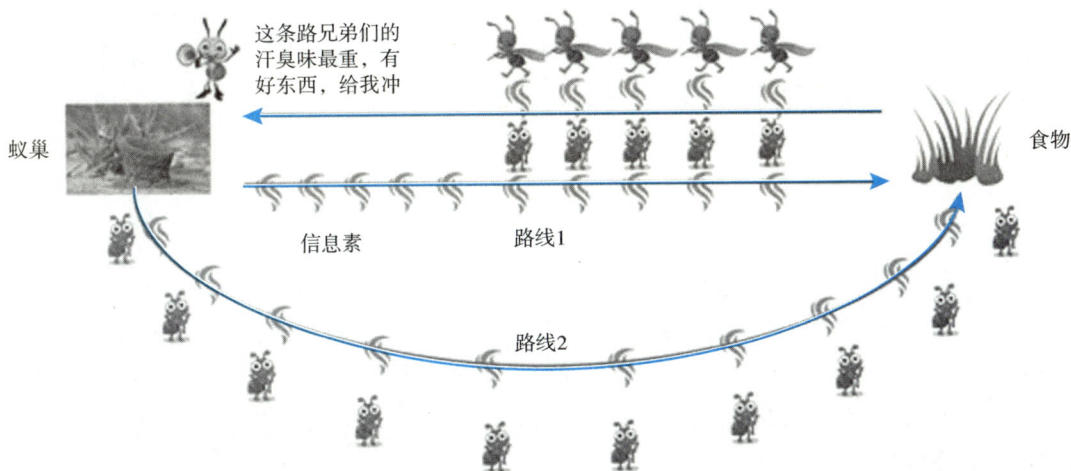

图6.27　蚁群觅食

在图6.27中，蚂蚁觅食时搜索到同一食物源有两条随机路线：路线1和路线2。路线1由于路程短，选择该路线的蚂蚁在采完食物后已经返程，并很快将食物源信息传递给蚁巢中的蚂蚁。这样该路线上的信息素会不断叠加。相反，路径2由于路程远，同一时刻，蚂蚁才刚抵达食物源，这样往返反馈信息的时间要比路径1耗费很多。另外，信息素由于长时间暴露，也会挥发得很厉害，渐渐的该路径将被淘汰。在现实问题中，蚁群优化算法已被应用于求解旅行商问题、指派问题以及调度问题等，取得了较好的结果。

从上述关于蚁群优化算法的分析中可知，该算法的搜索能力受到的影响因素包括以下几个方面。

（1）蚂蚁数量。蚂蚁数量越多，蚁群优化算法的全局搜索能力以及算法的稳定性越强，但数量越多也会减弱信息正反馈的作用，使得搜索的随机性增强；相反，蚂蚁数量越少，会使得搜索的随机性变弱，虽然收敛速度加快了，但算法的全局寻优性能降低、稳定性变差，容易出现停滞现象。

（2）信息素强度。信息素强度越大，蚂蚁选择以前走过的路径的可能性越大，搜索的随机性减弱，同时会使得蚁群过早陷入局部最优；相反，搜索的随机性加强，算法的收敛速度减慢。

（3）信息素挥发速度。信息素的挥发速度关系到蚁群优化算法的全局搜索能力及收敛速度。当挥发速度慢时，信息正反馈的作用占主导地位，以前被搜索过的路径被再次选择的可能性过大，搜索的随机性变弱；反之，信息正反馈的作用较弱，搜索的随机性增强，蚁群优化算法的收敛速度变得很慢。

综上所述，蚁群优化算法是一种基于正反馈机制、采用分布式方式进行全局贪婪搜索的优化算法。所以，该算法的第一个优点是能够以较大的概率找出最优解。该算法是通过信息素合作的，而不是个体之间的通信机制，这使得算法具有较好的可扩展性。此外，该算法还具有很高的并行性，能够快速、可靠地解决大规模问题。该算法的缺点也较为明显，贪婪的搜索使得搜索时间过长。同时，该算法容易出现停滞现象，表现为搜索一段时间后，所有解趋于一致，不利于进一步搜索更好的解。

6.4.2 粒子群优化算法

粒子群优化算法（Particle Swarm Optimization Algorithm，PSOA）简称粒子群算法，是一种有效的全局寻优算法。该算法由美国学者肯尼迪（J. Kennedy）和埃伯哈特（R. Eberhart）于1951年根据鸟群觅食行为提出。根据鸟群"自我"学习提高和向"他人"学习的双重能力，该算法已广泛应用于函数优化、数据挖掘、神经网络训练等领域。

在鸟群的观察中，每只鸟都是一颗粒子，整个森林相当于实际问题的求解空间，鸟寻找食物的量就是实际问题的目标函数，即适应度函数，而林中鸟（即粒子）所处的位置相当于空间中的一个解，而食物量最多的位置，则为问题的全局最优解。

粒子群优化算法是基于群体智能理论的优化算法，通过群体中粒子间的合作与竞争产生的群体智能指导优化搜索。该算法根据相邻鸟的位置和运动方向，采用速度-位移模型，进行全局搜索。它特有的记忆功能可以动态跟踪当前的搜索情况，并相应调整搜索策略。粒子群优化算法的大致原理如图6.28所示。

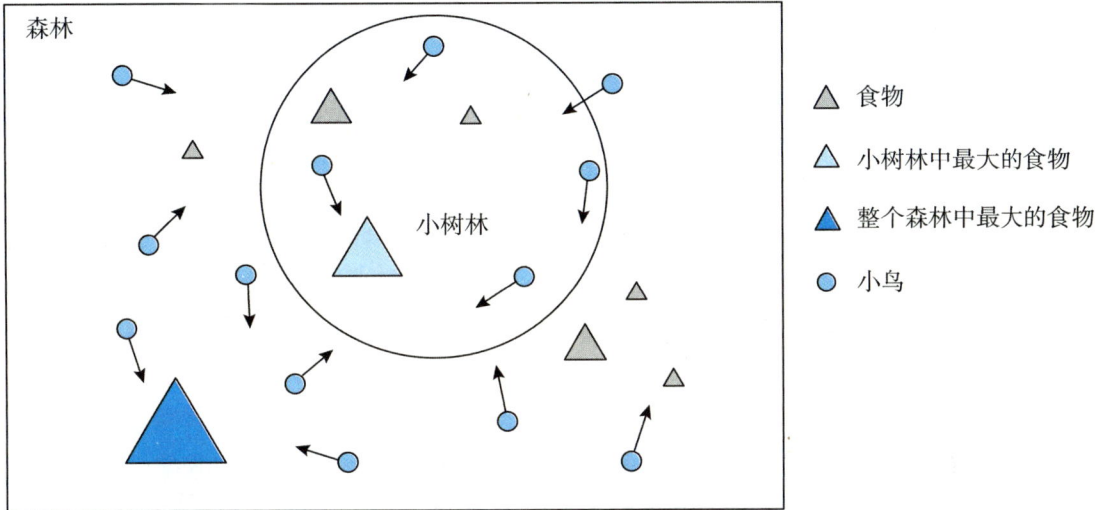

图6.28 鸟群觅食

鸟群在森林中随机搜索食物，它们想要找到食物量最多的位置。但是，所有的鸟都不知道食物具体在哪个位置，只能感受到食物大概在哪个方向。每只鸟沿着自己判定的方向进行搜索，并在搜索的过程中记录自己曾经找到过食物且量最多的位置，同时所有的鸟都共享自己每一次发现食物的位置以及食物的量，这样鸟群就知道当前在哪个位置食物的量最多。在搜索的过程中，每只鸟都会根据自己记忆中食物量最多的位置和当前鸟群记录的食物量最多的位置调整自己接下来搜索的方向。鸟群经过一段时间的搜索后就可以找到森林中哪个位置的食物量最多。

从上述关于粒子群优化算法的分析中可知，该算法的搜索能力受到的影响因素有以下几个方面。

（1）鸟的数量。该因素和蚁群优化算法一样，小鸟数量越多，越容易找到最多食物的地方，但也易导致信息反馈滞后；相反，小鸟数量越少，找到的食物是否最优就变得不确定，容易陷于局部最优，放弃更多食物的寻找。

（2）鸟的速度。该因素可确定鸟下一步移动的距离和方向，它由三个部分组成：惯性部分、认知部分和社会部分。惯性部分表示鸟对先前自身运动状态的信任。认知部分表示鸟自身的思考，也可理解为鸟在衡量当前位置与自身历史获悉最优位置之间的距离和方向。社会部分则可理解为鸟与其他鸟之间的信息共享与合作。这样，通过三个部分的关系（类似力的相互关系）来确定速度，鸟将很快搜索到最多的食物源。

通过上述阐述，我们发现粒子群优化算法结构简单，易于实现和理解。该算法具备较强的全局搜索能力，可以以较快的收敛速度找到问题的全局最优解或接近全局最优解。此外，粒子间能够相互交流和动态调整速度和位置，使得该算法具有较强适应能力，适用于多种类型的优化问题。但是，由于粒子群的随机性，该算法在初期有较好的搜索性能，但在后期细化搜索时，收敛速度可能较慢，且可能在全局最优点附近反复徘徊。

6.4.3　智能物流中的群智能算法应用

最后，回到典型的智能物流应用案例，如图6.29所示。在图中，每一灰色块群代表各个省份的货物，蓝色表示机器人从入库区对货物进行上架，淡蓝色则表示机器人将货物下架并进行出库。黑色字母表示货物携带中，蓝白色字母表示货物已空，虚线表示每个机器人的运行轨迹。在这个路径规划的实现过程中，机器人群可以模拟蚁群，在路径上留下虚拟的信息素，路径的重叠度表示信息素的强度。机器人通过协调找到各个省份最有效的路径，同时避开障碍物和其他机器人。机器人群也可以模拟蜂群，通过类似蜜蜂舞蹈区的中央处理器实现机器人的调配，以实现货物井然有序的入库和出库。每个机器人均已实现各省份货物运输的最优路径，并互不影响。

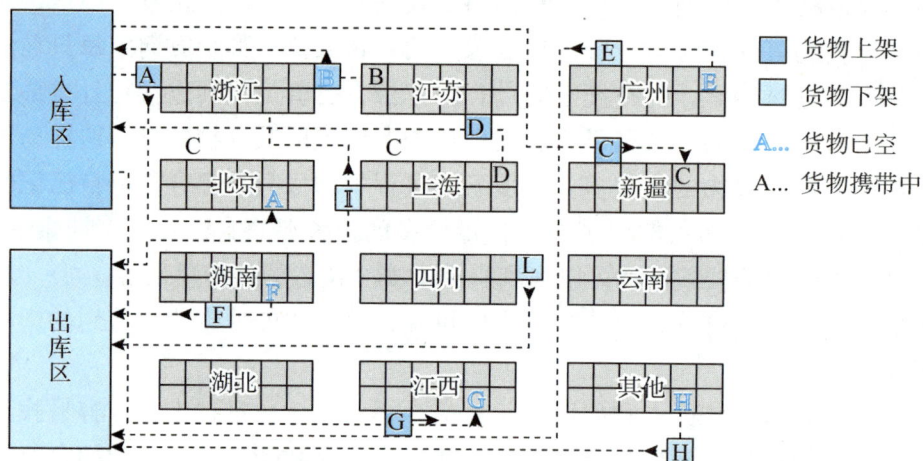

图6.29　物流机器人的群体智能

6.5　章后习题

一、选择题

1.［单选题］以下搜索策略中常用于无导引搜索问题的是（　　　）。

A.深度优先搜索　　　　　　B.贪心算法

C.动态规划　　　　　　　　D.线性回归

2.［单选题］在进化算法中，适应度函数用于评估（　　）。

A.个体的繁殖能力　　　　　　B.解的质量

C.种群的多样性　　　　　　　D.进化速度

3.［多选题］在设计群体智能算法时，以下因素需要考虑的是（　　）。

A.个体数量　　　　　　　　　B.适应度评估方式

C.个体之间的交互方式　　　　D.计算复杂度

4.［多选题］进化计算的主要组成部分包括（　　）。

A.选择　　　　　B.交叉　　　　　C.变异　　　　　D.收敛

二、判断题

1.在搜索策略中，启发式算法总是能找到最优解。

2.进化计算是一种确定性的算法，其结果是可以预测的。

3.群体智能算法不依赖于个体的知识，而依赖于个体之间的协作。

三、讨论题

1.计算智能和传统人工智能有什么联系和区别？请尝试给出解释。

2.在实际应用中，蚁群优化算法通常用于解决什么类型的问题？请举一个例子并作简要说明。

3.遗传算法中的"选择""交叉"和"变异"操作对算法性能有什么作用？请作简要解释。

4.给定一个初始种群为1010、1110、10011010、1111、0010的遗传算法，假设适应度函数为目标字符串与"1111"的相似度（1位匹配得1分）。请计算每个个体的适应度。

5.粒子群优化算法模拟了什么样的自然现象？该算法的基本思想是什么？

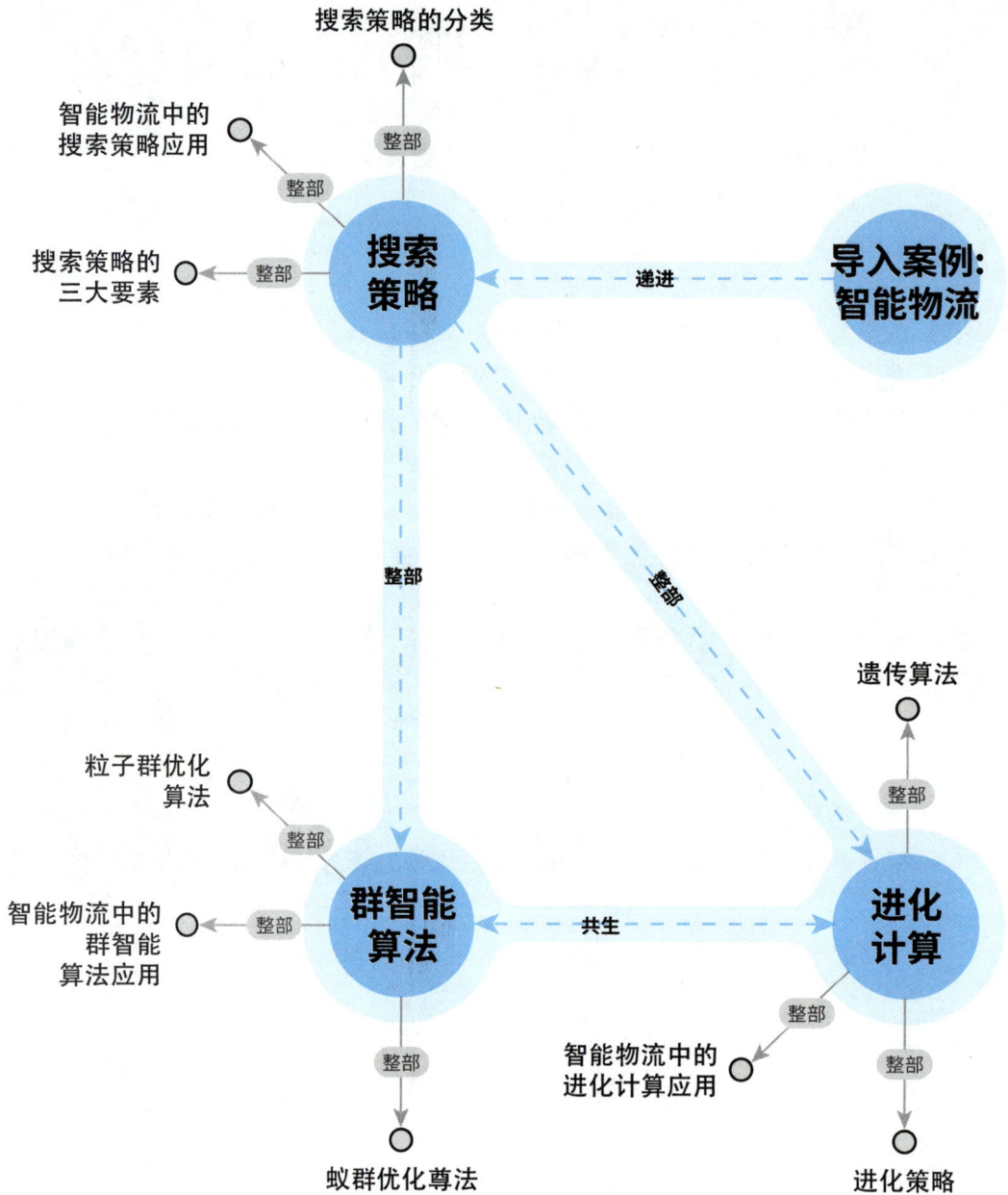

 计算智能

第 **7** 章 神经网络与深度学习

7.1 导入案例：智能教育评估与反馈系统

案例：智能评估与反馈系统

　　智能评估与反馈系统利用先进的技术手段和数据分析方法，对特定目标或行为进行评估，并提供及时、准确、个性化的反馈。如图7.1所示，此类系统结合了人工智能、大数据、计算机视觉与自然语言处理等多种技术，以优化评估流程，提升反馈效果，进而推动各行业的进步与发展。

　　（a）人工智能　　　　　（b）大数据　　　　（c）计算机视觉　　　（d）自然语言处理

图7.1　智能评估与反馈系统中的常用技术

　　该系统利用AI相关技术以实现智能化评估任务，如图7.2所示，其应用场景包括智能教育、智能医疗与智能交通等，这些应用场景和我们的日常生活息息相关。本章以智能教育应用场景为例，描述AI在教育上发挥的智能化作用。智能教育评估与反馈系统的功能包括：评估学生的学习情况以提供个性化的学习建议和反馈，自动批改作业和试卷以减轻教师负担，分析学生的学习行为和习惯以优化教学策略。总而言之，AI在教育领域的应用可以概括为以下五个方面：个性化学习、教学辅助、教学管理、教学监测及教育数据分析。AI技术的应用不仅提高了教育的个性化和效率，还拓宽了学习的渠道和方式，同时也为教育管理者提供了更为精准的数据支持，推动了教育的整体进步和发展。

（a）智能教育　　　（b）智能医疗　　　（c）智能交通

图7.2　智能评估与反馈系统的应用

人工智能教育（AI Education）是AI技术与教育学、心理学、认知科学、计算机科学等多学科深度融合的产物，其核心目标是通过技术赋能教育，推动教育模式创新与人才培养升级。人工智能是一个广泛的概念，其核心技术之一是机器学习。而机器学习包含多种方法，神经网络是其中的重要分支。深度学习是神经网络发展的高级形态，特指使用深层神经网络的机器学习方法。作为人工智能的核心技术，深度学习是实现教育智能化的关键驱动力。与大多数应用场景类似，人工智能教育主要依赖深度学习支撑的自然语言处理和计算机视觉两大技术。

自然语言处理技术可以从学生的笔记、作业、考试等文本中挖掘信息，为个性化教学和评估提供支持。此外，它还能进行智能化答疑辅导，自动解答学生的问题。AI问答系统（如ChatGPT）还能辅助教师完成教学设计与辅导任务，在减轻负担的同时提升教学效果。以计算机视觉为核心的课堂教学行为智能分析系统（见图7.3），通过图像识别和视频分析等技术监督课堂各个环节。课前，系统利用人脸识别技术，自动、高效地完成学生身份核验与出勤统计，维护教学秩序。课中，系统运用实时视频分析技术，精准识别学生的面部表情（如专注、困惑、兴奋等）、肢体动作（如举手提问、记笔记、阅读）等关键行为特征，为评估课堂参与度、学习状态及师生互动质量提供客观依据。课间，系统通过异常行为检测算法识别并预警如打架斗殴、违规吸烟、危险攀爬等潜在安全隐患，保障课间活动安全。课后，系统整合课前、课中、课间采集到的多维度数据，运用大数据分析和学习状态评估模型，对班级整体及个体的学习投入度、知识掌握倾向、课堂氛围等进行智能化综合评估。最终自动生成结构化的课堂分析报告并即时反馈至教务处及任课教师。

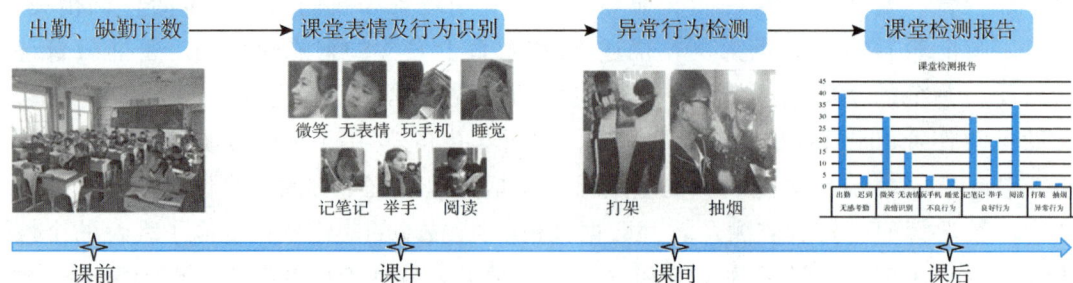

图7.3　课堂教学行为智能分析系统

图7.4具体展示了深度学习技术应用于课堂学生微表情识别和姿态行为识别的流程图。首先,利用深度学习方法(如卷积神经网络CNN,这是一种受生物神经元启发设计的深度神经网络,其原理将在第7.2节中详述)对视频图像进行特征提取;其次,采用多分支学习方法实现人脸微表情识别和人体姿态行为识别这两项任务。再次,对学生个体的识别结果进行数据统计与分析,从而获得对整个班级学习状况的量化评估。最后,基于此评估,系统在检测到显著异常课堂行为时及时发出预警反馈。

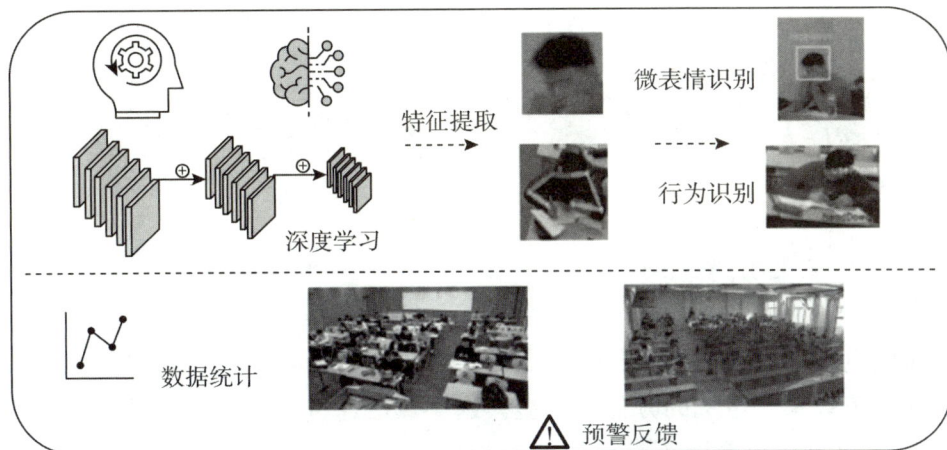

图7.4 深度学习应用于微表情识别与姿态行为识别

7.2 神经网络基础

7.2.1 神经网络的概念及由来

神经网络,也称为人工神经网络,是一种受生物学启发而设计的计算模型,它使得计算机能够从观测数据中学习。深度学习,也称为深度神经网络,是一个强有力的用于神经网络学习的众多技术的集合。神经网络的发展经历了从早期的单层感知器模型到多层感知器,再到如今以深度神经网络为主流的演进过程。作为人工智能的核心驱动力,当代人工智能的显著进步在很大程度上归功于深度学习的突破与发展。

提及"神经"一词,人们很自然会联想到人类的大脑。神经网络这一概念正是源于对生物神经网络的仿生学启发。生物神经网络(Natural Neural Network,NNN)指由中枢神经系统(包括脑和脊髓)以及周围神经系统(如感觉神经、运动神经等)共同构成的复杂网络体系。人工神经网络(Artificial Neural Network,ANN)则是受此启发而构建的计算模型,它模拟人脑神经系统的结构与功能,通过大量互连的简单处理单元(神经元)组成人工网络系统。

如图7.5所示,人工神经网络的设计灵感源于对生物神经网络的模仿。人工神经元作为其基本单元，其设计理念借鉴了生物神经元的结构。生物神经元主要由细胞体、树突、轴突和突触等关键部分组成。人工神经元则对应地包含输入、权重、激活函数和输出等核心组件。尽管两者在具体实现上存在差异，但人工神经元的核心工作机制在一定程度上模拟了生物神经元处理信息的基本原理。深入研究生物神经元的工作机制，不仅有助于我们更好地理解生物神经系统的信息处理过程，也为设计出性能更优、更智能的人工神经网络提供了重要的理论依据和启发方向。

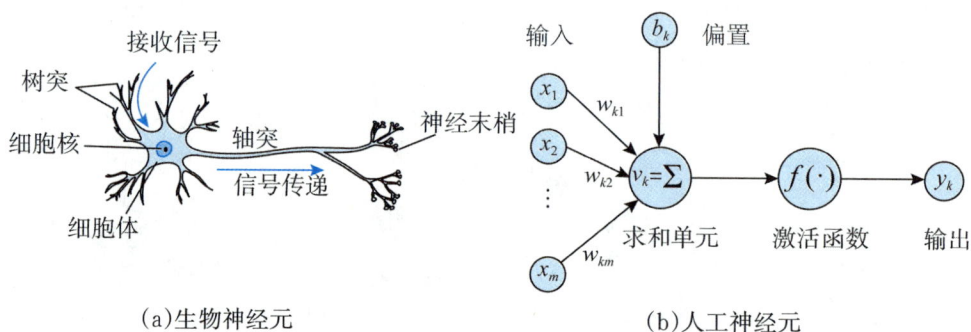

(a)生物神经元 　　　　　　　　　　(b)人工神经元

图7.5　生物神经元与人工神经元

传统的机器学习（ML）方法运用计算手段能够直接从大量示例数据中"学习"模式，无须依赖预先定义的方程或模型。这类算法通过优化过程自适应地调整模型参数，其性能通常随着训练数据量的增加而提高。机器学习算法主要分为监督学习、半监督学习、无监督学习、自监督学习和强化学习。监督学习在包含输入数据及其对应期望输出（通常称为标签）的数据集中构建数学模型，标签可以是类别（分类任务）或连续值（回归任务）；半监督学习则结合少量带标签数据和大量未标记数据进行训练；无监督学习则在无标签数据中发现模式与结构；自监督学习作为无监督学习的一种特殊形式，从数据本身的结构中自动生成监督信号；强化学习则通过智能体与环境的交互和反馈（奖励或惩罚）不断调整策略，以学习最优决策序列。

7.2.2　神经网络的发展

20世纪40—50年代为神经网络萌芽期。神经网络的概念可追溯至1943年，神经科学家麦卡洛克（W. McCulloch）与逻辑学家皮茨（W. Pitts）共同提出早期神经元计算模型。这一时期涌现出多个具有里程碑意义的模型和理论，包括机器感知模型、阈值加和模型，以及赫布（Hebb）学习规则。赫布学习规则是一种无监督学习算法，通过神经元的活动模式调整连接权重，为神经网络的学习与记忆机制奠定了理论基础。60年代，神经网络迎来第一次发展高潮，代表性成果包括感知器模型与自适应线性单元。感知器模型是一个只有一层的神经网络，是人工神经网络的"鼻祖"。1969年，明斯基（M. Minsky）和佩珀特（S. Papert）发表 *Perceptrons* 一书，指出单层神经网络不能解决非线性问题，多层网络的训练算法尚无希望，这个论断导致神经网络研究进入低谷。80年代，神经网络迎来第二次发展高潮。这一时期诞生了多个重要的新模型与算法，如霍普菲尔德网络（Hopfield Network）、玻尔兹曼机（Boltzman Machine）以及反向传播（Back Propagation，BP）算法。反向传播算法作为一种高效的监督学习算法，解决了多层网络训练的关键难题，尤其擅长训练多层前馈神经网络。

神经网络主要分为单神经元感知器、单层感知器与多层感知器，如图7.6所示。单神经元感知器是指模型中只有一个神经元；单层感知器表示神经元只有一层；多层感知器包括输入层、隐藏层和输出层，隐藏层可以包含一个或多个。

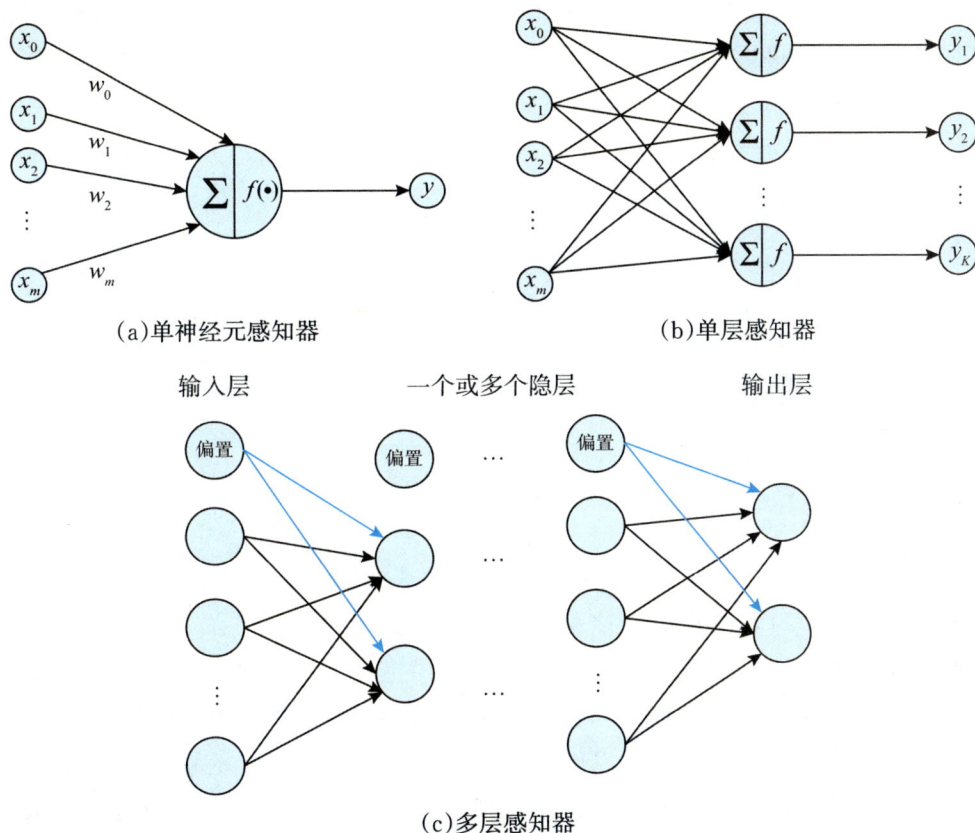

（a）单神经元感知器　　　（b）单层感知器

（c）多层感知器

图 7.6　单神经元、单层与多层感知器网络

20世纪90年代初，随着统计学习理论的成熟和支持向量机（SVM）、提升方法（Boosting）等算法的兴起，神经网络因理论相对薄弱、依赖经验试错且训练困难等因素再次进入低谷。2006年，深度学习之父辛顿（G. Hinton）提出了深度信念网络（DBN），通过"预训练＋微调"策略降低了深度模型的优化难度。2012年，辛顿团队在 ImageNet 竞赛中取得了历史性突破，他们设计的CNN模型以超过第二名10个百分点的优异成绩夺冠。这一突破性成果有力地证明了深度神经网络的巨大潜力，

宣告了深度学习时代的正式开启。

7.2.3　深度神经网络

深度神经网络是机器学习的一个分支，其核心在于利用深度神经网络（DNN）进行学习和特征表示。"深度"是指网络结构包含多个隐藏层，每个层内的神经元都拥有可训练的权重和偏置参数。在处理多维数据时，CNN是常用的模型架构。它受生物视觉系统的启发而设计，使用"卷积操作"取代全连接，能够高效地提取数据的层次化空间特征，从而构建出原始输入的更优表示。

当前，神经网络已进入深度学习时代。在云计算与大数据浪潮的推动下，计算能力得到显著增强，深度学习模型在计算机视觉、自然语言处理、语音识别等诸多领域取得了突破性进展。如图7.7所示，人工智能的核心要素包括大数据、算法与算力。深度学习是算法的关键组成部分，用于实现模式识别和人工智能的各项任务，其采用数据驱动与端到端训练（即模型直接学习特征表示）的方式，性能显著优于传统方法。

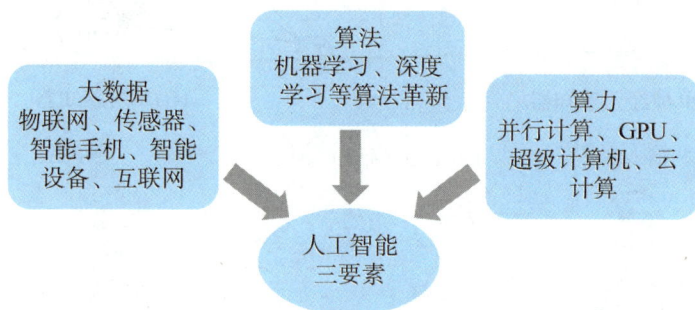

图7.7　人工智能三要素：大数据、算法与算力

然而，深度学习方法也存在诸多局限。其一，依赖数据性强。深度学习的效果和性能高度依赖于数据的规模和质量。为了使模型学习到合适的权重参数，通常需要使用大量数据集进行模型训练。数据的获取、存储及标准化处理将耗费大量的人力、物力、财力。尽管半监督、自监督及无监督学习能在一定程度上缓解数据需求，但获取高质量标注数据仍是提升模型效果的关键。其二，计算资源需求大。深度模型训练通常需要高性能计算硬件，尤其是图形处理器（GPU）等加速器，这显著提高了研究门槛。例如，当前主流的大语言模型（LLM）参数量常达数亿甚至更高量级，其训练成本远超一般研究者的承受能力。其三，可解释性、鲁棒性、泛化性、持续学习能力不足。可解释性差是指深度学习模型难以清晰地理解模型的内部决策逻辑和输出结果的成因，缺乏完备的理论框架来解释模型为何作出特定决策。鲁棒性不足是指模型在输入数据遭遇干扰（如噪声、异常值、分布偏移）时，维持预测性能稳定性和可靠性的能力较弱。高鲁棒性模型应能在数据变化下保持高精度

和一致性。泛化能力有限是指模型将在训练集上学习到的知识迁移到未见过的测试数据上的能力不足。理想情况下，模型在训练集外的数据上应能保持较高的预测准确率。持续学习也称终身学习，是希望模型能够像人类一样，在持续学习新任务和新数据的同时有效保留并整合先前学到的知识。然而现有深度学习模型常遭遇"灾难性遗忘"问题，即学习新任务时大量遗忘旧任务的知识。

在深度学习这一日新月异的领域中，有三位科学家因其卓越的贡献而被誉为"深度学习三巨头"，他们分别是辛顿（G. Hinton）、乐昆（Y. LeCun）和本吉奥（Y. Bengio），如图7.8所示。这三位科学家的研究不仅奠定了深度学习的理论基础，还推动了人工智能技术的广泛应用，并在2018年共同获得计算机科学领域的最高荣誉——图灵奖。

(a)辛顿（G. Hinton）　　(b)乐昆（Y. LeCun）　　(c)本吉奥（Y. Bengio）

图7.8　深度学习之父

7.2.4　神经网络的训练

在神经网络的训练过程中，权重更新是提升模型性能的关键环节，而梯度下降法及其优化算法则是实现这一关键环节的核心工具。梯度下降法通过计算损失函数的梯度来调整网络权重，使网络逐渐逼近最优解。学习率在梯度下降过程中起着关键作用，它决定了权重更新的步长，其大小影响神经网络的收敛情况。过大的学习率可能导致网络在最优解附近振荡而无法收敛［见图7.9(a)］，而过小的学习率则可能导致收敛速度过慢。在实践中，深度学习模型期望的梯度下降曲线如图7.9(b)所示，即采用动态调整策略：初始阶段使用较大学习率以加快收敛，在训练进行若干周期后，逐步降低学习率，以减缓权重调整速度，从而更利于模型达到最优状态。

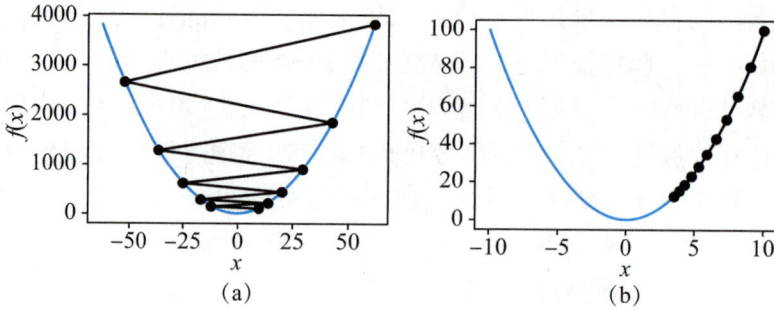

图7.9　神经网络梯度下降法

　　梯度下降法的核心目标在于寻找损失函数的极小点，即梯度为零的点。然而，训练过程中常常面临区分全局极小点与局部极小点的挑战。图7.10(a)、(b)分别展示了在二维和三维坐标系下的全局极小点与局部极小点示例。从图中可见，局部极小点可能存在多个，但全局极小点通常只有一个，神经网络训练的终极目标即是找到全局极小点。梯度为零的点除了极小点外，还有极大点和鞍点。如果在训练中遇到鞍点，则会导致参数更新停滞，从而增加训练难度。为应对这一问题，一种有效策略是采用随机梯度下降法（Stochastic Gradient Descent，SGD）。SGD作为梯度下降法的一种高效变体，在每次迭代中仅随机选取一个（或一小批）样本计算梯度并更新权重。该方法的核心优势在于显著降低了单次迭代的计算开销，加速了训练进程；同时，其引入的随机噪声有助于模型逃离局部极小点和鞍点区域，提高了收敛到更优解的可能性。

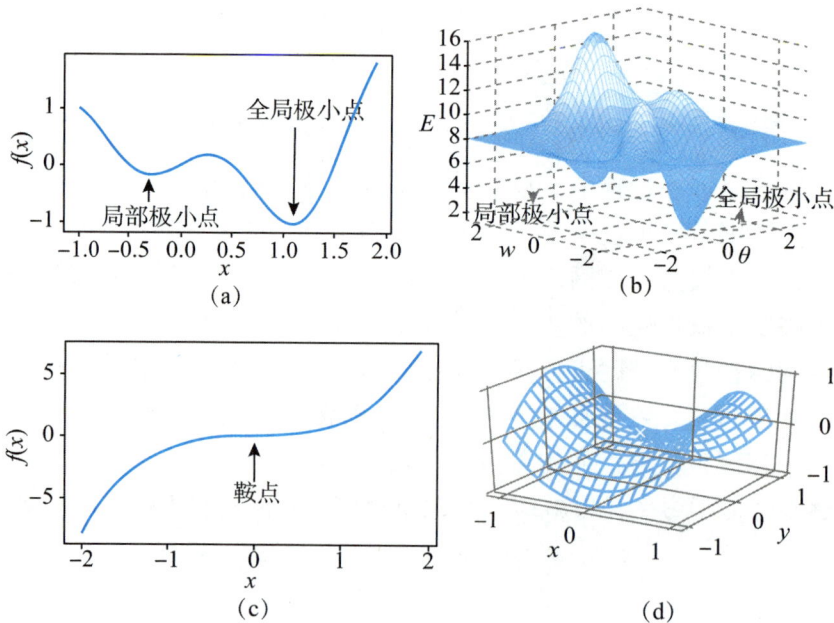

图7.10　全局极小点、局部极小点以及鞍点

　　在模型训练过程中，神经网络训练/泛化误差与模型复杂度的关系需要关注。如图7.11所示，当模型复杂度不足时会出现欠拟合，即模型的学习能力较弱，难以充分捕捉训练数据中的有效规律；相反，当模型复杂度过高时则容易导致过拟合，即模型过度适应训练数据的细节甚至噪声，使其在新的测试数据上性能下降。为避免上述情况，一种有效的策略是采用早停机制，即在模型训练的迭代过程中，持续监控模型在独立验证集上的泛化误差，一旦该误差停止下降并开始增长，则立即终止训练。此策略有助于在模型获得最佳泛化能力时及时停止训练，有效防止拟合。

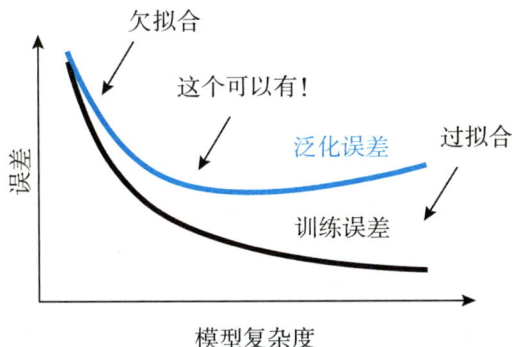

图 7.11　神经网络模型复杂度与训练/泛化误差的关系

　　图7.12展示了过拟合与正常拟合的预测效果。如图7.12(a)所示，过拟合模型虽然能够在训练数据上实现极高的拟合度（甚至接近零训练误差），但它未能有效学习数据的真实潜在规律，所以在面对新数据时预测偏差显著增大。相反，如图7.12(b)所示的正常拟合模型，其预测曲线能够有效捕捉数据的内在规律，平稳地反映数据的整体变化趋势，因而表现出优异的泛化能力。

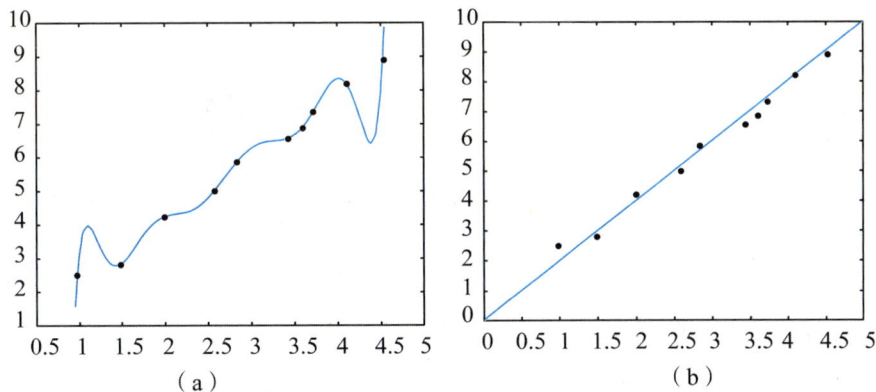

图 7.12　过拟合与正常拟合的效果图

7.3　卷积神经网络

卷积神经网络

7.3.1　卷积神经网络的概念与由来

在上一节中我们介绍了神经网络的相关基础知识，本节重点介绍卷积神经网络（Convolutional Neural Network，CNN）。CNN的概念可追溯至福岛邦彦（K. Fukushima）于1980年设计的Neocognitron架构（见图7.13）。这是一种专为视觉模式识别设计的分层结构，包含多个卷积层与池化层。1989年，乐昆（Y. LeCun）等人将标准反向传播算法应用于深度神经网络，并成功构建了经典CNN模型——LeNet-5，该模型在手写字符识别任务上取得了当时的最优效果，成为最早实践成功的CNN架构之一。21世纪初，图形处理器（GPU）的出现大大加快了深度网络的训练速度，有效推动了深度学习的发展。自2012年起，得益于深层网络架构的优化和计算性能的突破，CNN在重大国际竞赛中展现出压倒性优势，迅速成为图像分类、识别等领域的最先进技术。CNN通常由多个堆叠的卷积层构成。底层卷积层负责学习提取原始图像的基础特征（如边缘）；中间层则基于底层特征组合出更复杂但低级的形状信息；深层网络负责学习具有高级语义信息的特征（如物体部件或整体结构）。这种层次化的特征提取机制使得CNN能自适应地学习从低级到高级的特征表征。虽然理论网络层数无上限，但实践中主流CNN架构通常在10至100层之间。

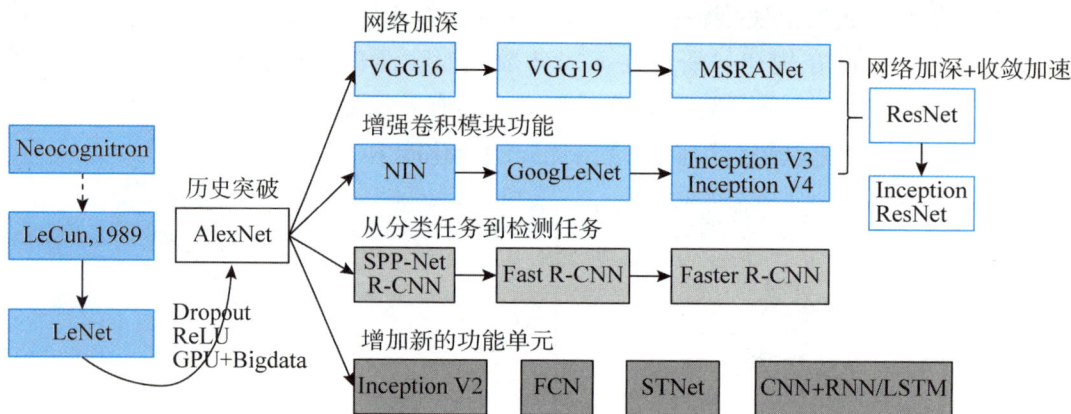

图7.13　卷积神经网络发展史

7.3.2　卷积神经网络的发展

现代意义上的深度卷积神经网络起源于AlexNet网络，与之前的卷积网络相比，其最显著的特点是层次加深、参数规模变大。在图像分类领域，2012年提出的深度卷积网络AlexNet是对传统图像分类算法的革命，其在当年举办的ILSVRC比赛（基于大规模通用物体识别数据库ImageNet上的大规模图像识别比赛）中取得了突破性成绩，将Top5识别错误率从26.2%降到了15.3%；此后，出现了更多更深的、更优秀的深度卷积网络。如图7.14所示，AlexNet网络结构主要由8个学习层组成，包含5个卷积层和3个全连接层。在5个卷积层中，每个卷积层都包含卷积核、偏置项、ReLU激活函数和局部响应归一化模块。前两个全连接层后面都连接了ReLU激活函数、Dropout正则化模块；最后一个全连接层连接的是Softmax函数进行分类。AlexNet使用了分布式GPU训练模式，将卷积层和全连接层分别放到不同的GPU上进行并行计算，提高了训练速度。

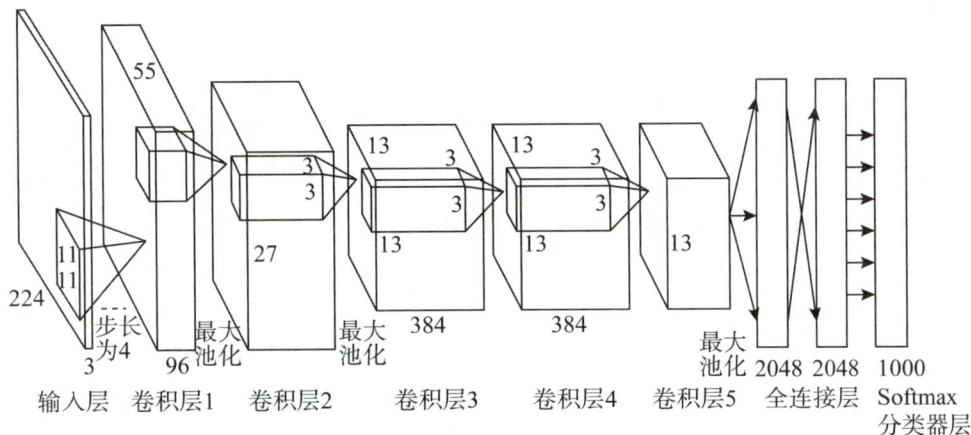

图7.14　AlexNet网络结构图

继AlexNet的成功之后，深度卷积网络在每年的ILSVRC竞赛中持续深化，催生出一系列更深的经典架构，如GoogLeNet、VGG和ResNet。然而，研究者们发现单纯增加网络层数容易引发网络退化现象，即随着网络深度的增加，训练集的训练误差会在初始下降后趋于饱和，若此时继续增加网络层数，训练误差反而会显著上升。残差网络是解决上述退化问题的关键突破性方法，其核心在于引入了残差学习，使网络能够有效地学习深层映射从而提高模型性能。残差网络的基本模块是残差单元，由卷积层、批归一化层和ReLU激活函数堆叠而成。一个标准的残差网络框架处理流程如下：首先将输入数据依次输送到卷积层、批归一化层和ReLU激活函数，然后将获得的结果输送到多个残差单元，再将得到的结果输入到归一化层和多个全连接层，最终得到输出结果。

7.3.3　CNN的感受野及结构

CNN主要受到生物视觉系统中感受野概念的启发而提出，CNN在处理具有网格拓扑结构的数据（如图像、视频）时表现卓越，因此广泛应用于图像分类、目标检测与图像分割等计算机视觉任务。如图7.15(a)所示，5×5大小的隐藏层神经元与输入层神经元相连，其中5×5的区域被称为感受野。隐藏层中的神经元具有一个固定大小的感受野去感受上一层的局部特征。

CNN强大的特征提取能力使其成为目标检测等任务的首选模型。目标检测是计算机视觉的核心任务之一，旨在定位并识别图像或视频帧中的所有目标对象，确定其精确边界框位置及所属类别。图7.15（b）展示了基于CNN的目标检测任务示例：边界框标注目标位置，左上角则标注目标类别名称及其对应的预测置信度。

(a)5×5感受野

(b)目标检测

图7.15　CNN感受野以及在目标检测上的应用

如图7.14所示，CNN包括输入层、卷积层、池化层和全连接层。

卷积层（Convolutional Layer）：通过卷积操作来学习图像的局部特征。卷积操作是将滤波器（卷积核）滑动在图像上，以生成特征图。每个卷积核都会提取图像的一种特定特征，如边缘、纹理等。

池化层（Pooling Layer）：通过下采样来减少特征图的尺寸，从而减少参数数量并提高计算效率。常用的池化操作有最大池化和平均池化。池化层有助于CNN稳定应对输入数据的微小变化。

全连接层（Fully Connected Layer）：连接前一层的所有特征，整合卷积层或池化层中具有类别区分的局部信息，并将输出值发送到分类器或回归器。

CNN的卷积操作如图7.16所示，卷积层中卷积操作的计算方式相对简单，主要包括乘法和加法操作。常规卷积操作的步骤如下：首先，在卷积层内部进行元素乘操作，即将两个相同维度矩阵中对应位置的元素相乘，从而得到一个新的同样大小的矩阵。新矩阵中的每个元素是原矩阵中对应位置元素的乘积，如图7.16中蓝色区域所示。其次，对这些新矩阵中的所有元素进行求和得到两个特征图，并对这两个特征图进行元素加操作，最终获得一个特征图。

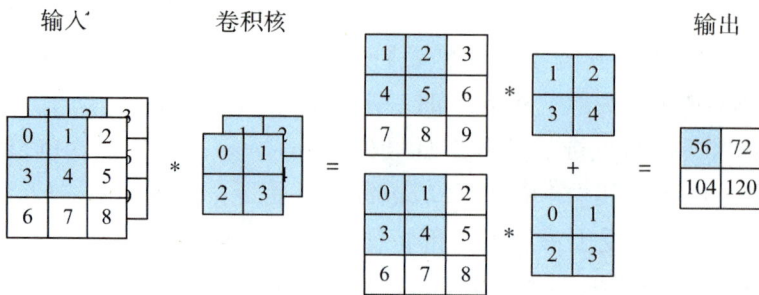

图7.16　CNN的卷积操作

在进行卷积操作时，填充（Padding）和步长（Stride）是关键的超参数，它们共同影响着输出特征图的空间维度。填充通常指零填充，在输入特征图的边界周围添加特定数量的零值像素。步长表示卷积核在输入特征图上移动时的步进距离。图 7.17 展示了填充为 0 且步长为 1 的情况。

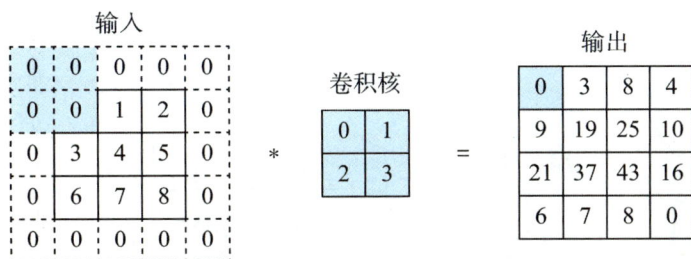

图 7.17　CNN 中卷积核所涉及的填充操作

池化操作是卷积神经网络中实现特征图下采样的主要方法之一。如图 7.18 所示，常见的池化操作包括最大池化和平均池化。最大池化是指在预定义的局部感受野内选取最大值作为该区域的代表特征输出。平均池化是指对感受野范围内的所有数值计算其平均值并作为输出。最大池化一般在特征提取过程中使用，以实现特征图降维，而平均池化主要在卷积层与全连接层衔接时使用。

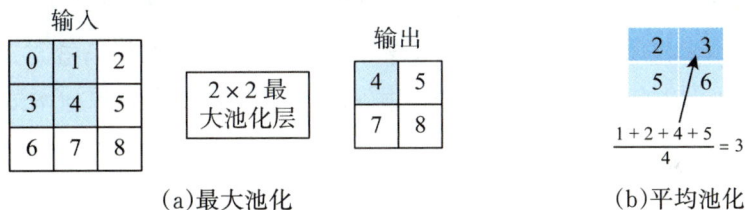

(a)最大池化　　(b)平均池化

图 7.18　CNN 中的平均池化与最大池化

7.3.4　归一化与激活函数

如图 7.19 所示，CNN 的卷积模块除了上述介绍的卷积核外，还包括批归一化（BN）和激活函数（如 ReLU）。其中，BN 是一种加速训练并提升模型性能的关键技术，它通常作用于卷积层输出的特征图。其基本操作是首先沿通道维度计算当前批次数据（蓝色区域）的均值 μ 和方差 σ，并利用这两个统计量对特征图进行正则化处理。BN 还包含可学习的缩放参数 γ 和平移参数 β，用于恢复模型对特征分布的表达能力。除广泛应用的 BN 之外，其他归一化操作还包括层归一化（Layer Normalization，LN）、实例归一化（Instance Normalization，IN）和组归一化（Group Normalization，GN），它们在计算均值 μ 和方差 σ 的维度上存在差异。

(a)

(b)

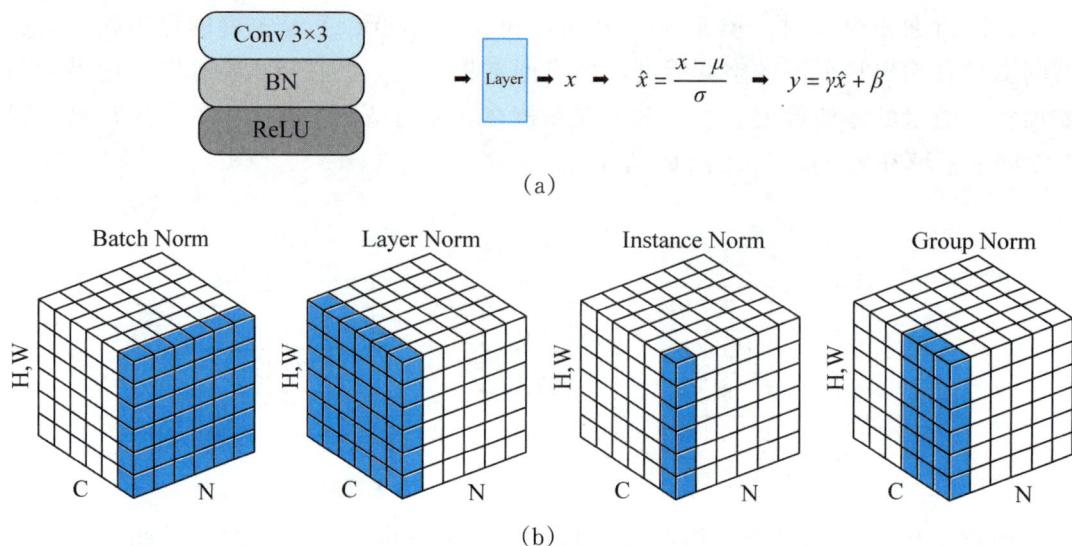

图7.19　CNN中卷积模块主要包含卷积核（Conv 3×3）、BN归一化操作与ReLU激活函数

激活函数通过引入非线性变换来增强模型的非线性拟合能力。常用的激活函数有Sigmoid和ReLU，如图7.20所示。Sigmoid的形状类似于一个S形曲线，能够将输入值压缩到0和1之间，通常作为二分类问题输出层的标准激活函数。ReLU（Rectified Linear Unit，修正线性单元）函数，其主要特点是保留了所有正值输入，而将所有负值输出置零。ReLU函数的优势在于它的计算极其高效，并能在深层网络中有效缓解梯度消失问题，是现代深层卷积网络中最主流的激活函数。

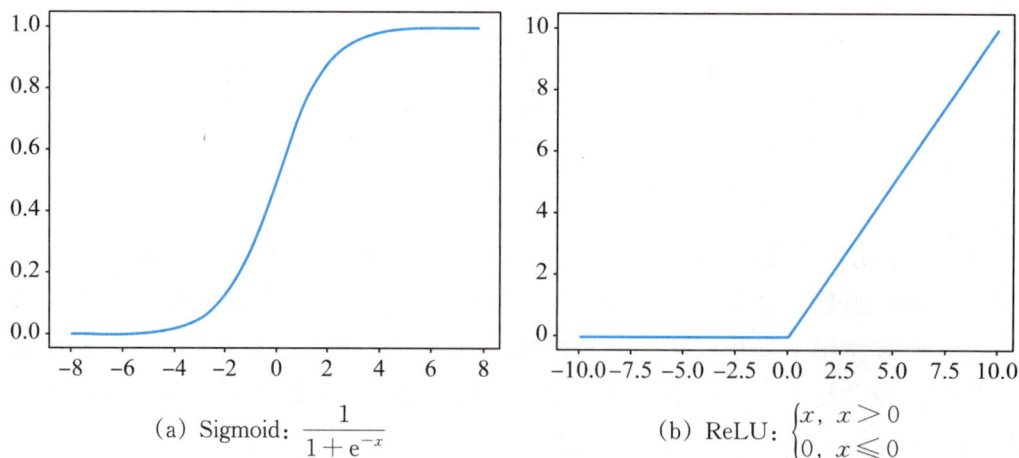

(a) Sigmoid：$\dfrac{1}{1+e^{-x}}$

(b) ReLU：$\begin{cases} x, & x > 0 \\ 0, & x \leqslant 0 \end{cases}$

图7.20　常用的激活函数Sigmoid和ReLU图像及其对应公式

二分类问题通常采用Sigmoid函数，多分类问题则普遍采用Softmax函数。Softmax函数的核心功能是将神经网络最终层输出的任意实数向量转换为一组表示离散概率分布的值。这些值不仅落在(0，1)区间内，而且所有类别的概率之和严格等于1。假设输出类别是4个预测值，最终这4个类别的概率之和为1，其中概率最

大的类别则被认为是样本所属类别。从图 7.21 中可见，第三个类的概率最大，即

$$\frac{e^{2.5}}{e^{2.5}+e^{-1}+e^{3.2}+e^{0.5}}。$$

Softmax　　$a_j^L = \dfrac{e^{z_j^L}}{\sum_k e^{z_j^L}}$

$z_1^L = 2.5$

$z_2^L = -1$

$\dfrac{e^{3.2}}{e^{2.5}+e^{-1}+e^{3.2}+e^{0.5}}$

$z_3^L = 3.2$

$z_4^L = 0.5$

$a_1^L = 0.31454$

$a_2^L = 0.0095$

$a_3^L = 0.6334$

$a_4^L = 0.04257$

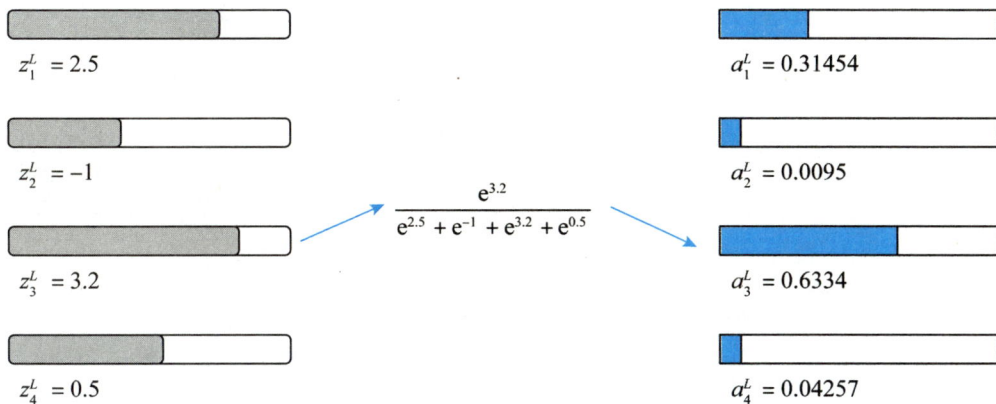

图 7.21　Softmax 函数及其对应公式

　　除了 BN 以外，Dropout 是深度学习中广泛应用的另一种正则化技术，旨在防止模型过拟合。如图 7.22 所示，Dropout 在模型训练阶段随机选择并临时丢弃一部分神经元（即将其输出强制置零）。这些被丢弃的神经元在当前迭代的前向传播中不参与计算，在反向传播中其权重也不会被更新。这种机制迫使模型在训练过程中避免过度依赖特定的神经元或输入特征，从而训练得到更鲁棒且更泛化的模型。在模型测试阶段，Dropout 会被禁用，所有神经元都参与前向运算。

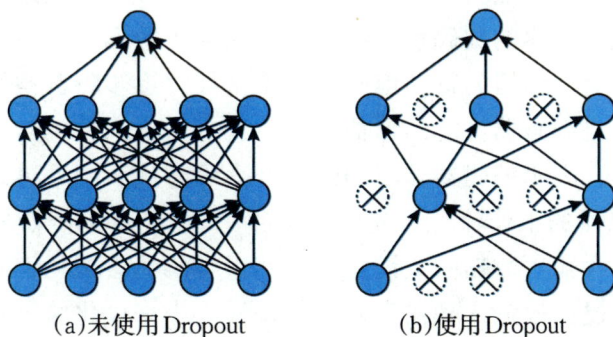

（a）未使用 Dropout　　　　　（b）使用 Dropout

图 7.22　Dropout 正则化方法

7.3.5　CNN 在图像方面的应用

　　图 7.23 依次展示了 CNN 在图像分类、图像分割与目标检测三大任务中的结构概括图。图像分类的网络结构本质上是一个编码器；图像分割和目标检测采用编码

器-解码器结构。编码器负责提取深层语义特征，解码器则逐步上采样并融合多尺度信息以重建像素级的分类结果。

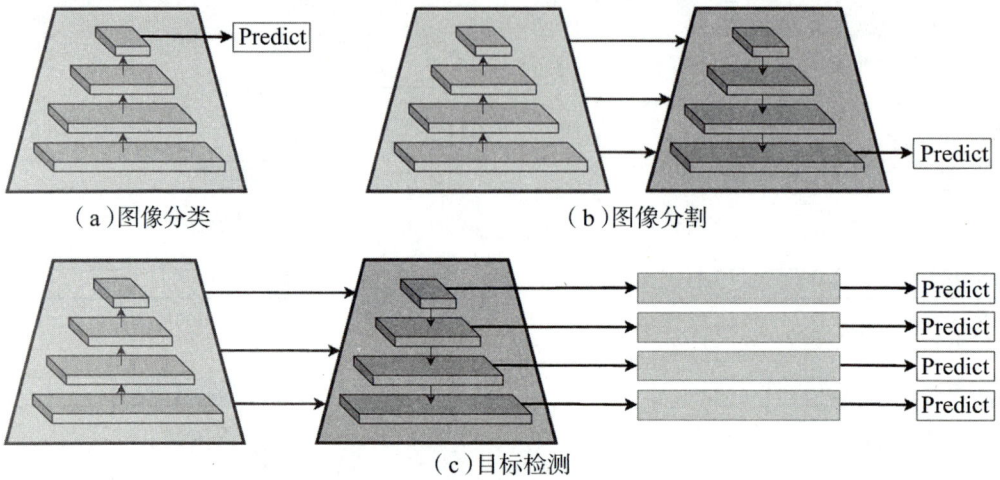

（a）图像分类　　　　　　（b）图像分割

（c）目标检测

图7.23　CNN网络在图像分类、图像分割、目标检测中的结构概括图

7.4　自编码器

7.4.1　自编码器的概念

本节主要介绍一种特殊的神经网络——自编码器（Autoencoder，AE）。自编码器是一种无监督学习模型，其目标在于学习输入数据的有效编码表示。自编码器包含编码器（Encoder）和解码器（Decoder）两部分。编码器将原始高维输入数据压缩为一个紧凑的编码特征，该特征的维度远低于输入数据的维度。解码器则从紧凑的编码特征中重构原始输入数据，它主要通过反卷积层或转置卷积层等操作对压缩后的特征编码进行上采样，逐步将其空间尺寸增大到与输入相匹配的状态。自编码器性能的评估标准主要基于输入数据与重构输出之间的差异，两者差异越小，表明编码器学习到的特征表示越优。图7.24以手写数字重构为例，展示了自编码器的工作流程。先手写数字"4"经过编码器处理得到低维的编码特征，该特征包含输入数据的关键特征，然后解码器尝试从编码特征中重构手写数字"4"，最后通过比较输入和输出之间的差异大小来优化编码器所学习到的特征表示。

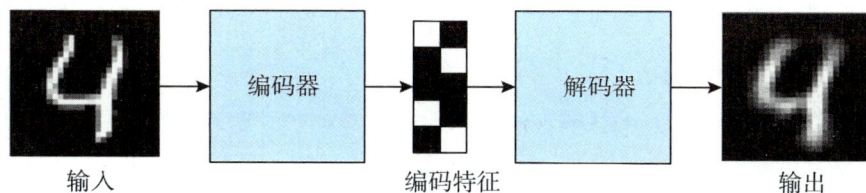

图 7.24　自编码器

7.4.2　自编码器的分类

如图 7.25 所示，自编码器模型存在多种结构变体，可以通过不同方式进行分类。按编码特征的维数划分，模型可分为欠完备自编码器（Undercomplete Autoencoder，UAE）和过完备自编码器（Overcomplete Autoencoder）。按损失函数中的正则化类别划分，模型可分为稀疏自编码器（Sparse Autoencoder，SAE）、去噪自编码器（Denoising Autoencoder，DAE）、收缩自编码器（Contractive Autoencoder，CAE）。将多个自编码器进行堆叠，可形成堆叠自编码器（Stacked Autoencoder，StackAE）。将自编码器与隐变量模型理论结合，可形成变分自编码器（Variational Autoencoder，VAE）。值得注意的是，所谓的自编码器通常指的是欠完备编码器，因为其编码特征维度要低于输入图像的维度，此时的自编码器可以实现对图像的压缩或降维。

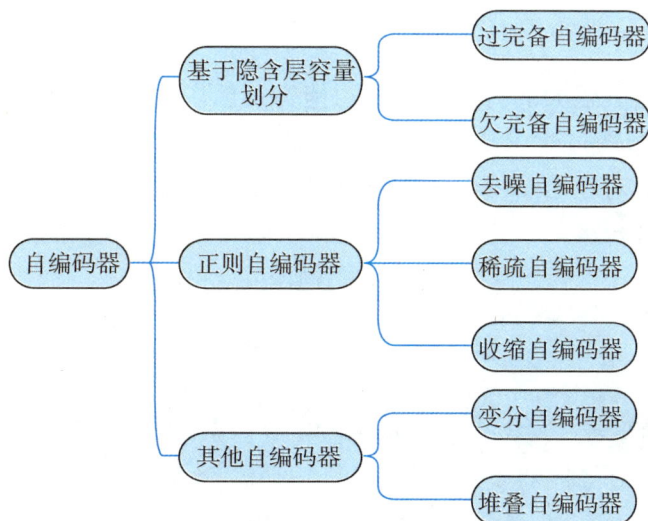

图 7.25　自编码器的分类

为了缓解经典自编码器（AE）易过拟合的问题，引入了多种改进方法。其中一种策略是引入概率分布，将输入数据编码成一个潜在空间中的分布，再从这个分布中采样并解码生成数据，由此衍生出变分自编码器（VAE）。自编码器和变分自编码器的结构如图 7.26 所示。

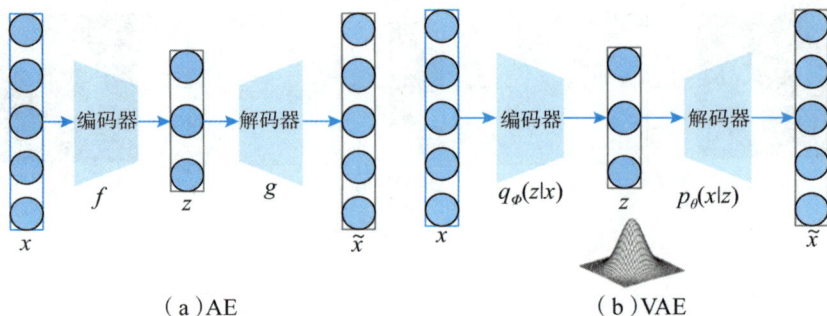

图 7.26　AE 与 VAE 的结构

变分自编码器（VAE）是一种生成模型，通过对潜在空间施加概率分布约束来实现数据生成。与经典自编码器不同，VAE 中的编码器输出的是潜在变量的概率分布（通常为高斯分布）的均值和方差，而不是一个固定的向量。VAE 在潜在空间上引入了正态分布假设，使得该模型能够生成与训练数据相似的新样本。VAE 能够生成多种复杂类型的数据，包括手写数字图像、人脸图像、门牌号图像、CIFAR 图像以及分割图像等。此外，VAE 还可以处理各种类型的数据，包括序列或非序列、连续或离散、有标签或无标签的数据。然而，VAE 也存在局限性，即其生成的样本有时可能呈现出不现实或模糊的问题，这在一定程度上影响了生成样本的视觉或语义质量。

7.4.3　自编码器的用处

自编码器凭借其强大的特征表示学习能力，已广泛应用于诸多领域。在数据压缩领域，自编码器通过学习输入数据的低维表示，实现数据的压缩和重建。如图 7.27 所示，编码器对原始图像数据进行处理，生成高度压缩的低维编码；随后，解码器基于该编码进行运算，旨在重建出与原始输入尽可能一致的图像数据。

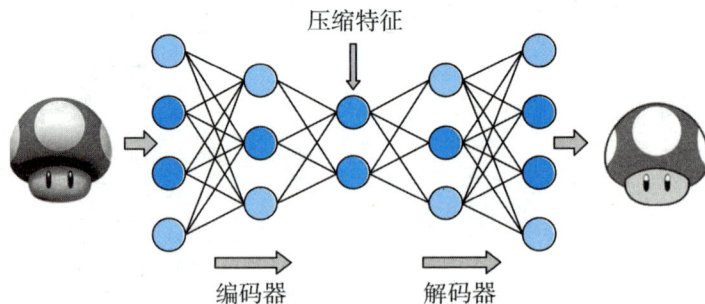

图 7.27　AE 在数据压缩上的应用

除数据压缩以外，自编码器在图像生成领域也展现出重要价值，通过结合生成对抗网络（GAN）等技术来合成高质量图像。图 7.28 展示了一个将变分自编码器与 GAN 思想相融合的典型方案。该模型利用 VAE 对输入图像进行重建，并通过对潜在空间的分布特征进行监督学习来达到图像生成的目的。

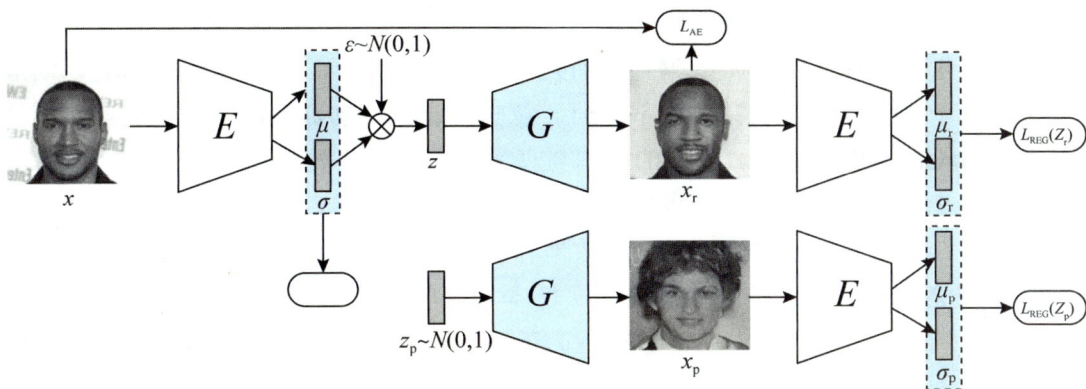

图 7.28　VAE 与 GAN 结合以实现高质量图像生成

7.5　生成对抗网络

7.5.1　生成对抗网络的概念与结构

生成对抗网络

生成对抗网络（Generative Adversarial Network，GAN）是一种深度学习模型，由古德费罗（I. Goodfellow）等人于 2014 年首次提出。如图 7.29 所示，GAN 由生成器（Generator）和判别器（Discriminator）组成。其中，生成器负责学习真实数据的分布，旨在合成以假乱真的数据；判别器负责区分输入样本是来自真实数据还是生成器生成的数据。在训练过程中，生成器致力于生成更逼真的数据以欺骗判别器，而判别器则致力于提高鉴别真伪的能力。GAN 的最终目标在于获得一个能生成高质量样本（如图像）的生成器，而判别器在训练过程中主要扮演辅助角色。

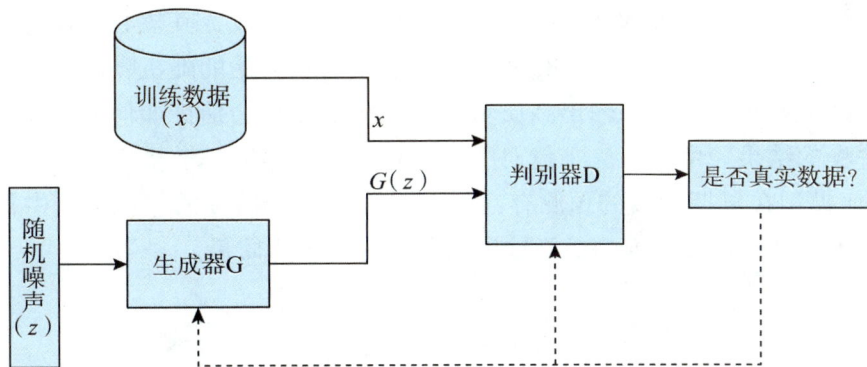

图 7.29　生成对抗网络的结构

GAN 的详细的训练步骤如下：

第一步，固定判别器 D 并训练生成器 G。首先生成器 G 不断地从随机噪声中生成"假数据"，然后生成的"假数据"和真实的训练数据同时输入到判别器 D 中进行真假数据的判断。在训练初始阶段，由于生成器 G 的数据生成能力较弱，所以生成的数据容易被判别器准确识别。随着训练的持续进行，生成器 G 的能力不断提升，使得生成的样本足以"欺骗"当前判别器。当判别器 D 对于生成样本的判断准确率趋近于 50%（即随机猜测水平）时，意味着在该判别器条件下，生成器 G 已达到一个阶段性最优状态，其生成的样本与真实样本已难以被有效区分。

第二步，固定生成器 G 并训练判别器 D。固定生成器 G 的参数，转而开始训练判别器 D。判别器 D 通过接触由真实数据和当前生成器 G 合成的数据样本，不断提升其鉴别能力，其目标是学会区分真实样本与生成器合成的样本。在理想情况下，经过充分训练之后，判别器 D 能够以远高于 50% 的准确率识别出生成样本。当判别器 D 的鉴别能力达到此阶段高点时，意味着当前生成器 G 所生成的样本已无法有效欺骗该判别器，鉴别难度显著降低。

第三步，通过循环迭代第一步与第二步，生成器 G 和判别器 D 在对抗博弈中相互促进，其性能均得到持续优化。最终得到了一个强大的生成器 G，它能够生成高度逼真且符合目标分布的图像样本。

GAN 显著提升了图像生成质量，为该领域的发展带来了重要突破。但是，其实际训练过程面临着若干关键挑战。一方面，它会出现模式崩溃的问题，即生成器可能会陷入局部最优解，只生成少数几种样本而忽略其他可能的样本。另一方面，它的训练过程表现出高度不稳定性，导致模型难收敛或生成的样本质量低劣。

7.5.2　生成对抗网络与扩散模型的区别

由于 GAN 的训练过程不稳定，容易出现模式崩溃和训练振荡，因此研究者提出了扩散模型（Diffusion Model）以生成图像数据。扩散模型与 GAN 都属于生成模型。扩散模型通过逐步添加和去除噪声来实现数据的生成，其核心原理包含前向扩散与反向去噪两个过程。如图 7.30 所示，扩散模型从初始的随机噪声开始，经过多个步骤逐渐地修正细节直到输出高质量图像。扩散模型会估计如何从当前的输入生成完全去噪的结果。由于每一步仅对图像进行微小的逆向扩散操作（施加小幅度修正），即使模型在早期阶段的预测存在偏差，也能够在后续的迭代更新中得到有效补偿和校正，从而提升了模型最终输出的鲁棒性与生成质量。

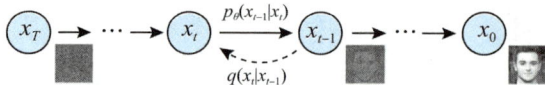

$$x_T \rightarrow \cdots \rightarrow x_t \xrightarrow{p_\theta(x_{t-1}|x_t)} x_{t-1} \rightarrow \cdots \rightarrow x_0$$
$$q(x_t|x_{t-1})$$

图 7.30　扩散模型生成步骤

扩散模型是一种可以跨不同深度学习领域的生成模型，目前主要用于图像和音频生成。相较于 GAN，扩散模型能够捕捉更复杂且高度非线性的数据分布特性。然而，其在分布的平滑性和连续性建模方面可能略逊于 GAN。在训练性能上，扩散模型展现出更优的收敛性及更高的训练稳定性。

7.5.3　生成对抗网络的应用案例

GAN在理想情况下能够合成视觉逼真度极高的样本，使其在艺术创作、游戏内容生成、虚拟环境构建等场景中具有重要价值。例如，在风格迁移应用中，GAN可以将一幅图像的风格应用于另一幅图像，为图像编辑与创意设计提供了强大工具。图7.31展示了基于CycleGAN的风格迁移案例，风格迥异的图像表明了GAN在生成复杂视觉内容方面的卓越能力。

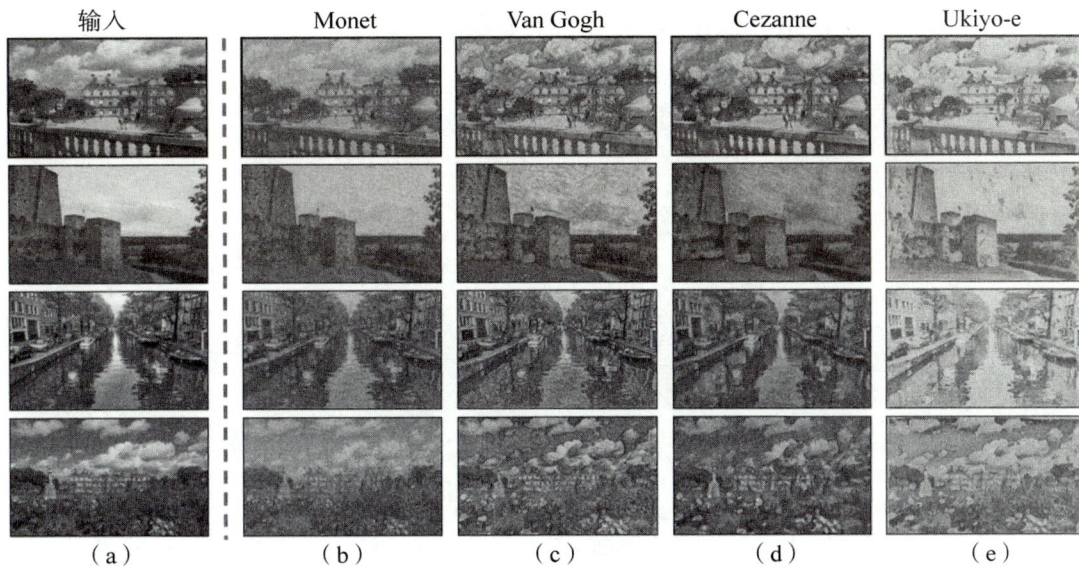

图 7.31　CycleGAN 生成的风格迁移案例

7.6　章后习题

一、选择题

1. [单选题] 在神经网络中，反向传播算法的主要作用是（　　）。

A. 计算网络的输出　　　　　　B. 调整网络的权重以减少误差

C. 初始化网络的权重　　　　　D. 确定网络的隐藏层层数

2. [单选题] 深度学习中的卷积神经网络（CNN）主要用来处理（　　）。

A. 一维时间序列数据　　　　　B. 二维图像数据

C. 三维立体数据　　　　　　　D. 文本数据

3. [多选题] 在构建深度学习模型时，在下列因素中，可能会影响模型性能的是（　　）。

A. 网络架构的选择　　　　　　B. 训练数据的数量和质量

C. 超参数的设置　　　　　　　D. 模型的初始化方法

二、判断题

1. 在深度学习中，过拟合是一个常见问题，它指的是模型在训练数据上表现良好，但在测试数据上表现不佳。

2. 生成对抗网络由生成器和判别器两个部分组成，它们通过相互竞争来优化模型。

三、讨论题

1. 简述神经网络与深度学习的区别与联系。

2. 简述卷积神经网络的主要结构。

3. 简述自编码器与生成对抗网络的关系。

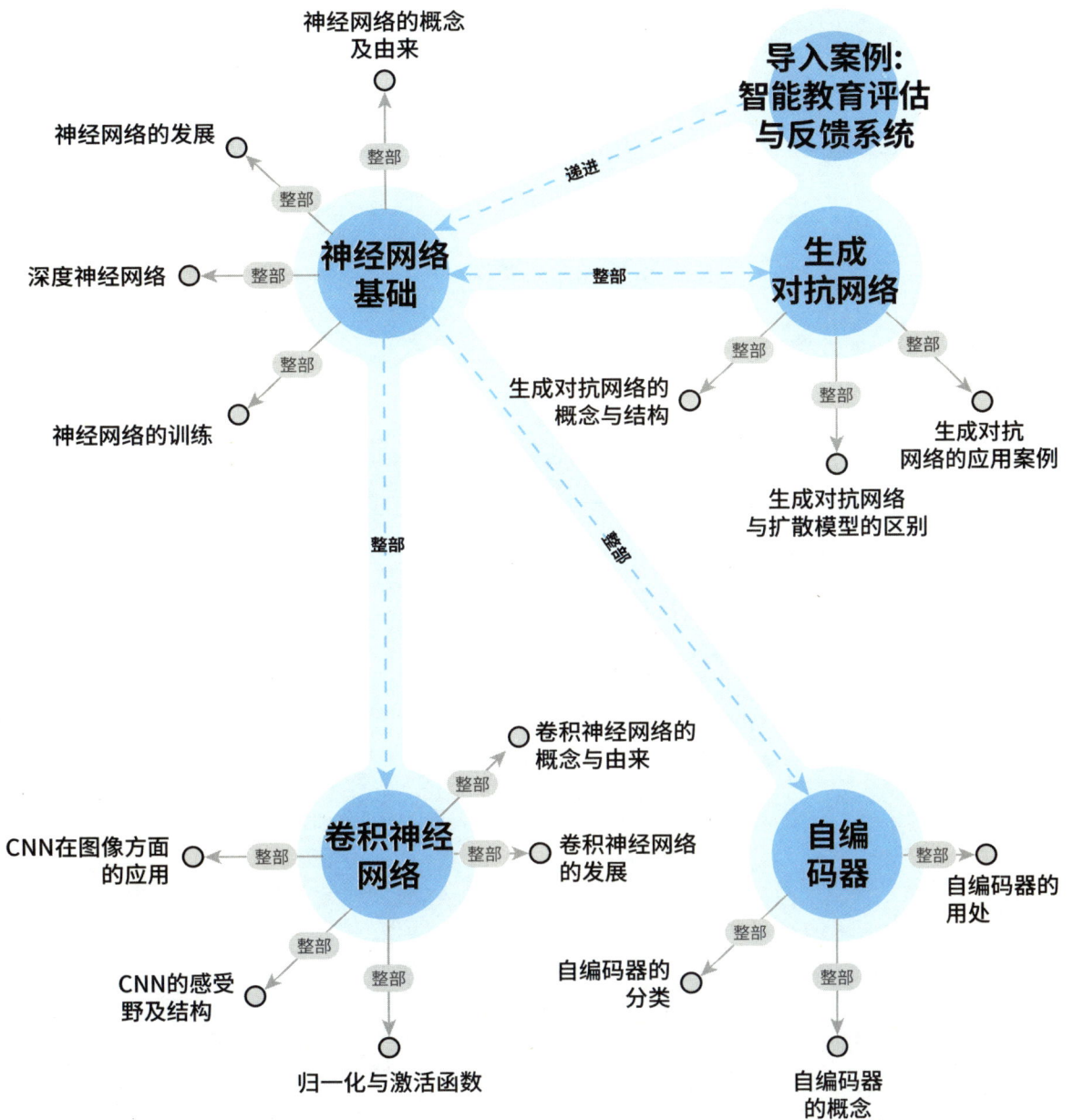

神经网络与
深度学习

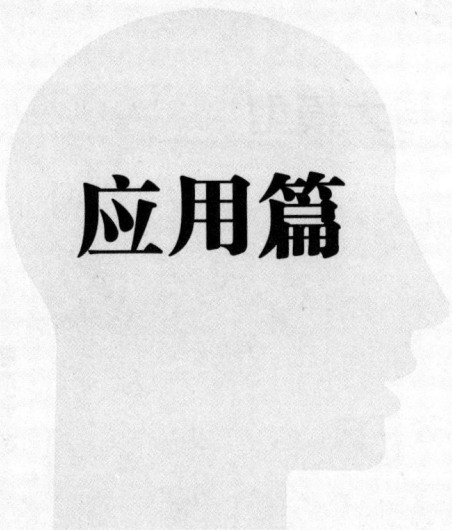

应用篇

第 8 章 自然语言处理与大模型

8.1 导入案例：作业自动批改系统

案例：自动化
作文评分系统

8.1.1 引　言

　　近年来，人工智能技术迅猛发展，在教育领域的应用日益广泛。作业自动批改系统作为自然语言处理（NLP）与大模型技术的典型应用之一，不仅能显著提升教师的工作效率，还能为学生提供更即时、更个性化的反馈。本章将以作业自动批改系统为导入案例，详细探讨自然语言处理相关技术的实现与应用。

8.1.2 背景与问题

　　教师需要承担多种类型的工作和任务，包括教学教研工作和非教学教研工作。表8.1展示了2021年我国小学、初中教师每日各项工作时间分布情况。其中，批改作业的时间占教学教研工作的23％以上。一名农村中学语文教师表示，他带两个班，每次作业批改都是120本，每学期大约要批改50次作业，这个工作量是很大的。作文批改更是一项耗费时间的工作，这位老师所在的学校要求学生每学期撰写作文不少于8篇，这意味着这位老师一年需要批改近2000篇作文。这些任务不仅耗费时间，也增加了教师的压力。

表8.1　2021年小学、初中教师每日各项工作时间

	教学教研工作				非教学教研工作			
	上课	备课	批改作业	教研活动	辅导学生	班级管理	行政事务	与家长沟通
小学教师	2.0	2.2	1.4	0.4	1.9	2.3	1.8	1.3
	15.3%	16.5%	10.5%	3.1%	13.9%	17.2%	13.5%	10.0%
初中教师	1.9	2.5	1.6	0.4	1.7	2.1	1.7	1.3
	14.5%	18.7%	12.4%	3.4%	12.9%	15.7%	12.6%	9.9%

注：对小学教师、初中教师，第一行表示工作时间（单位：小时/天）；第二行表示单项工作时间占平均工作时间的比例。

　　一般来说，作业批改包括客观题批改和主观题批改。客观题包括选择题和填空题，这类题目批改起来相对简单，耗时也较少，是比较机械化的重复工作。主观题则包括阅读理解、诗词鉴赏、作文等，这类题目的批改要求教师阅读并理解学生的答案，从逻辑性、条理性、核心思想的匹配性等多个角度来评估学生答案。尤其是作文，往往还要评估学生所写文章的文学性和主题思想契合性等。这类题目的批改相对于客观题难度更高，也更花费时间。

　　目前飞速发展的人工智能技术在许多领域都实现了自动化，尤其是数据分析方面，自然语言处理的相关技术也在文本阅读理解和生成方面得到广泛应用，那么是否可以利用这些技术辅助教师们进行作业批改呢？如果可以，具体都需要哪些技术呢？下面将以作业自动批改的具体场景为例，介绍相关的一些人工智能技术及其应用。

8.1.3　作业自动批改现状

　　如前面介绍，客观题的批改与主观题的批改存在较大差异。对于客观题来说，准确识别学生答案，并与标准答案进行比对，一般即可完成客观题的批改。图 8.1 展示了一个客观题自动批改的例子。考虑到大部分作业是手写作答，因此自动批改的第一步是识别作答情况，光学字符识别（Optical Character Recognition，OCR）技术可以完成作业内容和手写答案的识别。OCR 技术又称文本识别技术，是指对包含文本内容的图像或者视频进行处理和识别，并提取其中所包含的文字及排版信息的过程。

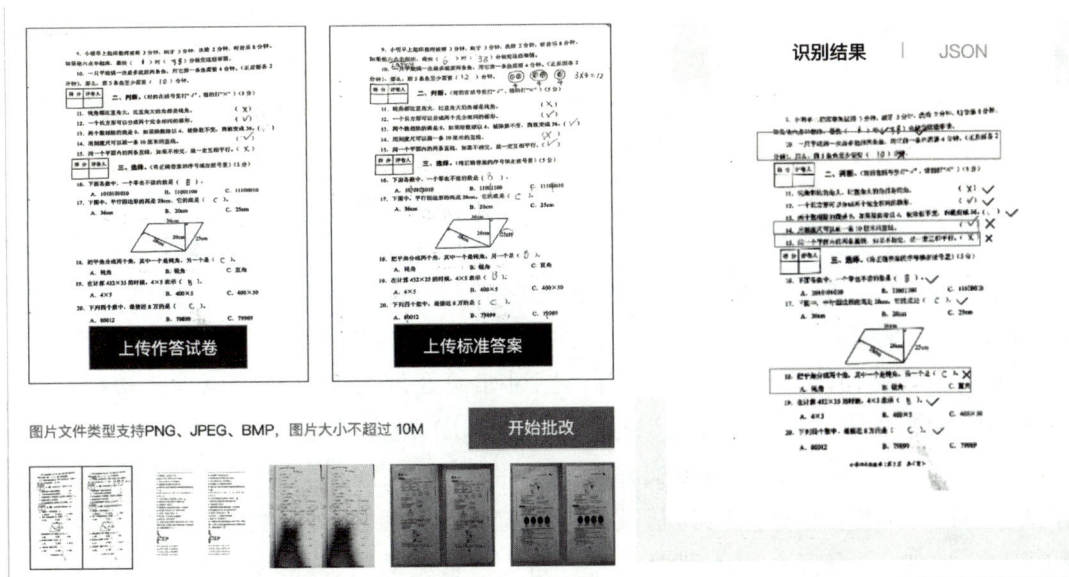

图 8.1　客观题自动批改示例

OCR最早是1929年由德国科学家陶舍克（B. Taushecki）提出的概念，真正开始实现是在1946年计算机发明之后。20世纪70年代，IBM、东芝等公司利用OCR技术进行邮编的自动识别，用于投放邮件。2013年左右，深度学习快速发展，OCR技术也实现了长足进步。目前OCR技术已经非常成熟，可以识别各种印刷体、手写体，各类数字及符号，并且模型的安装和部署也越来越简便和轻量化。图8.2是一个利用OCR技术进行手写答案识别的例子，可以看到识别精度很高。

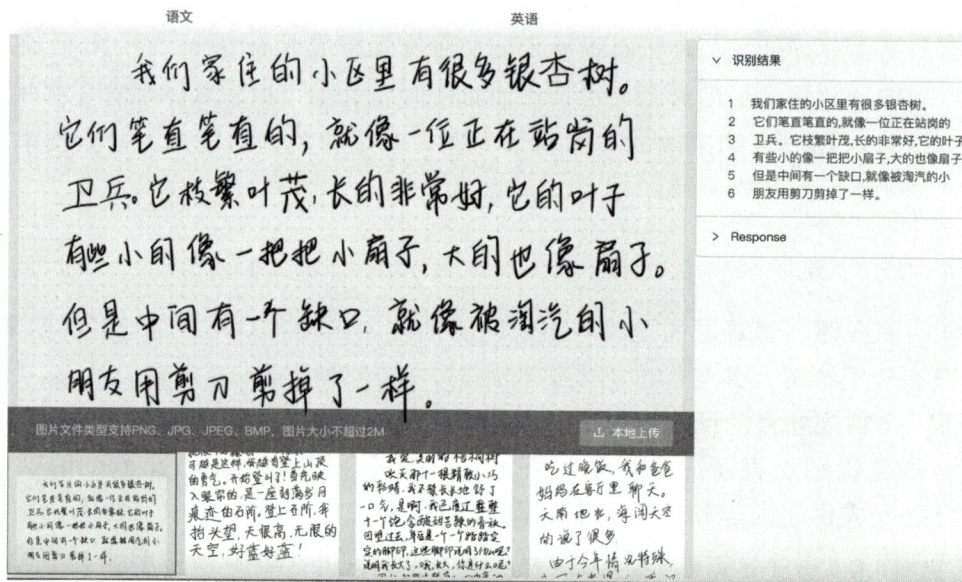

图8.2   OCR技术实现手写答案识别

客观题的批改可以结合OCR技术对作业及答案的识别情况进行比对，实现高效、准确的自动化批改。主观题的批改则更为复杂，虽然仍然可以利用OCR技术识别学生的作答情况，但是不能通过直接比对标准答案来实现对学生作答情况的评估。以作文为例，自动批改的实现要求AI对作文内容进行深入理解并进行合理的修改和评估。图8.3和图8.4分别展示了英语作文批改和语文作文批改的例子。

图8.3直接展示了对手写答案进行OCR识别之后的结果，在此基础上，需要AI对英语作文中的语法错误进行识别和修改，这需要依赖自然语言处理（Natural Language Processing，NLP）技术。自然语言处理技术是人工智能技术的一个子领域，是人工智能与语言学的交叉学科，探讨如何处理及运用自然语言，包括认知、理解和生成等部分。语法错误的识别和纠正是NLP较为基础的一种能力。

图8.4展示了对一篇手写语文作文进行批改和评估的例子。在这个例子中，不仅要求AI可以识别和修正较为基础的语法错误，还要对文章的整体内容进行赏析和评论。比如，"语言表达条理清楚"、"句式精彩灵动"、修辞手法的运用、中心思想契合等。进一步地，AI还会给出文章的修改建议，比如，引用名言警句、从更多

角度进行观察描写等。从这个例子可以看出，利用 NLP 技术可以较好地完成对作文的细致准确评阅，这大大减少了教师的工作量，并且还可以给到学生具体的、个性化的建议和意见，帮助学生改进和进步。

功能体验

Books is very importance. They is our best frends. They gives us knowledg and helps us to develop our mind. Reading books is a good hobbit. It can helps us to spend our time in a productive way. It also helps us to improve our language skills and increase our vocabulary. Books is a source of entertainment and information. They can takes us to a different world and helps us to understand different cultures and traditions. Reading books is a great way to relax and reduce stress. It also helps us to improve our concentration and focus. Books is a treasure trove of knowledge and wisdom. They can helps us to become a better person and live a better life.

还可以输入 300 个单词　　　　　　　　　　　　　　　　　　　　　　⊗

样例　　　　　　　　　　　　　　　　　　　　　　　　　　　　　　　批改

批改结果　|　JSON

| 纠错 |

原句	Books is very importance.		
修改后结果	Books are very important.		
错误原因	1. 疑似主谓不一致，把【is】修正为【are】；2. 疑似其他，把【importance.】修正为【important.】；		

原句	They is our best frends.		
修改后结果	They are our best friends.		
错误原因	1. 疑似主谓不一致，把【is】修正为【are】；2. 疑似选词不当，把【frends.】修正为【friends.】；		

原句	They gives us knowledg and helps us to develop our mind.		
修改后结果	They give us knowledge and help us to develop our mind.		
错误原因	1. 疑似主谓不一致，把【gives】修正为【give】；	2. 疑似拼写错误，把【knowledg】修正为【knowledge】；	3. 疑似主谓不一致，把【helps】修正为【help】；

原句	Reading books is a good hobbit.
修改后结果	Reading books is a good hobby.

图 8.3　英语作文批改示例

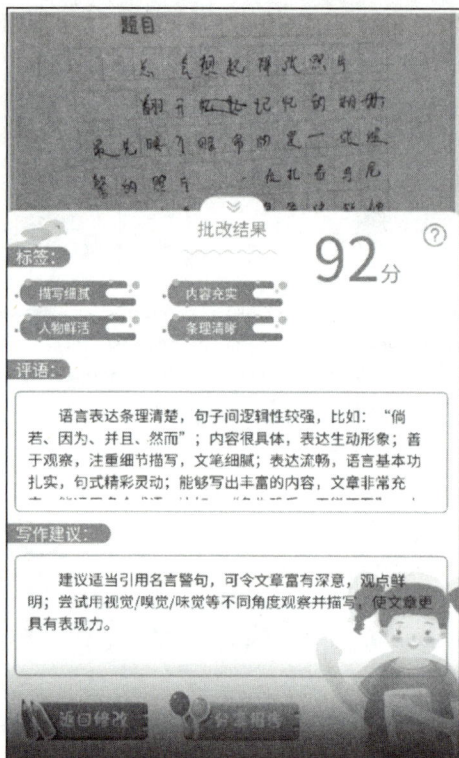

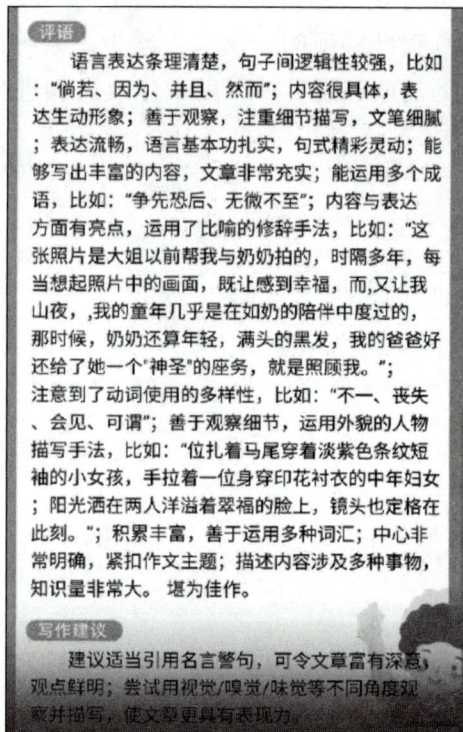

图8.4　语文作文批改示例

那么NLP技术为什么能实现这样强大的功能呢？它的基本原理和核心设计是怎样的呢？接下来，我们将分别介绍相关技术和应用。

8.2　什么是自然语言处理

8.2.1　基本概念

自然语言处理
的基本概念

在第8.1节中，我们通过作文批改的例子对自然语言处理技术的功能有了一个直观的感知。在介绍自然语言处理技术之前，我们先对一些基本概念进行介绍。

首先，什么是自然语言呢？自然语言指的是一种自然地随文化演化的人类语言，特指文本符号，汉语、英语、法语、西班牙语等都为自然语言的例子。比如，"这张照片真好看"，就属于自然语言，"print（'Hello World'）"则不属于自然语言，而是程序语言。更通俗地说，自然语言其实就是"说人话"，我们作为自然人相互之间沟通交流所用到的语言就是自然语言，包括日常对话、书面沟通、官方文书等等。本教材主要也是以自然语言的形式展现的。

那么顾名思义，自然语言处理就是关于处理自然语言的技术。更准确地说，自然语言处理是指用计算机来理解和生成自然语言的各种理论和方法。不同物种有自己的沟通方式，比如小猫会喵喵叫、蜜蜂会跳舞蹈、某些昆虫通过气味沟通，人类通过语言沟通，计算机间则通过底层的 01 编码沟通。人类无法与小猫、蜜蜂等沟通，因为双方之间的语言差异太大。通过程序语言、汇编语言，人类实现了一部分与计算机等机器的沟通，自然语言处理则是希望机器可以理解人类的自然语言，扩展沟通交流的范围。

不同于流程化、标准化的程序语言或者汇编语言，人类的自然语言灵活多变，比如，"他的功夫了得"和"他的功夫了不得"表示的是同样的意思，"中国队大胜美国队"和"中国队大败美国队"都是指中国队获胜了，还有一些比较复杂的表述，如"用毒毒毒蛇会不会被毒死啊""过几天天天天气不好""王刚刚刚刚走"等等。让计算机等机器去理解这些自然语言，显然是个很大的挑战。

事实上，自然语言处理属于认知智能的范畴，而认知智能是 2020 年之后发展出来的第三代人工智能。图 8.5 展示了智能发展的历程。第一代人工智能发展于 1970 年代，属于计算智能，代表着机器能存会算。第二代人工智能主要发展于 2000 年代，属于感知智能，代表着机器能听会说、能看会认。第三代人工智能近些年来蓬勃发展，属于认知智能，代表着机器能理解、会思考。认知智能对机器的抽象能力和推理能力要求很高，这正是自然语言处理技术最关注的特性。

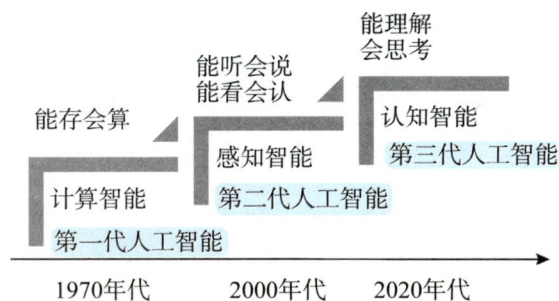

图 8.5　智能发展历程

一般来说，自然语言处理包括了自然语言理解（Natural Language Understanding，NLU）和自然语言生成（Natural Language Generation，NLG）两大方面。自然语言理解（NLU）是研究如何让机器理解自然语言的一门技术，是自然语言处理技术中最困难的一项。一般来说，自然语言理解是将自然语言转换成一种形式化的表示的结构。比如，根据自然语言的表述判定其表达的情感、电子邮件的自动分类、阅读理解等，都属于这个范畴。在本章开头的例子中，语文作文的批改就是以自然语言理解为基础的。

多位知名学者对自然语言理解在人工智能领域的地位作出了高度评价，比尔·盖茨曾说，"语言理解是人工智能领域皇冠上的明珠"。美国国家科学院及工程院院士、国际著名机器学习专家乔丹（M. I. Jordan）表示，"如果给我 10 亿美元，我将用这10亿美元建造一个NASA自然语言处理研究项目"。

自然语言生成（NLG）是指从知识库或者逻辑形式等机器表述系统中去生成自然语言。自然语言生成系统可以认为是一种将资料转换成自然语言表述的翻译器。从形式上来说，可能包括从文本到文本的生成，比如文本的修改、润色和转译等；从数据到文本的生成，比如对数据的分析和阐述；从图像到文本的生成，比如对图片信息的理解和对视频信息的提取。在本章开头的作文批改例子中，评语的生成就属于自然语言生成技术的应用范畴。

自然语言处理技术在人和机器之间的沟通中扮演了重要角色，通过自然语言理解技术，机器可以"听懂"或者"看懂"人类在说什么，通过自然语言生成技术，机器可以更加流畅地将其所了解的知识和内容以人类易理解的方式进行输出。

8.2.2　技术难点

虽然自然语言处理技术在人工智能领域有着重要地位，在实际应用中有巨大的价值，但是自然语言本身的一些特性给这项技术带来了很多挑战。首先，自然语言没有规律或者说规律复杂多样，"书桌上的书是我昨天买的"和"我昨天买的书在书桌上"这两句语序完全不同的话表达的是相同的意思。

其次，自然语言充满了多义词和模糊表达，如何准确理解上下文的意思是一大难题。下面是两个例子：

（1）爸爸：这次数学考试，童童考了95分，你考了多少啊？

孩子：我比他多一点。

爸爸：96分吗？

孩子：不是，是9.5分。

（2）领导：你这是什么意思？

阿呆：没什么意思，意思意思。

领导：你这就不够意思了。

阿呆：小意思，小意思。

领导：你这人真有意思。

阿呆：其实也没有别的意思。

领导：那我就不好意思了。

阿呆：是我不好意思。

在第一个例子中，"一点"存在多义，爸爸将"一点"理解为程度副词，等价于"一些"，但是孩子说的"一点"是"一个点"的简化表述。例子中的笑点来自多义性，在非笑话场景中，这样的多义性实实在在地给自然语言处理技术带来了困难。第二个例子更为典型，这里面每一句都有"意思"这个词，但是所表达的含义不尽相同，对于非母语人士来说，准确理解其中每个"意思"的含义并不是一件容易的事情，更不要说让机器去理解了。

此外，自然语言是不断演化的开放集合，总会有一些新发明的词汇，比如2024年曾经流行过的"显眼包""南方小土豆""偷感""红温"等。这要求自然语言处理技术需要不断更新迭代自己的知识，从而准确理解这些新的词汇组合。

最后，自然语言处理尤其是自然语言理解需要知识依赖和考虑上下文联系。"他把杯子打碎了，所以需要清理碎片"和"她打电话给医生，因为她感觉不舒服"，这两句话中虽然都用到了"打"，但是表达的是截然不同的含义，这需要机器对"打"的基础用法有所了解，有相应的知识。我们来看另一个例子，"U：买张火车票。A：请问你要去哪里？U：宁夏"和"U：放首歌。A：你想听什么歌？U：宁夏"，这两段对话中的"宁夏"显然代表了完全不同的意思，至于到底代表了一个省份还是一首歌，需要结合上下文进行理解和分析。

简而言之，自然语言本身的复杂性、多样性、多义性和模糊性、开放性、对知识的依赖和需要结合上下文来理解的特性都给自然语言处理技术带来了很大的挑战。人工智能发展到一定程度才为自然语言处理技术提供了足够的理论和技术支撑，尤其是近两年大语言模型在算力资源和基础技术的加持下，获得了突破性进展。在深入介绍具体的技术之前，我们先整体了解一下传统自然语言处理的相关研究和应用。

8.2.3　传统自然语言处理技术的研究及应用

整体来说，传统自然语言处理技术的研究范畴从基础到进阶一般分为资源建设、基础研究、应用技术研究和应用系统几个不同的层级，如图8.6所示。

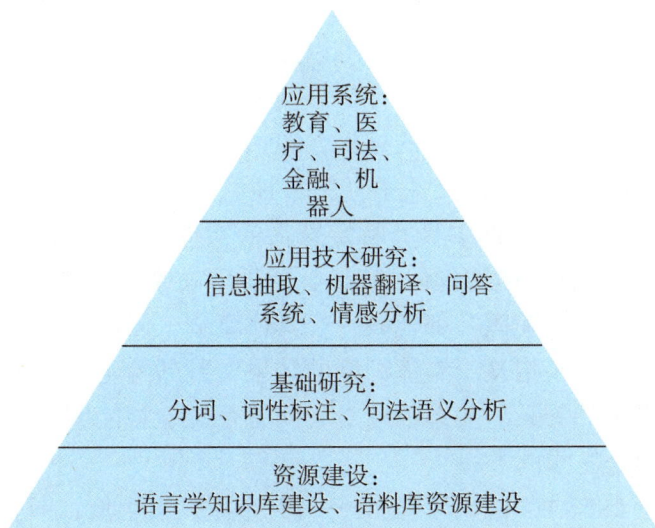

应用系统：
教育、医疗、司法、金融、机器人

应用技术研究：
信息抽取、机器翻译、问答系统、情感分析

基础研究：
分词、词性标注、句法语义分析

资源建设：
语言学知识库建设、语料库资源建设

图8.6　传统自然语言处理技术的研究分层

资源建设包含语言学知识库建设、语料库资源建设等。语料库就是存放语言材料的仓库（语言数据库）。知识库一般包含词汇语义库、词法/句法规则库、常识库等。

在此基础上可以进行分词、词性标注、句法语义分析等基础研究。分词是指将句子、段落、文章这类长文本，分解为以字词为单位的数据结构，方便后续的处理分析工作。词是一个表达完整含义的最小单位。字的粒度太小，无法表达完整含义。比如"鼠"可以是"老鼠"，也可以是"鼠标"。句子的粒度太大，承载的信息量多，很难复用，比如"《猫和老鼠》里的老鼠每次都能成功逃走"，信息量太大了，很难分析。在很长一段时间内，分词都是自然语言处理技术的基础。随着自然语言处理技术尤其是大模型的发展，分词可能不再重要，但是在特定的任务中，比如关键词提取、命名实体识别等，分词仍然必要。

词性标注一般是分词的后续任务，尤其在中文分词中，是指将句子中的每个词都标注词性，词性的划分有多种不同规则，比如CTB（Chinese Treebank）规则等。语料库需要同时标注分词和词性。句法分析的主要任务是分析句子中词语之间的结构关系，将句子切分为不同的部分，例如主语、谓语、宾语、定语、状语等，并建立一棵句法树来描述这些成分之间的关系。引入句法分析，机器能够更好地理解句子中的语法结构和信息流动方向。

语义分析是自然语言处理的较高层次，顾名思义，它是指理解句子或者文本的真正含义，尤其是根据上文和背景知识来推断和理解文本的真实含义。例如，在"我喜欢吃苹果"这句话中，"苹果"指的是一种水果；而在"苹果公司发布了新产品"这句话中，"苹果"则指的是一家科技公司。语义分析的一大任务就是准确分析和把握不同含义的转换。在经典的自然语言处理应用中，分词、词法分析、句法分析和语义分析紧密关联，共同构成完整的语言理解过程。

有了自然语言处理的基础技术，就可以处理具体的应用任务，包括但不限于信息抽取、机器翻译、问答系统和情感分析。信息抽取是指将非结构化或者半结构化的自然语言文本转化成结构化特征的过程，包括命名实体识别（抽取文本中指定类型的实体）、抽取实体之间的语义关系（关系抽取）和抽取文本中的事件。命名实体识别是指一类用于识别文本中具有特定意义的实体或者名词的技术，比如人名、地名、机构名、专有名词等及时间、数量、货币等文字。例如，"奥巴马是美国总统"中的"奥巴马"和"美国"都代表一个具体事物，因此都是命名实体。关系抽取又称实体关系抽取，是指基于实体识别的结果，判断给定文本中的任意两个实体是否构成事先定义好的关系。关系抽取对于问答系统、智能客服和语义搜索等应用都十分重要。下面是一些例子：

（1）乔布斯于1955年出生于旧金山→（乔布斯，出生地，旧金山）；

（2）冯小刚在2004年导演了电影《天下无贼》→（冯小刚，导演，天下无贼）。

　　事件抽取是指从非结构化的信息中抽取用户感兴趣的事件，并以结构化的形式呈现给用户。事件在不同领域中可能有不同的定义，一般是指某个特定时间片段和地域范围内发生的，由一个或者多个角色参与，由一个或者多个动作组成的一件事情，一般是句子级别的。

　　机器翻译是自然语言处理的另一个主要任务，是指借助自然语言处理技术令机器将文字从一种自然语言翻译成另一种自然语言。传统的自然语言处理技术借助语料库可以达成复杂的自动翻译，包括处理不同的文法结构、词汇识别、惯用语对应等。在日常生活中，机器翻译用途广泛，在外交场合、境外旅游、娱乐观影等方面都有重要应用，我们并不陌生。

　　问答系统输入的是自然语言的问句，输出的是直接答案而非文档结合。它是搜索引擎的一种形态，主要分两类：检索式问答系统和生成式问答系统。前者通过搜索引擎从文本库中检索相似问题及其答案，后者则利用深度学习等模型生成自然语言答案。问答系统在电商网站有非常实际的价值，比如代替人工充当客服角色，苹果系统的 Siri、微软小冰等都是结合了语音识别与合成的问答系统。问答系统的精准回答往往还需要结合知识图谱等多项技术来实现。

　　情感分析旨在分析出文本中针对某个对象的评价的正负面，比如，"华为手机非常好"就是一个正面的评价。情感分析一般有五个要素，即实体、属性、观点、观点持有者、时间，其中实体和属性合并称为评价对象。情感分析的目标就是从非结构化文本中抽取出这五个要素。情感分析在电商商品评价分析、社交媒体舆情分析等中应用广泛。

　　基于这些基础的自然语言处理任务，自然语言处理技术在教育、医疗、司法、金融、机器人等领域构建了应用系统。教育领域的任务包括了语法修改、基础答疑等，金融领域包括舆情分析、文本情感识别、广告文案自动生成等应用，司法领域有文书阅读理解、简单的法律答疑等应用。

8.3　自然语言处理技术

自然语言处理技术

8.3.1　引　言

　　在前面的章节中，我们已经介绍了自然语言处理的一些基本技术和应用，本节将从发展历史的角度深入介绍具体技术的原理。一般来说，自然语言处理技术经历了五次范式变迁，如图 8.7 所示。

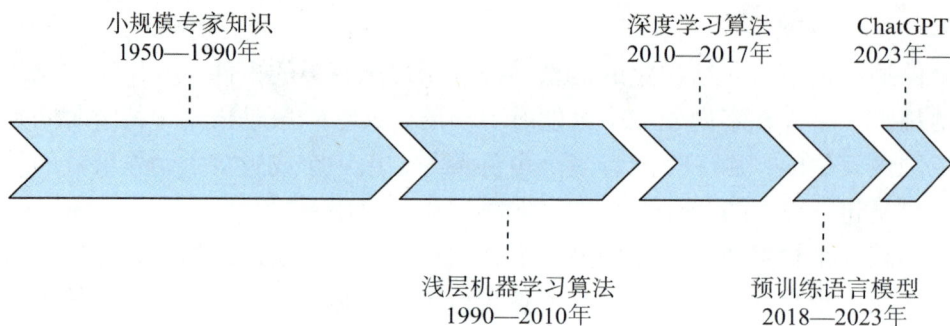

图8.7　自然语言处理技术的五次范式变迁

8.3.2　自然语言处理技术发展历史

1950—1990年，自然语言处理主要运用小规模专家知识相关的技术，这是基于规则的方法，主要依赖语法分析和词性标注。比如，判断"土豆非常好吃"这句话的情感倾向性，可以根据规则"如果出现褒义词'好'、'喜欢'等，结果为褒义，如果出现'不'，结果倾向相反"来推断这句话表达的情感是褒义的。图8.8展示了语法分析的一个例子，通过专家知识可以分析句子里的成分，较为准确地理解句子。这种基于规则的方式优点是，符合人类直觉，可解释性、可干预性好；缺点也很明显，需要专家构建和维护规则，知识完备性不足且不便于计算。

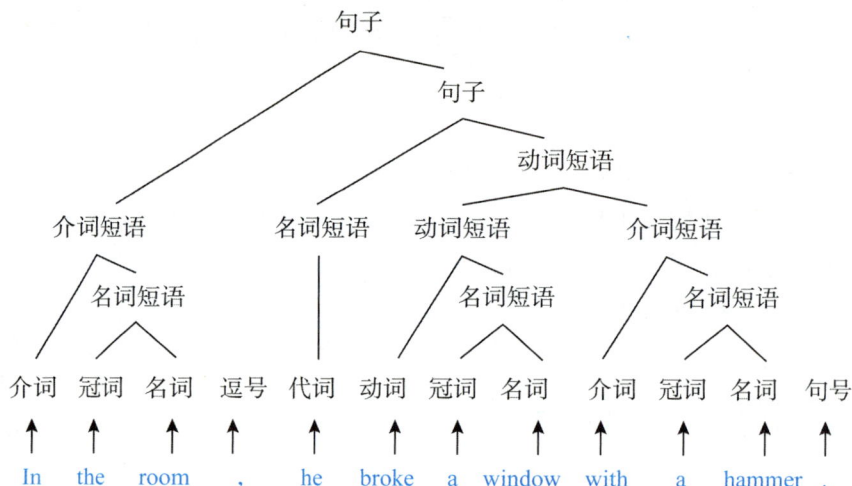

图8.8　语法分析示例

1990—2010年，随着统计学习和浅层机器学习技术的发展，自然语言处理思潮由经验主义向理性主义过渡，基于语料库的统计模型逐渐替代了小规模专家知识库的规则方法。词袋模型是一种简化的表达模型，在此模型下，一段文本（可以是一个句子或者是一个文档）可以用一个装着这些词的袋子来表示，这种表示方式不考虑文法以及词的顺序。假如我们有1000篇新闻文档，把这些文档拆成一个个的字，去重后得到3000个字，然后把这3000个字作为字典，可以形成一个词袋模型（见图8.9）。

图8.9　词袋模型

词袋模型中的One-hot文本表示法，会将句子中的词根据是否出现用0、1表示，一个句子会变成一个编码后的向量。TF-IDF文本表示法常用来评估字词对于某一篇文档的重要程度，该重要程度一般与其在某篇文档中出现的次数成正比，与其在所有文档中出现的次数成反比。TF（Term Frequency）代表词频，是用文档总字数归一化后的结果。IDF（Inverse Document Frequency）代表逆文档频率，衡量某个词在所有文档集合中的常见程度，当包含某词的文档数量越多时，IDF就越小，说明该词越是常见，重要性越低。TF-IDF的最终结果为TF与IDF的乘积。One-hot和TF-IDF这两种方法都假设了字与字之间是相互独立的，没有考虑它们之间的顺序。n-gram模型表示从一个句子中提取n个连续的字的集合，可以获取到字前后的信息，一般2-gram或者3-gram比较常见，按照n-gram构造出的新的词汇表仍然可以利用One-hot对句子进行编码，也可以利用TF-IDF来得到文本表示。词袋等统计模型存在着数据稀疏、向量维度过高、字词之间的关系无法度量等问题且无法处理"多词一义"的现象，仅适用于浅层的机器学习，对于深度学习模型并不适用。

2010—2017年，随着机器学习技术的发展，在图像识别和语音识别领域成果的激励下，基于深度学习的自然语言处理模型发展迅速。深度学习属于表示学习的范畴，指的是利用具有一定"深度"的神经网络模型来自动学习。深度学习的概念最早是由辛顿（G. Hinton）在2006年提出的，研究如何从数据中自动提取多层特征表示。核心思想是通过数据驱动的方式，采用一系列的非线性变换，从原始数据中提取由低层到高层、由具体到抽象的特征。深度学习模型需要对输入的语料进行词嵌入（Word Embedding）操作，也即直接用一个低维、连续、稠密的向量表示词，然后输入网络中进行训练并优化其在下游任务中的表现。用来训练这些语料的网络有多种选择，与序列处理相关的模型在其中发挥了重要作用，包括早期的循环神经网络（Recurrent Neural Network，RNN）、长短期记忆网络（Long Short Term Memory，LSTM）以及2017年由Google公司提出的序列处理新架构Transformer网络。图8.10展示了这三种网络结构的区别。

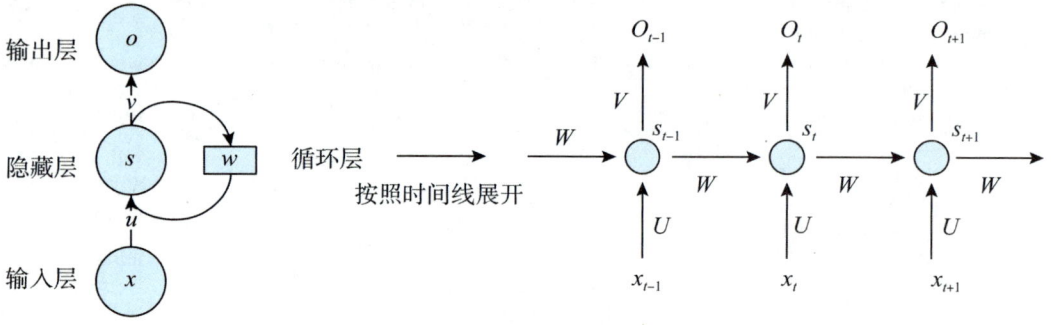

（a）RNN 结构

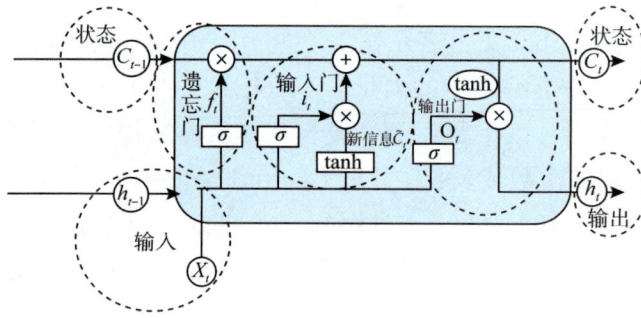

（b）LSTM 结构

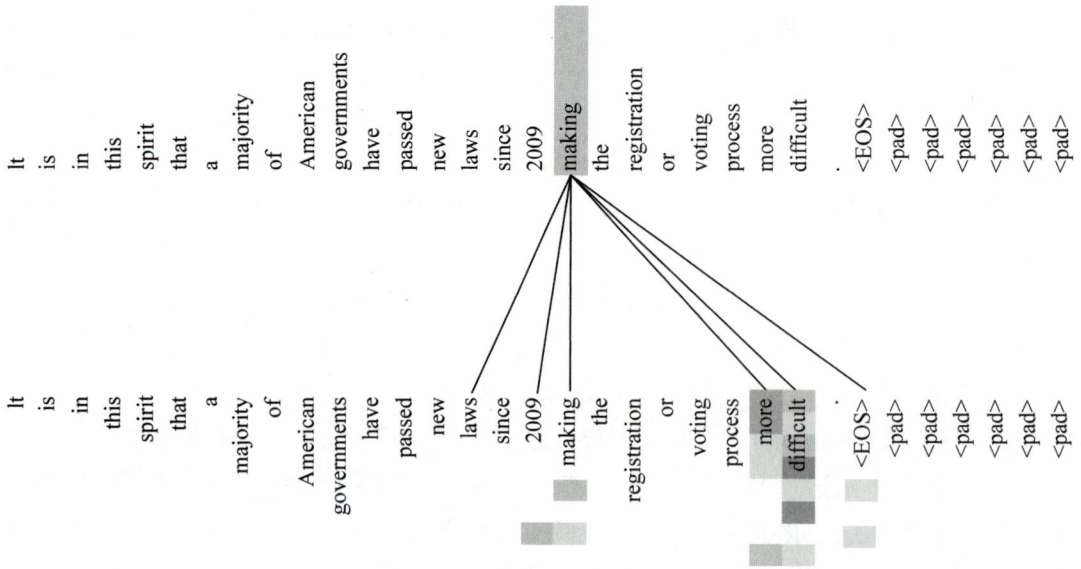

（c）Transformer 结构

图8.10　RNN、LSTM、Transformer结构比较

循环神经网络（RNN）的基本构成包括输入层、输出层和隐藏层，在处理序列数据时，会将前一个时间点的信息传递给下一个时间点，这就像是在对话中会根据之前说过的话给出反馈。传统的深度神经网络假设输入和输出独立，但是RNN的输出取决于序列中的先验元素。RNN也存在一些问题，在处理长序列时，由于较早的信息会逐渐衰减，它可能会忘记很久以前的事情；在处理长序列时，它容易出现梯度消失或者梯度爆炸问题，导致模型难以训练。

为了解决RNN在长序列处理中出现的问题，LSTM出现了，它在RNN的基础上引入了门结构的设计。一般情况下，一个LSTM单元包括了三个门：输入门、遗忘门和输出门。这三个门像是三位小助手，各司其职：遗忘门，决定哪些信息是不再需要的，可以忘记；输入门，决定哪些新的信息是重要的，需要被记住；输出门，决定下一步要输出什么信息，这通常是基于当前的记忆状态。通过这三个门的协同工作，LSTM能够在处理长序列数据时，更好地记住重要信息，并且忽略不重要的信息。

RNN和LSTM都是通过隐藏状态传递信息的，但是这种传递是线性的，不能很好地捕捉序列中所有元素之间的关系。Transformer也是一种序列数据处理模型，但是它并不是单向地提取元素之间的关系，而是通过特有的自注意力机制，允许模型同时关注某一元素与序列中多个元素（包括前序和后序的元素）的关系，能够并行高效地理解元素之间的复杂联系。

2018年，BERT预训练模型的出现，引领了自然语言处理范式变迁的新风潮。预训练＋针对具体任务进行精调的方式，在多个数据集和任务中均展现出了强大的效果。图8.11展示了NLP预训练范式。通过大量未标注的文本训练得到一个预训练模型，然后针对具体的任务，使用标注数据对预训练得到的模型进行精调得到最终模型。这种方式往往比直接使用标注后的语料库进行训练效果要好，这是因为数据标注受成本限制，具体任务的语料库大小有限，导致训练出的模型效果有限。预训练的范式利用大量未标注的数据信息得到了一个基础模型，这个模型已经具备了一些基础的文本理解、文本生成能力，在此基础上进行精调往往效果更好。BERT出现后，展现出了在多个任务领域的强大性能，短短几年对应的论文引用量就已经超过了10万。

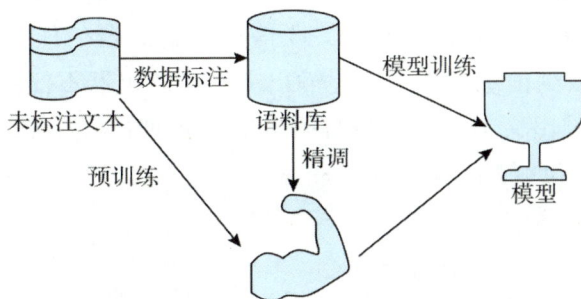

图8.11　NLP预训练范式

BERT是基于Transformer结构进行的训练，与此同时，预训练范式下还有另一种基于Transformer的架构，这就是OpenAI所采用的GPT-based预训练结构。不同于BERT关注细分领域的精度，GPT更关注模型的通用性和泛化性。图8.12展示了两者在模型结构上的区别。BERT是利用双向的Transformer架构进行掩码预测的。所谓掩码预测，就是在一个句子中间挖去一个词，然后让模型预测该词。GPT是一个从左到右的Transformer架构，做的是下一个词的预测，更关注模型的通用性。

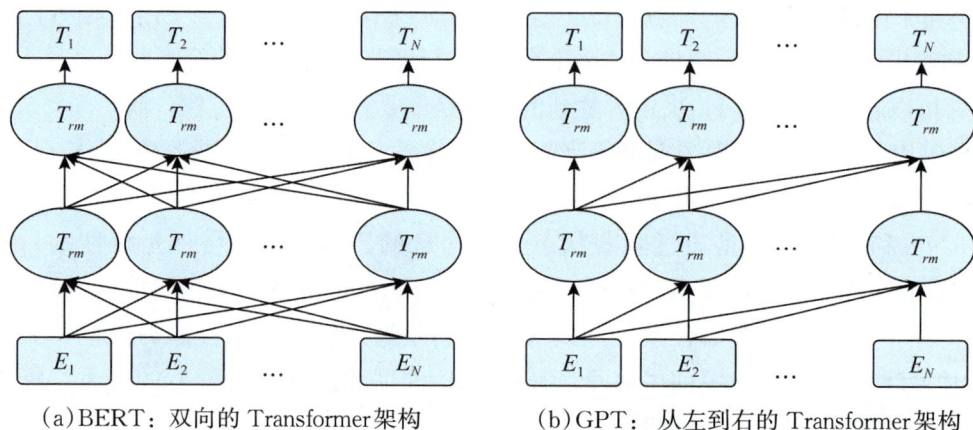

（a）BERT：双向的 Transformer架构　　（b）GPT：从左到右的 Transformer架构

图8.12　BERT和GPT的架构区别

8.3.3　Transformer基本原理

2023年以前，BERT都是研究的主流，直到ChatGPT引爆大模型研究热潮。在介绍大模型之前，我们先以机器翻译为例，介绍核心模型Transformer的基本原理。如图8.13所示，机器翻译的整体架构如下，将待翻译的语句输入模型，然后输出翻译结果，中间是基于Transformer的算法模型。具体来说，机器翻译的实现依赖于Transformer的编码器（Encoder）和解码器（Decoder）结构（见图8.14）。首先，将源语言的文本转换为一系列的词向量，这些词向量是文本中每个单词的编码表示。编码器的任务是理解源语言文本的含义，它通过将词向量经过神经网络变换到高维空间的更复杂的向量表示来实现这一点。这些向量不仅包含了单词本身的信息，还包含了该词在句子中的上下文关联信息。解码器的任务是生成目标语言文本，它从编码器接收到信息，逐步构建输出文本。解码器不仅关注输入文本，还关注自身已经生成的输出文本。这使得解码器能够根据已经生成的文本调整其输出，确保翻译的连贯性和准确性。

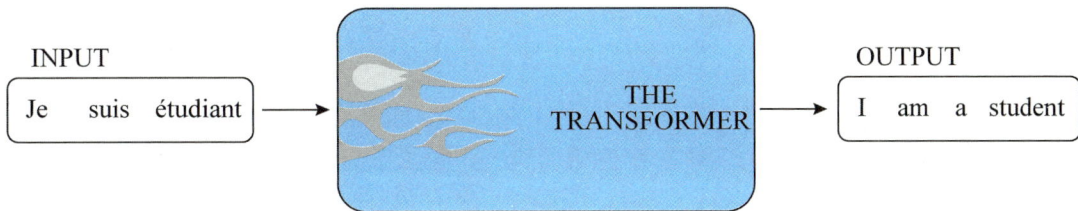

图 8.13　基于 Transformer 的机器翻译整体架构

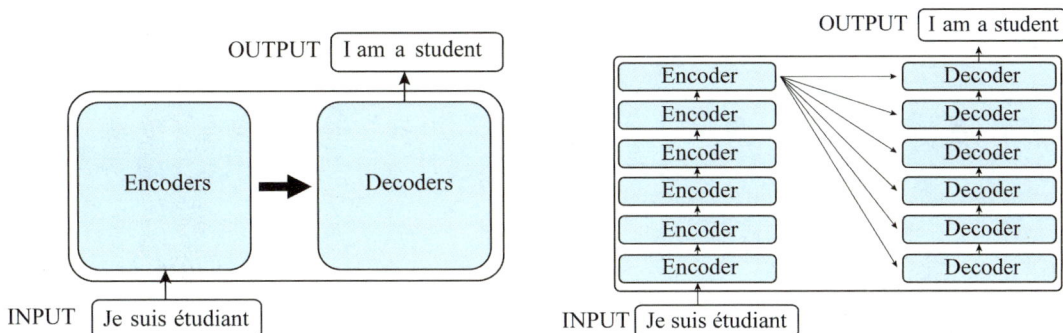

图 8.14　Transformer 的编码器（Encoder）和解码器（Decoder）结构

　　Transformer 中编码器和解码器的实现核心都是自注意力机制，它允许模型同时关注输入文本中的所有单词，并理解它们之间的关系。图 8.15（a）是一个直观的效果，自注意力机制会计算一个词跟句内其他词的相关性，所连接的线的粗细代表词之间联系的强弱。如果句子中有多个代词，自注意力机制可以帮助模型识别这些代词所指的具体名词。图 8.15（b）是一个具体例子，在所有词中，"its"与"Law"的关系是最强的，由此可以分析"its"指代的内容大概率就是"Law"。自注意力机制能够处理长距离依赖，捕捉文本中的复杂关系，并利用并行计算提高效率。这是 Transformer 成为目前最先进和最有效的机器翻译模型和自然语言处理模型的关键。

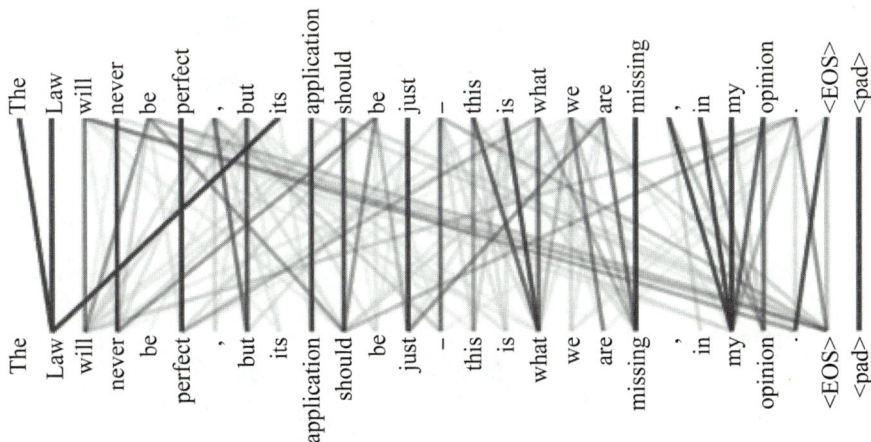

（a）句子中各词之间的相关性结果

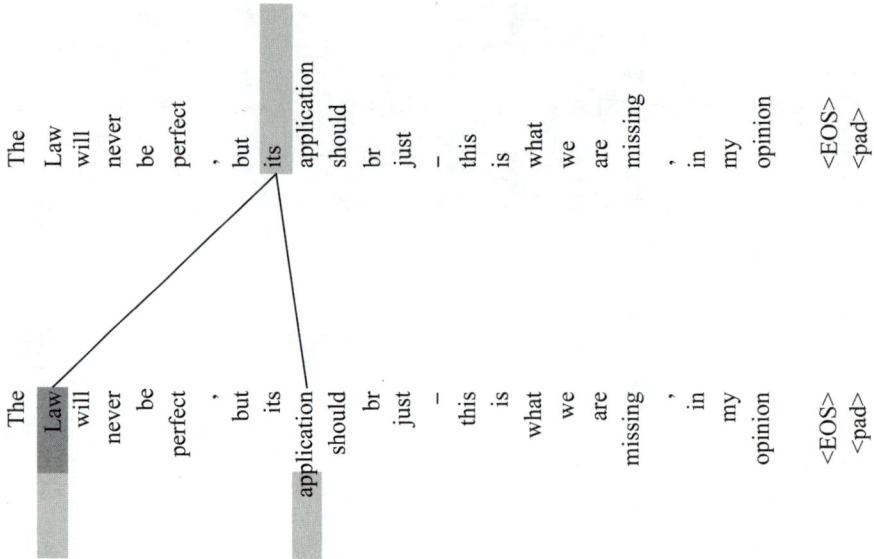

（b）词its相关性展示

图8.15　Transformer中的自注意力机制效果示意图

图8.16展示了自注意力机制的计算原理，Transformer的每个输入词编码后的结果（Embedding）会被复制为3份，分别是Queries、Keys、Values，然后每个词与其他词之间的相关性得分可以通过Queries和Keys相乘进行归一化加和得到，然后与Values相乘得到某个词的最终表示。

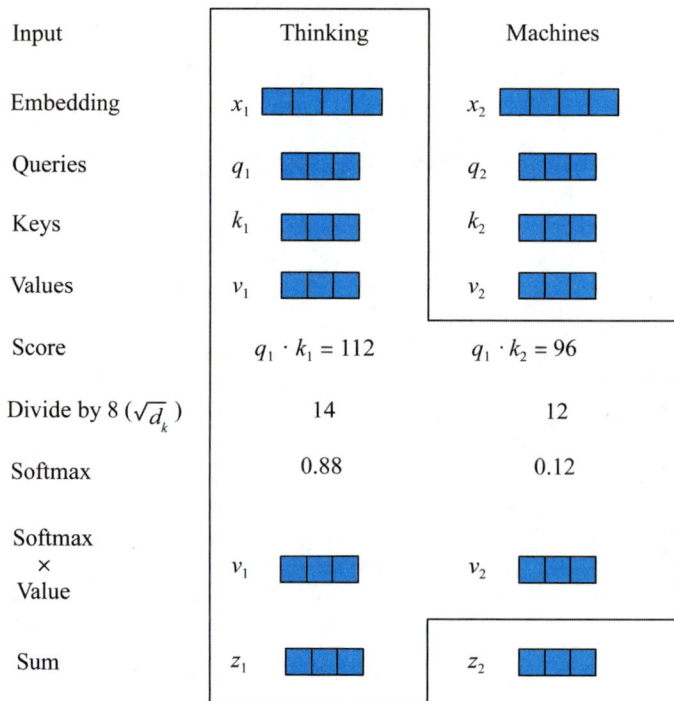

图8.16　自注意力机制的计算原理

接下来，我们通过一个形象的例子来理解为什么这样的操作可以发现并得到序列间词的相关性。我们用一个在图书馆中查询的例子来说明，假设我们现在有一个问题（Query）："Python 环境怎么配置？"图书馆中有很多书，我们不能完全阅读它们，但是可以借助标题（Key）来初步判断其与该问题的相关性，然后找到最相关的部分，再去阅读具体的内容（Value），如图 8.17(a) 所示。事实上，不同的图书之间的关联也可以利用类似的方式进行发掘，我们对每本书构造一个自己的 Query 和 Key，类比于 Transformer 中每个词向量（Embedding）都有一个自己的 Query 和 Key，那么就可以通过匹配 Query 和 Key 发掘图书之间的关联性。比如，如果我们想要知道 Python 环境怎么配置，那么显然《Python 编程：从入门到实践》这本书比《一位陌生女子的来信》这本小说更相关；如果我们想要了解的是"茨维格的作品风格"，则显然看书名就知道第二本书更相关。我们可以通过计算问题与各书名的相关程度，在不需要翻阅整本书的情况下来确定书里内容的重要性。结合具体的内容（Value），可以快速捕捉到我们想要的信息。

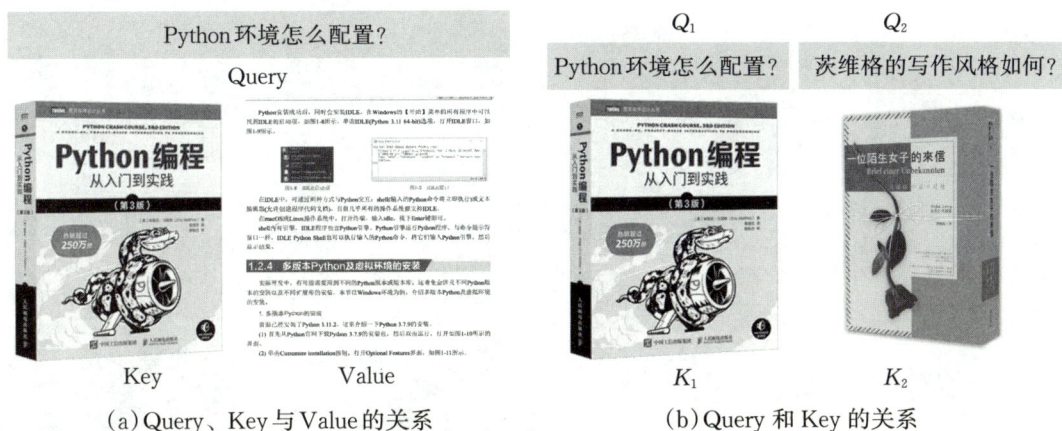

(a) Query、Key 与 Value 的关系　　　　(b) Query 和 Key 的关系

图 8.17　图书馆查询类比自注意力计算

需要指出的是，为了让 Score 之间相互可比，Query 与 Key 的乘积需要经过必要的标准化处理，这里使用的是 Softmax 的计算方式，这在前面的章节中已有所介绍。有了这个 Score 我们就可以按照重要程度选取对应的内容，用数学方式表达的话，就是将标准化后的 Score 作为权重，提取各个"图书"中的信息（Value），整合得到一个 Z，这个 Z 包含跟我们要查询的问题相关的具体信息。也就是说，这个综合的向量表示 Z 将作为最终的输出，它包含了所有相关信息的加权组合。

8.3.4　大语言模型阶段

在第 8.3.3 节中，我们对 Transformer 的基本原理进行了介绍，接下来将介绍从 2023 年至今快速发展的自然语言处理的新范式：大语言模型。

事实上，目前大家熟知的 ChatGPT 或者称 GPT3.5 是在 2022 年 11 月正式发布的，在此之前 GPT 也有几个版本的迭代，但均因效果不佳并未引起大的反响。横空出世的 ChatGPT，展示出了强大的类人类语言输出能力。ChatGPT 是有着约 1750 亿个参数的大模型，其训练需要大量的资源。考虑到其强大的能力，大量的资源开始涌进类 GPT 架构，多类大模型涌现，出现了百模大战的盛况（见图 8.18）。其中，以出售大语言模型训练所需的 GPU 资源为主的英伟达公司股价在短短几年内翻了 10 倍不止。除了 ChatGPT 以外，其他著名的的大语言模型还有 ChatGLM、通义千问、文心一言、Gemini 等。

图 8.18　各类大模型涌现

　　虽然钱钟书先生说过，吃了一个鸡蛋，觉得味道不错，不必要认识下蛋的母鸡，但是在介绍 ChatGPT 的主要技术之前，我们还是来简单回顾一下诞生该伟大模型的年轻公司的发展历程。OpenAI 公司成立于 2015 年，2019 年接受了微软公司 10 亿美元的投资，陆续开发了多个引人注目的产品，如 ChatGPT、DALL-E 等。在成立初期公司仅有 6 人，2022 年也不过 335 人，员工都来自知名高校，但此时月用户数已经高达 2110 万。OpenAI 利用其人工智能技术投资了多家初创企业。

简单了解 OpenAI 公司的发展历程后，我们再来了解一下 GPT 的主要技术。大模型能力的理论基础其实就是在参数量达到一定数量级后能力会出现指数提升，这与 GPU 计算能力、数据资源、大数据处理能力的发展都是高度相关的：在语言模型发展的早期，通过在更多数据上训练更大的模型，可获得近似连续的精确度提升（可称为缩放定律，Scaling Law）。到了 2015 年左右，随着深度学习技术的发展和语料库的增大，模型达到一定的临界规模后，NLP 开发者们发现，大语言模型开始表现出一些开发者最开始未能预测的、更复杂的能力和特性，这些新能力和新特性被认为是涌现能力的体现。

提示工程（Prompt Engineering）是指通过精心设计的提示词或问题来引导模型生成特定的输出或执行特定的任务。提示词通常包括任务描述、输入数据和输出格式几方面的内容。任务描述：明确告知模型任务是什么，例如问答、翻译、总结等。输入数据：提供需要模型处理的文本内容，模型将根据这些数据生成相应的输出。输出格式：有时还需要告诉模型输出应该是什么格式的，如短文、列表、代码等。例如，在求解数学问题时，提示词可能是："计算 25 + 47 的值。"提示工程的目标是通过精心设计提示以从模型中引出所需的响应，来提高生成文本的质量和相关性。除此之外，提示词还可以帮助控制模型生成的内容格式，确保其符合预期，如生成简短的回答或详细的解释。通过调整提示词的设计，还可以使模型适应多种不同的任务，而无须修改模型本身。事实上，提示词的设计显著影响模型的表现，很多复杂的任务其实背后也只是精心设计的提示词。

提示工程有 Zero-shot、Few-shot 等不同的类别。Zero-shot（零样本提示）是指在没有任何示例的情况下，直接向模型提出任务或问题，比如我们问"中国的首都是哪里"，大语言模型会直接回答"中国的首都是北京"。但是针对一些更复杂的任务，少量的例子可以帮助大语言模型表现得更好。Few-shot（少样本提示）提供了一些示例来帮助模型理解任务类型和期望的输出格式。图 8.19 是一个 Few-shot 少样本提示的例子。给大模型一些示例以帮助其判断文本表达的感情，"这段文字真是太棒了，我非常喜欢"，表达的是一种积极的情绪，"我不太喜欢这个，感觉很一般"，表达的是一种消极的情绪，在此基础上，大模型判断"我真的对这个产品感到失望，它没有达到我的期望"表达的是消极情绪。一般来说，提供示例后大模型的回答表现会更好。

根据示例分析文本情感
示例一：这段文字真是太棒了，我非常喜欢！- 积极
示例二：我不太喜欢这个，感觉很一般。-消极
示例三：这本书的内容很客观，提供了很多事实信息。-
中性

现在，请对以下文本进行情感分析：
1.我真的对这个产品感到失望，它没有达到我的期望

根据示例二的分析，文本"我真的对这个产品感到失望，它没有达到我的期望。"表达
了对产品的不满和失望情绪，因此情感是消极的。

图8.19　Few-shot提示词示例

思维链（Chain of Thought，CoT）是一种增强自然语言处理模型推理能力的方法，旨在通过显式地分解推理过程，从而提高模型在复杂任务中的表现。与传统的直接输出答案的方法不同，思维链要求模型在解决问题时逐步展示推理过程，每一步的逻辑推导都依赖于前一步的结果。通过这种方式，模型能够更加清晰和准确地推导出最终的答案，特别是在处理需要多步推理的任务时。图8.20是一个例子。让大模型直接回答左侧的问题，它可能由于"不假思索"地回答而犯错；让大模型输出思考的过程后，相当于我们做数学题时写草稿或者过程，这种严谨的思考过程可以有效减少犯错，提高大语言模型回答的精度。"会思考"是ChatGPT和GPT-4能让大众感觉到语言模型"像人"的关键特性。通过思维链技术，GPT-4将一个多步骤的问题分解为可以单独解决的中间步骤。在解决多步骤推理问题时，模型生成的思维链会模仿人类思维过程。这意味着额外的计算资源被分配给需要更多推理步骤的问题，可以进一步增强GPT-4的表达和推理能力。

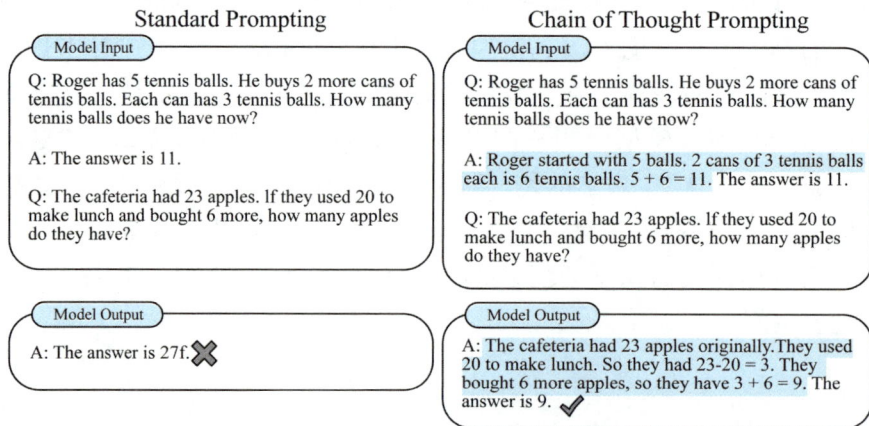

Standard Prompting

Model Input

Q: Roger has 5 tennis balls. He buys 2 more cans of tennis balls. Each can has 3 tennis balls. How many tennis balls does he have now?

A: The answer is 11.

Q: The cafeteria had 23 apples. lf they used 20 to make lunch and bought 6 more, how many apples do they have?

Model Output

A: The answer is 27f. ✖

Chain of Thought Prompting

Model Input

Q: Roger has 5 tennis balls. He buys 2 more cans of tennis balls. Each can has 3 tennis balls. How many tennis balls does he have now?

A: Roger started with 5 balls. 2 cans of 3 tennis balls each is 6 tennis balls. 5 + 6 = 11. The answer is 11.

Q: The cafeteria had 23 apples. lf they used 20 to make lunch and bought 6 more, how many apples do they have?

Model Output

A: The cafeteria had 23 apples originally.They used 20 to make lunch. So they had 23-20 = 3. They bought 6 more apples, so they have 3 + 6 = 9. The answer is 9. ✔

图8.20　思维链技术示例

除了提示词技术、思维链技术以外，人类反馈强化学习技术也为大语言模型的表现提供了重要支持。人类反馈强化学习（RLHF）是一种结合强化学习和人类反

馈的技术，旨在通过引入人类对模型输出的评价，指导模型优化策略和行为。这种方法通常应用于需要生成复杂语言输出的任务（如对话系统、内容生成和搜索排序等），以确保模型生成的内容更加符合人类偏好和价值观。它的核心在于，将人类反馈融入强化学习流程，使得模型在训练过程中通过优化奖励函数，生成更高质量、更符合人类期望的输出。其工作流程如图8.21所示。首先，通过引入人类对模型输出的评价，提供额外的监督信号。例如，人类可以对模型生成的多个答案进行排序，从而明确哪些输出更符合预期。其次，基于人类评价数据，训练一个奖励模型（Reward Model，RM），用来评估模型输出的质量。最后，利用奖励模型生成的评分，通过强化学习方法，进一步调整模型的策略，使其倾向于生成更符合奖励模型偏好的内容。

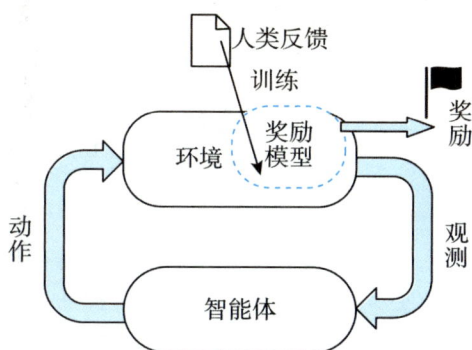

图8.21 人类反馈强化学习的工作流程

事实上，GPT-4/ChatGPT与GPT-3.5的主要区别就在于，前者加入了人类反馈强化学习的技术。这种训练范式增强了人类对模型输出结果意向的调节，并且对结果进行了更具理解性的排序，使结果输出与人类偏好一致性更高，可避免生成有害或不适当的内容，提高输出的安全性和社会适应性。

8.4 遍地开花的大模型

8.4.1 引 言

大模型及其应用

随着人工智能技术的不断发展，大模型预训练的思路已经不仅仅局限于自然语言处理（NLP）领域，越来越多的领域开始借鉴和扩展这一理念。大模型的应用范围逐渐从文本数据拓展到了图像、音频、视频等多个领域，推动了各类人工智能模型的跨领域融合与创新。

8.4.2 多模态大模型

不同于传统单模态的模型，多模态大模型通过集成多种数据形式，能够全面理

解和处理复杂的现实世界信息。这种多模态的特点，使得大模型能够更好地捕捉信息的全貌，跨越不同数据之间的鸿沟，实现更为精准和全面的推理与分析。

我们可以通过一个比喻直观地理解大语言模型和多模态大模型的区别。大语言模型（LLM）可以认为是一个非常聪明的文本专家，它能读懂图书、写文章、回答问题等，但是它的处理能力只局限于文字内容，是一种单模态的大模型。文本、图片或者语音均属于某一种模态。图8.22展示了不同模态的演变融合，在2022年以前，人工智能模型的训练和应用还基本局限在单一模态上，视觉模型处理视觉任务、语音模型处理语音任务、自然语言处理（NLP）处理的是文本相关的任务。但随着大语言模型训练技术的发展，人们发现模型训练从单一模态过渡到多种模态成为可能，并且不同模态之间提供的信息可以相互补充，通过有效的模态融合技术，可以让不同模态的数据累加效果远超过单一模态的效果。多模态的大模型就出现了。

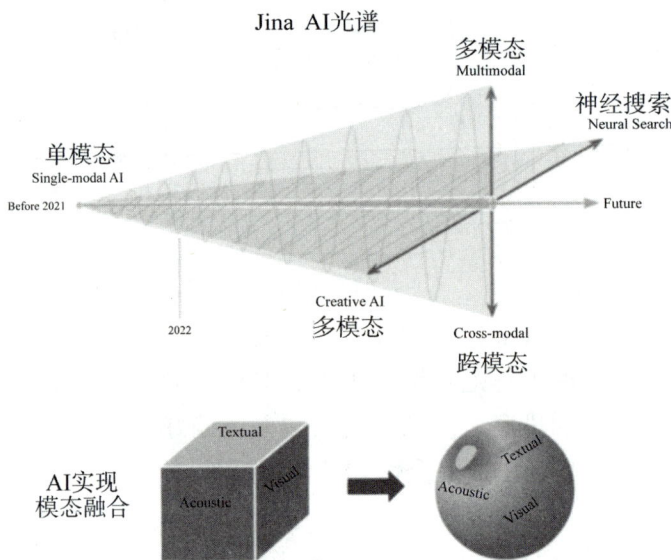

图8.22　多模态融合演进

多模态大模型，顾名思义，该模型输入的不仅是语言，还包括了图片、视频、语音等多种模态。通过丰富的输入类型，多模态大模型可以更好地理解场景，实现很多复杂的功能。多模态的训练方式极大地提高了大模型的能力，它是一个全能的专家，不仅能处理文字，还能识别图像、理解视频内容、分析声音等。例如，它不仅能读懂一篇文章，还能看懂一张图片，并且描述出来或者根据描述创作图片，甚至听懂一段音乐中包含的情感，并且用文字或者绘画的方式表达出来。

接下来，我们看几个具体的例子。视觉语言大模型是多模态大模型的一种，它是融合了视觉信息和语言信息并进行训练的，可以支持视觉推理问答等任务。图8.23中展示了利用视觉语言大模型进行视觉推理问答的例子。需要回答的问题是

"为什么人物4指着人物1"，提供了四个选项，分别是：a）他在告诉人物3，人物1点了煎饼；b）他刚刚讲了一个笑话；c）他在指责人物1；d）他在给人物1指路。大模型通过对图片中的信息进行分析，给出了自己的推测，并用自然语言输出了答案，"考虑到：人物1面前有煎饼。人物3正在给桌子上送食物，可能是不知道谁点了什么。因此选a）。"从这个例子可以看出，视觉语言大模型可以支持人类通过自然语言进行的视频信息的提问，检索和推理答案。

图8.23 视觉语言大模型完成推理问答

语言音频大模型也是一种多模态的模型，我们可通过下面的例子直观感受一下它的能力。音乐的创作是一种比较高端的人类技能，往往需要一定的技术和审美品位的累积。MusicLM这种语言音频大模型可以实现按照语言描述创作对应的音乐，让我们来看一下它的表现吧。以下是两个例子：

街机游戏的主音轨。音乐节奏快而欢快，伴随着动人的电吉他节奏。音乐重复且易于记忆，但其中夹杂着意想不到的声音，比如钹声或滚动鼓声。

示例音乐1

一个逐渐激昂的合成器正在演奏带有大量混响的琶音，背景伴随着和声垫、低音线和柔和的鼓声。这首歌充满了合成器音效，营造出舒缓而冒险的氛围。它可能在音乐节上作为两首歌之间的过渡段播放。

示例音乐2

第一首音乐听起来比较自然，第二首音乐则明显有舒缓的感觉了，后面逐渐激昂，如果事先不知道的话，很难发现这两首歌是由AI创作的。

接下来我们看一个涉及更多模态的模型，从Vedio-LLAMA这个模型中认识一下多模态大模型的能力。图8.24展示的是一个带有背景音的视频，让大模型描述它听到的信息，它可以识别出来地面上的脚步声，并且屋子里还有狗叫声。向这个多模态大模型提问它所看到的信息，"这个男人戴着眼镜吗"，模型也能准确回答出来"他戴着眼镜呢"。

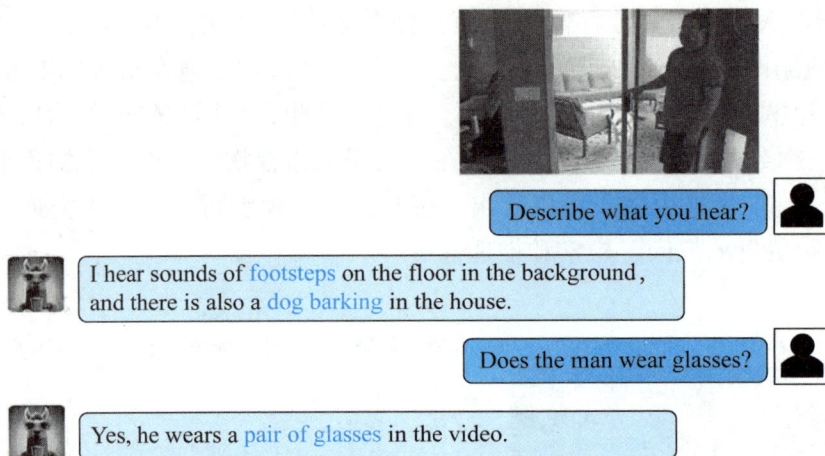

動態效果

图8.24　Vedio-LLAMA：附带背景音的视频理解

8.4.3　大模型的应用

随着大语言模型技术的不断发展，它在日常生活中的应用已经变得越来越广泛，不仅能极大地提高我们的学习效率，还能为我们的生活带来便利。

（1）学习与研究辅助。大语言模型能够帮助我们处理复杂的学术任务。如图8.25所示，当我们需要阅读学术论文时，只需将文档上传，大模型就可以提炼出论文的核心要点，帮助我们更快地理解文章内容。我们还可以通过精细提问与查询，深入探索文章的细节。同样，编程任务也变得更加轻松，尤其是在编写规律性较强的前端代码时，大模型表现出色，能够根据要求自动生成代码，极大地提升我们的开发效率，如图8.26所示。

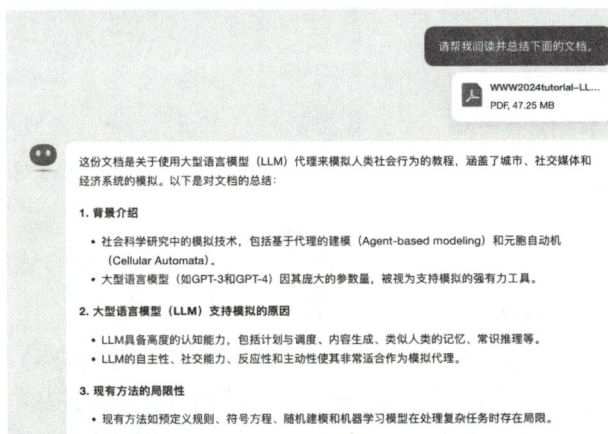

图8.25　大模型辅助论文阅读

图 8.26 大模型辅助代码编写

（2）生活与创意支持。大语言模型的应用不仅限于学术和编程，它在日常生活中也有很多实用的功能。比如，当计划旅行时，我们可以告诉模型目的地和停留时间，它便能为我们提供个性化的行程安排。假如你需要一些创意灵感，模型也能根据指示生成创意图片。例如，要求生成一把尼乔斯风格的吉他，模型能够精准地完成任务，给我们的创作提供更多的灵感和参考，如图 8.27 所示。

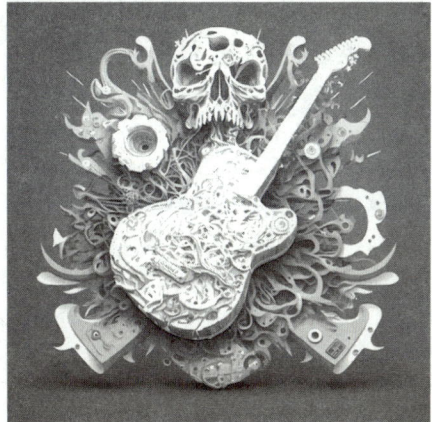

(a) 做旅游攻略   (b) 创意图片生成

图 8.27 大模型在生活与创意中的应用

除了基础任务，大模型衍生出的智能体可以帮助处理更加复杂的任务。例如，在高考志愿填报过程中，涉及大量的信息查询、对比和分析，大模型可以帮助我们高效地完成这一任务。同样，简历修改、心理陪伴等日常任务它也能轻松应对。

大语言模型的能力还可以扩展到更高阶的任务，如视频生成等。以 Open Sora 为例，我们只需要提供简单的提示词，模型就能生成符合要求的高质量内容。例如，提示生成"一片宁静的森林区域的夜景，以湖泊与森林作为恒定背景，捕捉从白天到夜晚的过渡"时，模型能够准确执行，如图 8.28(a) 所示。另一个例子是生成"繁忙的城市街道，在夜晚，充满汽车前灯和街灯的光芒"，模型同样能够顺利完成任务，如图 8.28(b) 所示，展示出大模型在多媒体创作中的强大能力。

(a)森林星空　　　　　　　　　　(b)城市街道夜景　　　　　动态效果

图8.28　Open Sora文生视频大模型的应用

　　大语言模型及其衍生技术正在以令人惊叹的方式改变我们的学习和生活。无论是学术研究、编程开发，还是日常事务、创意创作，大模型都展现出强大的能力和广阔的应用前景。随着技术的进一步发展，这些模型将为我们解决更复杂的问题，提供更多个性化和智能化的支持，让学习更高效，让生活更便捷，让创意更加无限。

8.5　章后习题

　　一、选择题

　　1.［单选题］自动批改系统在批改作文时，除了语法和错别字纠正外，还需要处理问题是（　　　）。

　　A.文体的优美度　　　　　　　　　　B.文章的原创性

　　C.文章的立意和逻辑　　　　　　　　D.作文的长度

　　2.［单选题］自然语言处理属于人工智能能力中的（　　　）。

　　A.感知智能　　　　B.计算智能　　　　C.认知智能　　　　D.行为智能

　　3.［多选题］以下技术中属于序列处理相关模型的是（　　　）。

　　A.RNN　　　　　　B.LSTM　　　　　　C.CNN　　　　　　D.Transformer

　　二、判断题

　　1.随着深度学习技术的发展，基于规则的方法逐渐取代了统计方法。

　　2.长短期记忆网络（LSTM）的门结构可以有效地解决循环神经网络（RNN）处理长序列时信息遗失的问题。

　　三、讨论题

　　1.多模态大模型可以处理文本、图像、语音等多种模态的输入，请讨论这种模型的实际应用场景。结合你对多模态技术的理解，提出一些你认为未来有潜力的多模态大模型应用领域。

2.大语言模型（LLM）在生成类人类语言方面表现出了强大的能力，但仍然存在生成错误信息或偏见的风险。你认为有哪些方法可以用来提高大语言模型生成的准确性和可信度？如何防止大模型传播错误或有害信息？

3.随着预训练模型（如GPT、BERT）的发展，NLP模型变得越来越强大，但也对计算资源提出了更高的要求。请讨论大模型训练对计算资源和环境的影响，并查阅相关资料，尝试思考如何在保证模型性能的同时，实现更高效、环保的计算。

引言

整部

导入案例：
作业自动批改系统

整部 背景与
问题

整部

作业自动
批改现状

递进

基本概念

整部

什么是自然
语言处理

整部 技术难点

整部

传统自然
语言处理技术的
研究及应用

引言

整部

自然语言处理
技术发展历史

整部

整部

Transformer
基本原理

整部

自然语言
处理技术

大语言模型
阶段

递进

遍地开花
的大模型

整部

整部

引言

整部

大模型的应用

多模态大模型

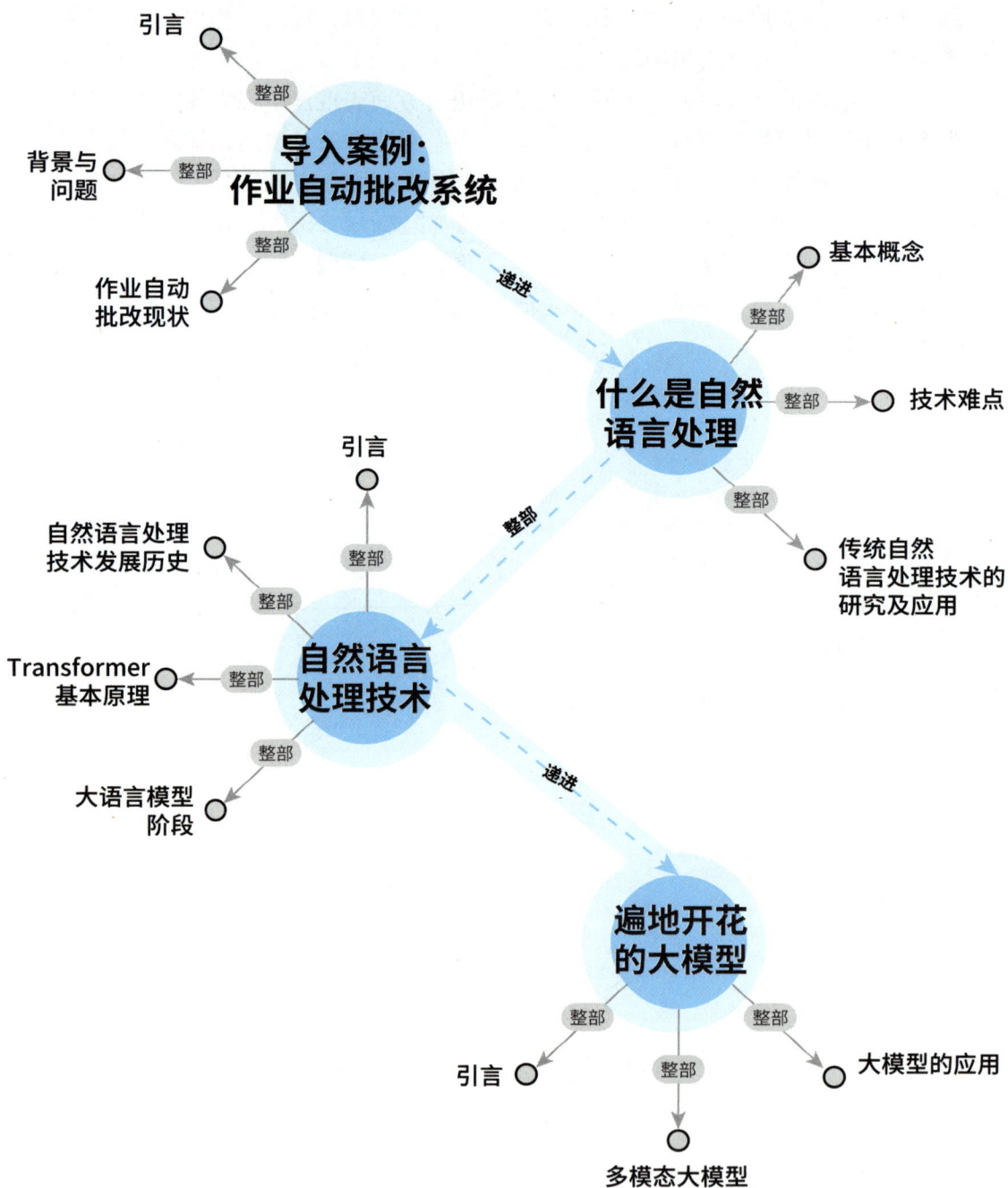

自然语言
处理与大模型

第 9 章　计算机视觉

案例：智慧教室
管理系统

9.1　导入案例：智慧教室管理系统

在21世纪的科技浪潮中，计算机视觉作为一门交叉学科，正以前所未有的速度和广度渗透到我们生活的方方面面，成为连接物理世界与数字世界的桥梁。从日常生活到前沿科技的探索突破，计算机视觉技术的应用无处不在，深刻地改变人类社会的面貌。作为人工智能领域的重要分支，计算机视觉不仅深刻改变了人们的生活方式，更在教育领域展现出前所未有的应用潜力。

计算机视觉技术以其强大的图像识别、分析与理解能力，为智慧教室管理系统赋予了前所未有的智能特性。如图9.1所示，新型现代化智慧教室管理系统是集智慧教学、人员考勤、智能物联管控、视频直播及远程监控于一体的计算机视觉应用案例。

当前教室画面直播

图 9.1　智慧教室管理系统

　　在智能物联管控方面，通过集成计算机视觉传感器与智能算法，系统能够精准识别教室内各类教学设备的状态，实现灯光、空调、多媒体教学设备的自动化控制，为师生营造一个更加舒适、高效的学习环境。此外，在直播互动教学领域，计算机视觉技术同样发挥着不可替代的作用。通过高清视频直播与录制功能，系统实现了全校任意教室的课堂资源共享与互动交流。管理者可借助计算机视觉技术进行可视化巡课督导与质量评估，确保教学质量的稳步提升。

　　进一步地，计算机视觉技术在课堂智能分析中的应用更是令人瞩目。如图9.2所示，借助人脸识别与行为分析技术，系统能够实时捕捉学生的课堂表现，包括注意力集中程度、学习行为模式等信息，为教师提供精准的教学反馈与评估。这种智能化管理，不仅有助于优化教学质量，提升学生的学习效果，更为教育管理者提供了科学的决策依据，有助于教师更好地了解学生的学习状态，及时调整教学方法，促进学生的学习进步，推动教育资源的合理配置与利用。

图9.2　行为识别应用案例

　　当我们轻轻一扫手机屏幕，面容解锁功能瞬间响应，这是计算机视觉技术赋予智能手机的智能魅力。同样，在支付领域，刷脸支付技术的普及，更是让支付过程变得简单快捷，极大提升了用户体验。这些看似微不足道的日常应用，实则蕴含着计算机视觉技术的深厚底蕴与无限潜力。

　　计算机视觉在无人驾驶汽车中的应用更是令人瞩目。在复杂的交通环境中，无人驾驶汽车需要实时感知路况、识别交通信号灯、检测车道线以及行人等动态信息。这些任务对于人类驾驶员而言或许轻而易举，但对于无人驾驶系统而言，则离不开计算机视觉技术的强力支持。如图9.3所示，通过高精度的图像识别与处理算法，计算机视觉系统能够精准捕捉并分析周围环境中的每一个细节，为无人驾驶汽车提供可靠的决策依据，确保行驶的安全与高效。

(a)　　　　　　　　　　　　　　　　　　(b)

图 9.3　人脸识别与自动驾驶应用

从智能手机的面容解锁到无人驾驶汽车的智能导航，计算机视觉技术的应用场景不断拓展，其重要性也日益凸显。这种技术既看不见也摸不着，但它早已融入我们的日常生活中，无处不在。

本章将通过计算机视觉概述、生物特征识别、目标检测、视频分析和图像生成五个部分进行展开介绍。

9.2　计算机视觉概述

9.2.1　计算机视觉定义

计算机视觉概述

计算机视觉（Computer Vision，CV）是一种利用计算机和智能算法来模拟人类视觉系统对图像和视频进行识别、理解、分析和处理的技术。如图 9.4 所示，计算机视觉通过使用计算机及相关设备对生物视觉进行模拟，用各种成像设备（如摄像头）代替视觉器官作为输入手段，用人工智能算法代替大脑完成处理和解释，从而使计算机能够像人一样理解和处理图像和视频。

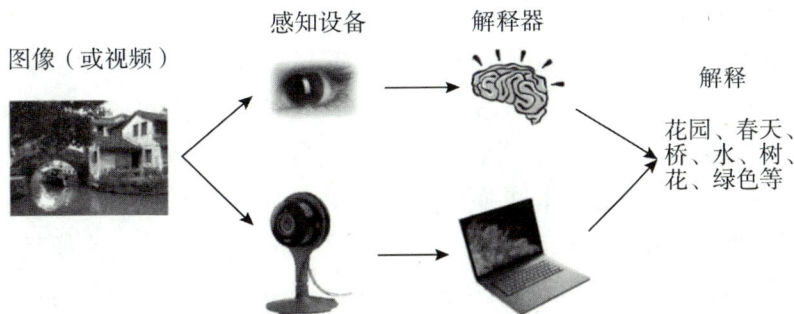

图 9.4　计算机模拟生物视觉

　　计算机视觉的目标是让计算机能够具备通过视觉观察和理解世界的能力，并具有自主适应环境的能力，为人工智能的发展提供强有力的支持。它涉及多个领域，包括图像处理、模式识别、计算机图形学等，其核心主要包括图像处理、特征提取和机器学习等多种技术。计算机视觉技术不仅是图像处理与视频分析的高级阶段，更是人工智能、机器学习、自动控制、模式识别以及信号处理等多个学科交叉融合的产物。具体的关联总结如下。

　　● 人工智能（AI）。作为计算机视觉的基石，人工智能为计算机视觉提供了强大的智能决策能力。通过模拟人类智能的某些方面，AI 使得计算机能够处理复杂的视觉任务，如场景理解、物体识别与跟踪等。

　　● 机器学习（Machine Learning）。机器学习是计算机视觉实现智能化的关键技术之一。通过大量的训练数据和复杂的算法，机器学习模型能够自动学习并优化图像特征提取、分类、检测等任务。随着深度学习技术的兴起，机器学习极大地提升了图像识别、人脸检测、行为分析等任务的准确率。

　　● 自动控制（Automatic Control）。计算机视觉在自动控制系统中发挥着重要作用。通过实时分析摄像头捕捉到的图像和视频，计算机视觉技术能够实现对目标的精准定位、跟踪与识别，从而为自动控制系统提供必要的输入信息。在无人驾驶汽车、机器人导航等领域，计算机视觉与自动控制紧密结合，实现了对复杂环境的智能感知与决策。

　　● 模式识别（Pattern Recognition）。模式识别是计算机视觉的核心任务之一。它旨在从图像或视频中识别出具有特定模式的对象或场景。计算机视觉技术通过提取图像特征、构建分类器等方法，实现了对图像中各种模式的准确识别与分类。模式识别技术的发展，有效推动了计算机视觉在图像分类、目标检测等领域的应用发展，同时为计算机视觉提供了有力的技术支持。

　　● 信号处理（Signal Processing）。信号处理是计算机视觉处理图像和视频数据的基础。图像和视频本质上都是信号的集合，需要通过信号处理技术进行去噪、增强、压缩等操作。计算机视觉技术利用信号处理方法，对图像和视频进行处理和特征提取，为后续的分析和识别任务奠定基础。

　　● 机器视觉（Machine Vision）。机器视觉是计算机视觉技术在工业领域的重要应用分支。它利用计算机视觉技术实现对生产线上的产品检测、质量控制、自动化装配等任务。机器视觉与计算机视觉在技术上高度相似，但侧重点略有不同。机器视觉更注重于实时性、稳定性和可靠性，以满足工业化需求。

　　● 图像处理（Image Processing）。图像处理涉及图像增强、图像复原、图像压缩、边缘检测等各种操作，以改善图像的视觉效果或提取图像中的有用信息。计算机视觉在图像处理的基础上，进一步实现了对图像内容的理解和分析。

　　计算机视觉与人工智能、机器学习、自动控制、模式识别、信号处理、机器视觉以及图像处理等多个领域存在紧密的关联和相互促进的关系。这些领域的深度融合和协同发展，将推动计算机视觉技术不断取得新的突破和应用成果。

9.2.2 计算机视觉任务

计算机视觉的三大基础任务包括：图像分类、目标检测和语义分割。如图 9.5 所示，图像分类是指识别给定图像中的对象或场景，并将其归类到预定义的类别中。目标检测是指识别并定位图像中的一个或多个对象，通常用矩形框表示位置信息。而语义分割则是指对图像中的每个像素进行分类，从而能够识别出不同的对象及其边界。此外，实例分割是指针对不同实例目标进行像素级的分类。

图 9.5 计算机视觉基础任务

除了三大基础任务，其他常见的计算机视觉任务还包括以下几个方面。

● 目标跟踪：通过连续帧图像中的信息分析，实时确定并追踪特定目标（如人、车辆、物体等）的位置、速度和轨迹。

● 图像生成：根据输入数据（如文本描述、其他图像或用户输入）生成新的图像。此外，还包括风格迁移、超分辨率重建、图像修复等任务。

● 姿态估计：估计图像或视频中人体的姿态，包括关节的位置和方向。在虚拟现实、增强现实、运动分析和动画等领域应用较为广泛。

● 光学字符识别（OCR）：从图像中识别并提取文本信息。在文档处理、自动翻译、车牌识别等领域广泛应用。

● 面部识别：识别图像或视频中的人脸，并将其与已知的人脸数据库进行比对。面部识别在身份验证和社交媒体等领域广泛应用。

● 图像增强：改善图像的视觉效果或提高图像信息的可用率。这包括图像去噪、图像去模糊、图像超分辨率等任务。

● 图像描述：给定一张图像，机器需要去感知并识别图像中的物体，甚至去捕捉和理解画面中的物体关系，最后生成一段描述性的语言。

● 三维重建：根据单视图或多视图的图像信息重建物体三维信息的过程，是计算机表达客观世界和实现虚拟现实的关键技术。

随着计算机视觉任务的发展，其应用范围越来越广泛。在机器人、医学图像分析、图像生成、自动驾驶系统等多个领域都有成功的应用案例。随着深度学习技术的不断发展和创新，计算机视觉的应用还会进一步扩大和深化。

9.3　生物特征识别

生物特征识别（Biometric Recognition），也被称为生物认证，是一种利用人体所固有的生理特征或行为特征来进行个人身份鉴定的技术。这种技术通过计算机与光学、声学、生物传感器和生物统计学原理等高科技手段密切结合，实现身份的自动鉴别。该技术广泛应用于安全系统、手机解锁、门禁管理等多个领域，提供高效、安全、准确的身份验证方式。生物特征是指个体所拥有的生理或行为上的特征，具有广泛性、唯一性、稳定性和可采集性。常见的生物特征类型包括人脸、指纹、虹膜、步态、声纹和签名六种。

生物特征识别

9.3.1　人脸识别

人脸识别是一种基于脸部信息进行身份识别的生物识别技术，具有广泛的应用场景。它利用计算机图像处理技术和生物统计学原理，通过对比或验证的方式自动识别人脸。该技术的核心在于从人脸图像中提取出有效的特征信息，并与已存储的人脸特征模板进行比对，从而判断识别对象的身份。如图9.6所示，人脸识别的基本思路可以概括为：通过摄像头采集人脸图像，检测和定位人脸区域，并提取人脸特征，然后与数据库中的人脸模板特征进行比对，计算相似度，从而识别特定个体的身份。人脸识别的技术流程主要分为五个步骤：人脸采集、人脸检测、人脸对齐、人脸特征提取和人脸匹配。

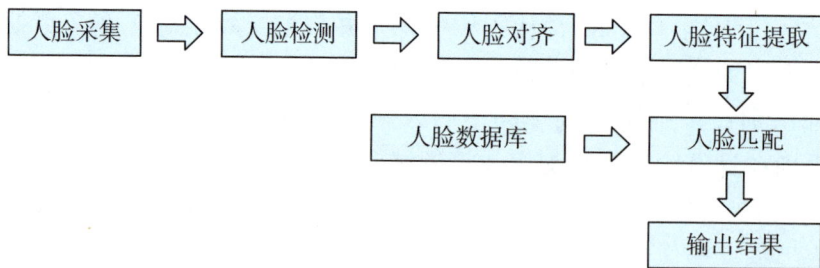

人脸采集 ⇒ 人脸检测 ⇒ 人脸对齐 ⇒ 人脸特征提取 ↓ 人脸数据库 ⇒ 人脸匹配 ↓ 输出结果

图9.6　人脸识别技术步骤

（1）人脸采集。人脸识别系统首先需要获取含有人脸的图像或视频流，这通常通过摄像头、照相机等传感设备实现。

（2）人脸检测。在获取的视觉图像中，系统需要检测和定位出人脸的位置。这一步骤常采用基于特征的方法（如眼睛、鼻子、嘴巴等特征点的检测）或基于模板匹配的方法来实现。目前，主要采用先进的深度学习技术，通过训练卷积神经网络来自动学习检测和定位人脸的位置信息。

（3）人脸对齐。由于人脸在图像中可能出现不同的姿态，系统需要对检测到的人脸进行对齐处理，将其调整到标准的正脸姿态以便后续的特征提取。

（4）人脸特征提取。经过人脸对齐后，系统会从人脸图像中提取出关键的特征信息。特征提取的方法多种多样，包括主成分分析（PCA）、线性判别分析（LDA）、局部二值模式（LBP）、方向梯度直方图（HOG）等传统方法。近年来，基于卷积神经网络的特征提取方法取得了较大的成功，代表性方法包括Facebook的DeepFace、Google的FaceNet等。

（5）人脸匹配。将提取到的人脸特征信息与预先存储的人脸特征模板进行比对。比对方法包括计算特征点的相似度、匹配特征向量等。通过比对结果，系统可以判断该人脸是否与已知身份的人脸相匹配，从而实现身份识别。

人脸识别作为日常生活中最常用的身份验证技术，已经广泛应用于安全监控、门禁系统、支付验证、政务服务等场景。

9.3.2　指纹识别

指纹识别是通过识别个体手指上独特的纹路和特征来进行身份验证的一种技术。它利用光学、电容、超声波等传感器采集指纹图像，其原理流程可以简要概括为：采集指纹图像，通过算法提取指纹特征，并将提取出的指纹特征与预先保存的指纹特征数据库进行比对，以验证指纹的真实性和身份。

在特征提取阶段，首先进行图像预处理，由于采集的指纹图像往往包含噪声和其他干扰因素，因此需要进行去噪、二值化、细化等处理，以提高图像质量，使指纹图像的特征更加明显和易于识别。在预处理后的指纹图像中，通过图像处理算法对指纹细节进行提取和增强。这些算法可以检测和跟踪指纹图像的特征点，如细纹的分叉、交叉和末端等。这些特征点提供了指纹唯一性的确认信息，包括终结点、分叉点、分歧点、孤立点、环点、短纹等。然后将提取出的指纹特征以特定的编码方式进行编码，生成一个代表该指纹特征的模板，即指纹的特征向量。这个模板将用于后续的比对和识别。

在匹配与识别阶段，将待识别的指纹与数据库中的指纹模板进行匹配。如果相似度得分超过预设的阈值，则认为两个指纹来自同一人，从而实现身份识别。如果得分低于该阈值，则拒绝识别，认为指纹不匹配。

指纹的不可复制性使得指纹识别成为一种可靠的身份识别方法。指纹识别在刑事侦查和罪犯鉴别中起到关键作用，通过DNA指纹识别可以确认犯罪嫌疑人的身份或者鉴别亲子关系。同时，该技术也应用于教育考试、身份认证等场景。

9.3.3　虹膜识别

虹膜识别，是基于眼睛中虹膜的独特生理特征进行身份验证的一种高精度生物识别技术，通过比对虹膜图像中的细节特征来实现个体识别。其原理流程可简要概括为：通过捕捉和分析人眼中的虹膜特征，进行定位和增强，并将其与预先存储的虹膜图像进行对比，从而进行身份识别，如图9.7所示。

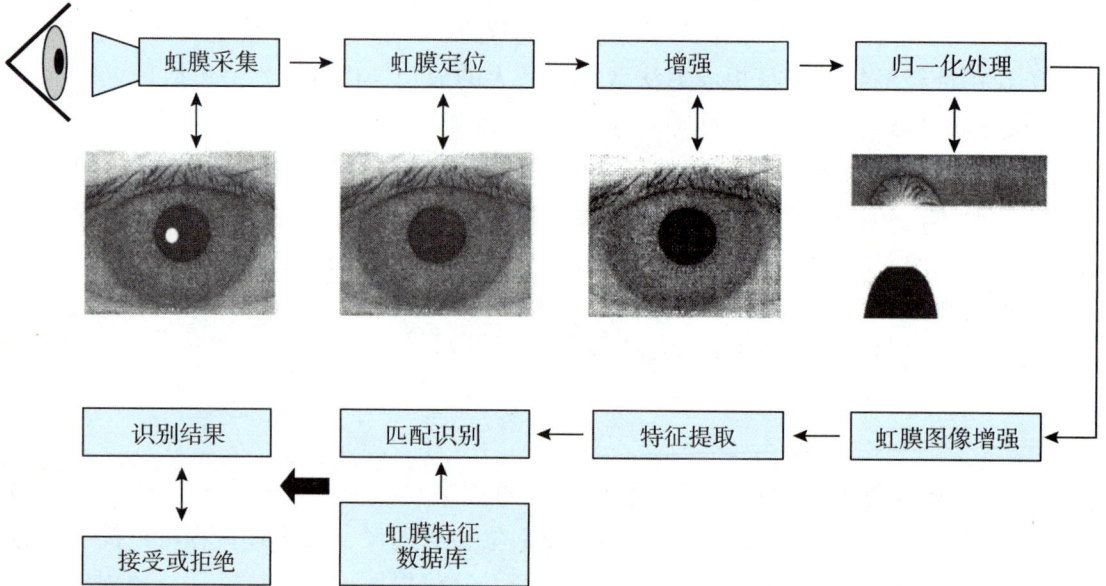

图9.7　虹膜识别流程

虹膜识别主要通过以下步骤实现。

（1）虹膜采集。使用特定的数字摄像器材对人的整个眼部进行拍摄。这些摄像器材通常采用近似红外线的光线，因为虹膜在红外线下会呈现出丰富的纹理信息，如斑点、条纹、细丝等。

（2）虹膜图像预处理。由于拍摄的眼部图像包含了很多冗余的信息，并且在清晰度等方面不能满足要求，因此需要进行图像平滑、边缘检测、图像分离和归一化处理等预处理，以去除噪声、增强图像质量，并分离出虹膜区域。

（3）虹膜特征提取。通过一定的算法从分离出的虹膜图像中提取出独特的特征点。这些特征点包括虹膜的各种纹理特征，如斑点、条纹、细丝等。对这些特征点进行编码，形成虹膜的特征编码，以便后续进行比对和识别。

（4）特征匹配。将提取的虹膜特征编码与数据库中事先存储的虹膜图像特征编码进行比对。通过计算两个特征编码之间的相似度来判定两个虹膜是否来自同一个体。相似度越高，表示两个虹膜越相似，从而确认身份。

虹膜识别是一种非接触式的生物识别技术，用户无须与识别设备直接接触即可完成识别过程，这增加了使用的便捷性和舒适性。由于虹膜的唯一性和稳定性以及难以伪造的特点，虹膜识别技术被认为是目前世界上最安全的生物识别技术之一，被广泛应用于银行、机场、煤矿等高安全性要求的场所。

9.3.4　步态识别

步态识别是一种新兴的生物识别方式，它通过分析人体行走时的姿态和步态特征，实现对个体身份的远距离、非接触式识别。其原理流程可以简要概括为：采集数据（如图像、加速度、重心等）、预处理（数据清洗、去噪、姿势校正等）、特征提取（如步长、步态周期等）、特征匹配和判别识别等关键环节。

步态识别技术的第一步是数据采集，即获取被检测者行走时的生物力学信号。这通常通过传感器来实现，如加速度计、陀螺仪等，它们能够捕捉人在行走过程中产生的各种运动数据。这些传感器可以嵌入到智能设备中，如智能手机、智能手表或专门的步态识别设备中，以便随时随地进行数据采集。

在数据采集完成后，接下来是对这些信号进行特征提取。步态识别技术通过复杂的算法分析行走数据，提取出能够代表个体步态特征的关键信息。这些特征包括但不限于步伐周期、步幅长度、步态对称性、关节运动轨迹、腿部夹角、步频、步宽、足部摆动周期、关节弯曲度、抬腿高度、摆臂周期等。这些特征共同构成了每一个体的"步态特征"，具有高度的独特性和稳定性。

提取出步态特征后，步态识别技术会将这些特征与数据库中已存储的步态特征进行比对。数据库中的步态特征通常来自预先录入的个体数据，这些数据在录入时经过了同样的数据采集和特征提取过程。通过比对不同时间段或不同人的步态特征，步态识别技术可以实现对个体身份的验证或健康状态的评估。

步态识别技术可以应用于人机交互、智能家居、医疗保健、安全监控等多个领域。例如，在智能家居中，步态识别技术可以用于识别家庭成员的身份，从而实现个性化的智能家居控制；在安全监控中，步态识别技术可用于远距离的身份验证和异常行为检测，提高监控系统的安全性和智能化水平。该技术具有非接触式、隐蔽性、动态性等特点，在多个领域具有潜在的应用前景。

9.3.5　声纹识别

声纹识别，也称为说话人识别，是一种利用个体语音中独特的声纹特征进行身份验证的生物识别技术。如图 9.8 所示，其原理流程可以简要概括为：通过将人的声音转换成数字信号，利用计算机分析语音的频谱和音质等特征，进行声纹匹配（即相似度匹配），进而识别出说话人的身份。

语音信号通过音频采集设备进入系统后，首先进入预处理阶段。预处理包括端点检测和噪声消除等环节：对输入的音频流进行分析，自动删除音频中静音或非人声等无效部分，保留有效语音信息，滤除背景噪声。

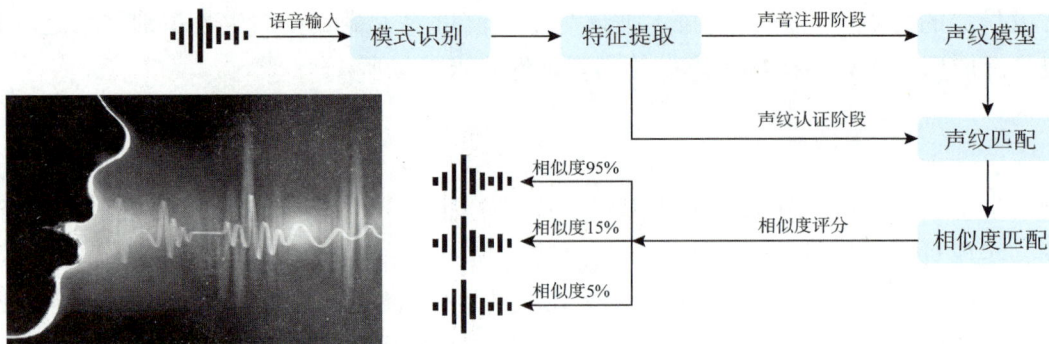

图9.8　声纹识别技术流程

　　经过预处理后的语音信号进入特征提取阶段。在这一阶段，声纹识别系统会从说话人的语音信号中提取出能够表征说话习惯的频谱特征参数。这些特征参数对同一说话人具有相对稳定性，不随时间或环境变化而变化，对同一说话人的不同话语一致，具有不易模仿性和较强的抗噪性。常见的特征包括频谱、倒频谱、共振峰、基音、反射系数等。提取到的个人声纹特征参数通过声纹识别系统的学习训练，生成用户专有的声纹模型。这些模型存储在声纹模型数据库中，与用户身份一一对应。当需要进行声纹识别时，声纹识别系统将采集到的语音信号进行预处理和特征提取后，得到待识别的特征参数。然后，这些特征参数会与声纹模型数据库中某一用户的模型或全部模型进行相似性匹配。

　　声纹识别技术的性能指标主要包括错误接受率（FAR）、错误拒绝率（FRR）、等错误率（EER）等。FAR表示将不同人的声音误认为是同一人的声音的比例；FRR表示将同一人的声音误认为是不同人声音的比例；EER则是FAR和FRR相等时的值，用于衡量声纹识别系统的整体性能。声纹识别具有非接触性、无须记忆密码等优点。但声纹识别技术的准确性受到多种因素的影响，同一个人的声音会因为年龄、身体状况、情绪等因素的变化而发生变化；同时麦克风和信道会对声音的采集和传输产生影响；环境中的噪音会对声音的采集和传输产生干扰。

9.3.6　签名识别

　　签名识别技术，是一种基于个人独特书写风格进行身份验证的技术。这项技术主要依赖于分析签名时的力度（如加速度、压力、方向）、笔的移动特征（如笔迹、笔压、笔速以及笔画的长度等）等动态信息，而非仅仅依赖于签名的静态图像本身。其原理流程可以简要概括为：采集签名样本，提取签名的特征（如笔迹、笔速等），与预先存储的签名模板进行比对，利用模式识别算法分析签名间的相似度，从而验证签名的真实性和一致性。

　　签名识别技术主要分为两种类型。一类是在线签名识别，通过手写板等设备实时采集书写人的签名样本，包括书写点的坐标、压力、握笔角度等数据。这种方式能够更全面地捕捉签名时的动态信息。另一类是离线签名识别，通过扫描仪等设备输入签名样本，主要依赖于对签名的图像信息进行分析。由于缺少实时动态数据，离线签名识别的难度相对较大。

签名识别结合了行为测量和生物特征识别的特点，具有较高的安全性和个性化识别能力。签名识别技术广泛应用于许多领域，如身份认证、文档管理、安全监控等，为人们的生活和工作带来了更多的便利和安全保障。

9.3.7　生物特征识别应用案例

生物特征识别技术有着广泛的应用实例，包含但不限于身份验证和访问控制、金融服务、医疗健康、边境移民控制和零售教育等。

（1）金融行业。在金融行业，生物特征识别技术被广泛应用于客户身份认证。通过采集并分析客户的指纹、虹膜、面部等生物特征，金融机构可以确保客户身份的真实性，有效防止欺诈行为，减少了传统密码认证方式的烦琐性。

（2）门禁系统。政府机构如国防部、公安部等正在逐步推广生物特征门禁系统。例如，美国国防部测试的生物识别门禁技术，通过读取士兵的指纹来确定其身份，避免了传统钥匙可能带来的泄密风险。

（3）医疗保健。医院采用生物特征身份验证系统来简化患者身份验证流程。例如，瑞典一家医院使用智能手环设备，患者只需佩戴手环即可完成身份验证，医生也可随时查看患者信息和病历记录，提高了医疗服务的效率和准确性。

（4）公共交通。在火车站、地铁站等交通设施中，生物特征识别技术被用于乘客身份验证。通过指纹、面部等生物特征识别技术，可以确保乘客的真实性。

（5）智能家居。生物特征识别技术也被应用于智能家居领域。例如，通过声纹识别技术，智能家居系统可以识别主人的声音并自动调整家居设备，如调节温度、亮度等，提供更加个性化的服务体验。

（6）司法领域。在一些敏感岗位的员工背景调查中，DNA检测等生物特征识别技术被用于确认员工的身份和背景信息，以确保机构的安全和稳定。

生物特征识别技术已经在多个领域取得了显著的应用成果，并展现出巨大的发展潜力，上述这些应用实例展示了该技术在不同领域中的多样性和实用性。随着技术的不断进步和成本的降低，相信生物特征识别技术将在更多领域得到广泛应用，为人们的生活和工作带来更多便利和安全保障。

9.4　从图像分类到目标检测

目标检测
目标检测是计算机视觉领域的一个重要的基础性任务，其核心在于识别图像中存在的物体，并确定每个物体的位置。目前，目标检测已经能够在许多实际应用中起到关键作用。例如，在自动驾驶中，目标检测方法被用于识别和定位车辆、行人和交通标志，从而保障行车安全；在安防监控中，目标检测方法能够实时监控并识别潜在的威胁，提升安全水平；在医疗影像分析中，目标检测方法能够帮助医生识别和定位病变区域，如肿瘤等，从而辅助诊断和治疗。为了向读者提供对于目标检测任务的一个较为全面的认识，本小节首先介绍目标检测重要的基础任务——图像分类，即如何识别图像中目标的类别，然后介绍目标检测任务的发展、一般实现流程，以及目标检测方法的现实应用。

9.4.1　图像分类

图像分类（Image Classification）是计算机视觉领域的一个基础任务，其目标是识别图像中的物体类别。该任务通常是基于整个图像进行的，无须考虑物体在图像中的位置，其核心在于从图像中提取特征，然后使用分类算法将这些特征映射到预定义的类别中。

（1）图像分类方法的实现。如图9.9所示，图像分类方法的实现流程主要包括图像预处理、图像特征描述和提取、分类器的设计四个部分。图像预处理是分类任务的基础步骤，通过调整图像尺寸、归一化处理和数据增强等操作，提升数据质量和模型的泛化能力。图像特征描述和提取是分类过程的核心环节。然而在提取图像特征时，图像数据具有的复杂性和多样性的特征，使得传统的基于规则或手工设计特征的图像分类方法难以有效实施。当下，数据驱动方法通过学习大量数据中的特征和模式，能够更好地适应复杂多变的图像内容。具体而言，数据驱动的方法能够自动从数据中学习到特征和模式，无须人工手动设计和提取特征，能够处理大规模和实时的图像分类任务。即使在面对新的图像时，这类方法也能够有效分类，而无须重新设计或调整算法。随着深度学习技术的出现和发展，数据驱动的图像分类方法占据主导地位并具有普适性。基于深度学习的图像分类方法通过多层神经网络结构，能够自动提取图像中的多层次特征，并在分类任务中表现出色。以卷积神经网络（CNN）为代表的深度学习模型不仅提高了特征提取的效率，还大幅提升了图像分类的准确性，成为现代图像分类的主流方法。总结来说，图像分类方法的发展经历了从传统的手工设计特征到数据驱动自动化特征提取的转变，深度学习技术的引入进一步推动了这一领域的进步。通过自动学习和提取图像特征，现代图像分类方法具备更强的适应性和泛化能力，能够应对多样化和复杂化的图像数据。

图像 → 预处理 → 特征描述和提取 → 分类器

图9.9　图像分类的实现流程

（2）数据集基础——ImageNet。数据集对于数据驱动的方法至关重要。在图像分类任务中，数据集需要提供丰富的训练样本和测试样本，来帮助模型学习和识别图像中的特征和模式，并在相当程度上决定了模型的泛化能力和实际性能。高质量、规模大且多样性强的数据集可以显著提升模型的准确性和鲁棒性，确保模型在面对真实世界中复杂多变的图像时仍能表现出色。同时，标准化的数据集也为算法的评估和比较提供了统一的基准，推动了图像分类技术的发展和进步。基于深度学习的方法通常会将数据集划分为训练集、验证集、测试集三个部分，在训练集上训练模型参数，在验证集上对模型进行调试，并最终在测试集上对得到的模型进行性能测试以及与其他方法进行比较。由斯坦福大学的李飞飞（F-F Li）教授等人创建的 ImageNet 大规模图像数据集是计算机视觉领域中最重要的数据集，被广泛用作图像分类、目标检测和语义分割等视觉任务的基准测评。其中包含超过 1400 万张图像，涵盖超过 2 万个不同类别的物体和场景，并且都经过了高质量的人工标注。

（3）ImageNet 挑战赛系列算法。由 ImageNet 衍生的 ImageNet 大规模视觉识别挑战赛（ILSVRC）从 2010 年举办至 2017 年，该挑战赛使用了 ImageNet 中 1000 个类别的子集，涵盖了图像分类、目标检测等基础视觉任务。该系列赛事成为评估和推动计算机视觉算法进步的重要平台，推动了深度学习模型在图像识别任务上的发展，并促成了许多具有里程碑意义的优秀深度学习网络模型。例如，AlexNet 是2012 年 ILSVRC 的冠军，它的出现证明了深度神经网络通过数据驱动自主学习到的特征可以超越手工设计的特征。它首次使用了 ReLU 激活函数，并提出利用 Dropout 正则化来控制过拟合；使用数据增强策略提升了训练样本的多样性；同时利用了 GPU 的并行计算能力，加速了卷积神经网络的训练与推断。之后，在 ILSVRC-2014 中出现的 GoogLeNet 以其创新的多分支结构 Inception 模块大幅提升了网络深度和计算效率，能够更好地挖掘图像的多尺度特征。VGG 网络是 ILSVRC-2014 的亚军，以其简单而有效的结构设计，展示了深度神经网络的强大性能，对后续的网络设计产生了深远影响。进一步地，在 ILSVRC-2015 中夺冠的 ResNet 通过引入残差连接解决了深度神经网络训练中的梯度消失问题，大大提高了网络的深度和性能，成为计算机视觉领域的一次重要突破，推动了深度学习技术在各项计算机视觉任务中的广泛应用与发展。

9.4.2 目标检测

在图像分类任务中，一般假设图像中只有一个主要物体，并只关注如何识别其类别。然而，在实际情况中，图像中可能包含多个感兴趣的目标。同时，不仅要感知物体类别，还需要确定物体在图像中的具体位置。在计算机视觉中，这类任务被称为目标检测（Object Detection）。具体来说，目标检测需要在识别图像中物体类别的基础上确定它们的具体位置（通常用边界框来表示）。因此，目标检测也可以视为分类和定位的结合。此外，实例分割（Instance Segmentation）可以视为检测的进一步精细化，要求提供对象的像素级别的准确位置。

目标检测方法的实现大致可以分为两类：基于传统机器学习的方法以及基于深度学习的方法。同时，基于深度学习的方法是目前的主流，并又可以被进一步分为双阶段方法以及单阶段方法。其中，以 Faster R-CNN、Mask R-CNN、Cascade R-CNN 为代表的双阶段方法强调精确性，但受限于速度；以 YOLO、SSD、RetinaNet 为代表的单阶段方法则强调推理速度，但准确性要稍次于双阶段方法。以下，我们将分别详细介绍基于传统机器学习的方法以及基于深度学习的目标检测方法。

（1）基于传统机器学习的目标检测方法。如图9.10所示，传统目标检测算法的实现主要包括四个步骤：图像窗口截取、区域预处理、特征提取、特征分类与回归。然而，由于这类方法涉及大量密集的候选区域，需要执行多次的特征提取过程，效率非常低下。同时，手工的特征提取方法难以充分挖掘目标信息。

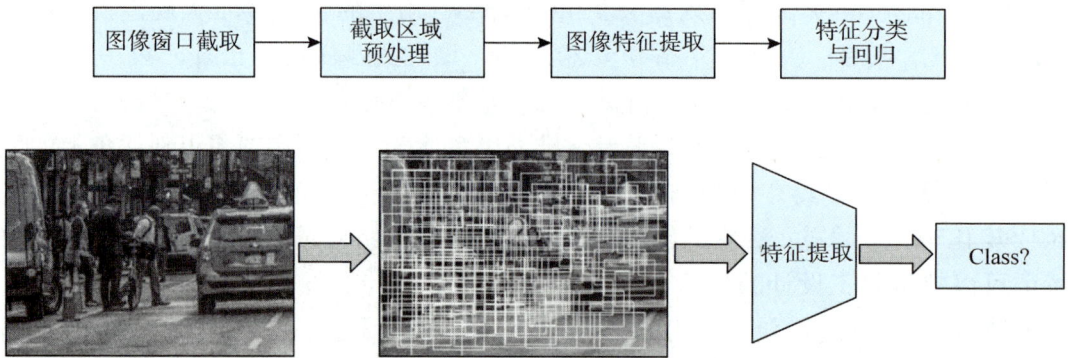

图9.10　传统目标检测的算法流程

（2）基于深度学习的目标检测方法。图9.11展示了目标检测方法的发展历程。随着2012年 AlexNet 的提出，基于深度学习的方法在目标检测领域崭露头角，并随着卷积神经网络的不断发展，促成了以 SSD、YOLO 为代表的一系列单阶段目标检测算法，以及 Faster R-CNN 等一系列双阶段目标检测方法。

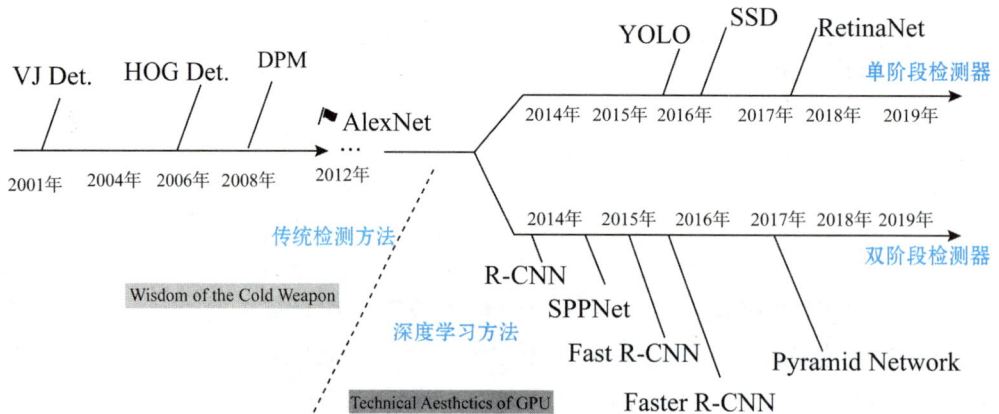

图9.11　目标检测方法的发展历程

双阶段目标检测算法主要分两个阶段：候选区域生成、候选框分类和回归。如图9.12所示，其代表性检测方法Faster R-CNN在第一阶段，采用区域候选网络生成一系列候选区域的位置信息和置信度，在第二阶段，对生成的感兴趣的候选区域通过RoI Pooling操作重复利用特征进行更精确的边界框回归和类别预测。

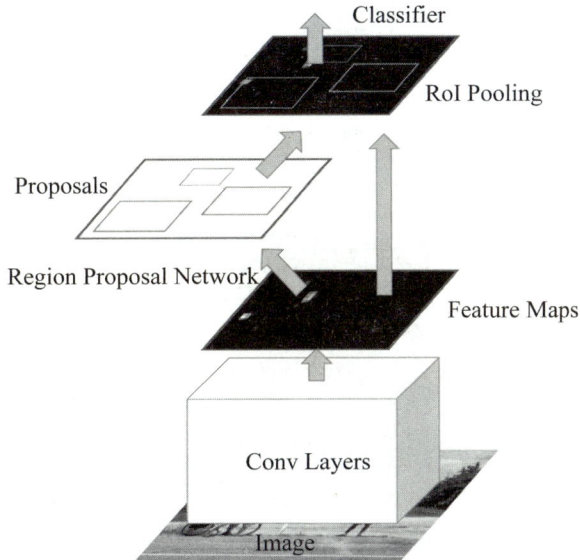

图9.12　Faster R-CNN算法的实现流程

在Faster R-CNN模型的基础上，Mask R-CNN进行了结构拓展，可用于实例分割任务。在每个感兴趣的区域额外添加一个用于预测分割掩码的分支，与原有的分类和回归并行。同时，Mask R-CNN采用RoI Align替代RoI Pooling来修正空间位置，从而使得区域特征更为准确。如图9.13所示，Mask R-CNN取得了较好的检测结果和实例分割结果。

图9.13　Mask R-CNN的检测与分割结果

不同于双阶段方法，单阶段目标检测算法直接对图像特征进行分类和回归，无须生成候选区域，因此具有更好的效率优势。YOLO是当下流行的单阶段目标检测算法，最初由雷德蒙（J. Redmon）等人在2015年提出。YOLO方法将目标检测任务视为一个单一的回归问题，从输入图像中直接预测目标的类别和位置，实现了快速准确的目标检测。如图9.14所示，YOLO将整个输入图像划分为$S \times S$的网格，每个网格单元负责检测其内是否包含物体的中心。如果某个物体的中心落在一个网格单元内，该单元就会预测多个边界框及其置信度得分。置信度得分反映了边界框内包含物体的概率以及边界框的准确性。此外，每个网格单元还会预测该物体属于各个类别的概率。

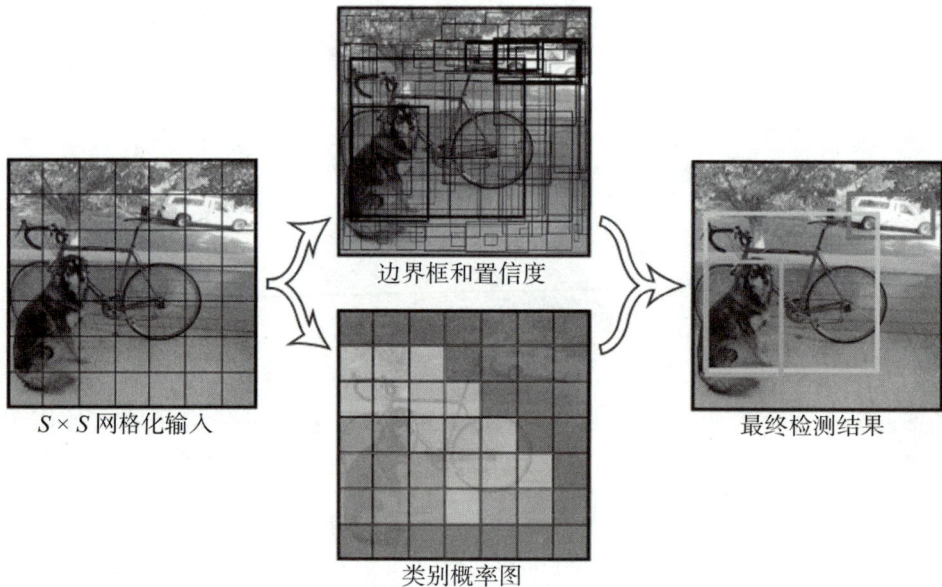

图9.14 YOLO模型

YOLO具有几项显著的优点。首先，速度快，由于YOLO只需一次前向传播即可完成目标检测任务，因此能够实现实时检测，这在自动驾驶、视频监控等需要快速响应的应用中非常重要。其次，YOLO利用全局图像信息进行预测，不像某些方法只关注局部区域，这使得YOLO在处理复杂背景时更具鲁棒性，误报率较低。同时，YOLO采用统一的端到端训练方式，将目标检测问题转化为一个单一的回归问题，简化了模型的设计和实现。然而，YOLO也存在一些缺点。由于每个网格单元只能预测固定数量的边界框，当图像中物体过多或过于密集时，YOLO的定位精度可能不如双阶段方法（如Faster R-CNN）。此外，YOLO对小目标的检测效果相对较差，因为小目标可能仅占一个网格单元的一小部分，难以被准确定位和分类。为了提升YOLO的性能，研究人员提出了多个改进版本。YOLOv2（YOLO9000）引入了批归一化、锚框和多尺度训练，提升了模型的检测精度和稳定性。YOLOv3使用更深的特征提取网络（DarkNet53）和多尺度预测，进一步提高了检测性能。

YOLOv4则引入了CSPDarkNet53作为主干网络，增加了许多优化技巧，如CIoU损失函数和Mish激活函数，显著提升了检测速度和准确性。YOLOv5在命名上延续了YOLO系列，但由另一团队开发，进一步优化了模型结构和训练过程，广泛应用于工业界。

（3）非极大值抑制（Non-Maximum Suppression，NMS）。在目标检测任务中，检测器通常会在图像中检测到多个候选目标，这些目标可能会有很大的重叠，因此需要一种方法来筛选出最合适的目标框。NMS就是一种常用的目标检测后处理方法，用于消除重叠的目标框并选择最佳目标框。NMS的主要步骤包括：①对所有边界框按照置信度进行排序；②选择置信度最高的边界框，并将其添加到最终输出结果中；③计算该边界框与其他所有边界框的重叠度；④去除重叠度高于设定阈值的边界框；⑤重复步骤②~步骤④，直到所有边界框都被处理。NMS是一种简单而有效的后处理算法，已经被广泛应用于各种目标检测方法中，如YOLO、Faster R-CNN等，旨在优化检测结果，提高模型性能。

（4）目标检测应用案例。目前，目标检测技术已经在很多领域取得了广泛的应用。如图9.15所示，目标检测技术可以自动实现道路裂缝的快速扫描和识别，从而实现实时监测和响应。这对于道路维护和管理部门尤为重要，能够及时发现和处理问题区域，降低维护成本和提升道路安全性。在医学影像中，目标检测技术可以帮助医生自动检测和定位各种病灶，如肿块、结节、血管、斑块等。这些病灶可能存在于X光、CT扫描、MRI等不同类型的医学图像中。借助目标检测技术，医生可以快速准确地找到病灶所在的位置，为进一步的诊断和治疗提供重要参考。目标检测技术还可以用于遥感领域，自动识别遥感图像中的建筑物、农田、森林等，服务于城市基础设施的分布和密度分析、环境监测等应用。在智能交通系统中，目标检测技术可以用来进行人流统计和行为分析。此外，行人检测还能够自动识别异常行为，这对于公共安全管理、犯罪预防以及应急响应都具有重要意义。

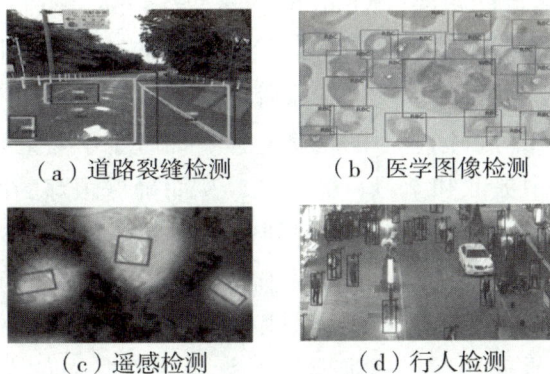

（a）道路裂缝检测　　　（b）医学图像检测

（c）遥感检测　　　　　（d）行人检测

图9.15　目标检测技术的应用案例

9.5　视频理解

视频分析技术通过利用先进的计算机视觉和机器学习方法，对视频内容进行深入的分析和理解。这一技术包括多个关键方面，如视频目标检测、目标跟踪和动作行为识别等，从而在智能视频监控和自动驾驶等领域发挥着重要作用。在视频目标检测中，系统需识别并定位视频中出现的各种物体，这为后续的跟踪和行为分析提供了基础。目标跟踪则进一步通过算法连续追踪视频序列中的目标，支持对其运动信息的实时监控。此外，动作行为识别技术通过分析视频中的时间序列变化，使计算机能够识别和理解人或动物的具体行为，这在安全监控、体育分析和交互式媒体等领域尤为重要。

视频分析

目标跟踪和动作行为识别是视频分析的两个核心任务，它们共同推动了人工智能技术在多个领域的应用和发展。目标跟踪主要关注从视频中识别并追踪一个或多个目标的动态变化，这一过程对于实现如交通监控和自动驾驶系统中的实时反应至关重要。它依赖于强大的算法来持续评估目标的位置，即使在光线变化、快速运动、遮挡或者场景转换的情况下也能保持跟踪的稳定性。动作行为识别则不仅需要识别个体的动作，还需要分析这些动作的上下文关系和可能的意图。例如，在安全监控领域，动作识别技术能够识别异常行为，从而及时触发警报系统；在健康监护和体育训练中，可以用来分析人体动作的正确性，为用户提供实时反馈。

9.5.1　目标跟踪

目标跟踪是一项关键的计算机视觉任务，旨在从视频帧序列中连续追踪一个或多个指定目标的位置和运动轨迹，如图9.16所示。这一技术被广泛应用于智能监控、自动驾驶和机器人导航等多种领域，对于增强系统的实时反应和决策能力至关重要。目标跟踪可以按照感兴趣的目标的数量分为单目标跟踪（Single Object Tracking，SOT）和多目标跟踪（Multi-Object Tracking，MOT）。其中，单目标跟踪（SOT）关注追踪视频中的单一目标。给定视频初始帧中的目标位置，随后在整个视频序列中持续追踪该目标。单目标跟踪的成功执行依赖于有效的跟踪算法，基于模型的跟踪方法依靠对目标特征的精确建模，而基于学习的跟踪方法则通过深度学习技术自动从数据中提取和学习目标特征，从而确保跟踪的准确性和鲁棒性。多目标跟踪（MOT）是一种能够在视频序列中同时追踪多个目标的技术。与单目标跟踪相比，这一任务在处理目标的初始化和持续追踪时需要同时考虑多个目标的动态。多目标跟踪的关键在于如何有效识别和区分视频中的各个目标，并在整个视频序列中维持对它们的准确跟踪。这通常涉及复杂的数据关联技术和特征学习技术，如基于图的策略和深度学习方法，这些技术帮助系统在多目标环境中准确地跟踪每一个动态目标，为复杂场景下的智能监控提供了强大的技术支持。

图9.16 大疆无人机对行驶车辆的跟踪

在视频目标跟踪中，遮挡、形变、背景杂波和光照变化是四个主要的挑战因素，每个因素都可能严重影响跟踪算法的性能和准确性。

（1）遮挡。遮挡是视频目标跟踪中最具挑战性的问题之一。当目标被其他物体或场景部分覆盖时，跟踪算法可能会失去对目标的追踪。例如，在一个视频帧中，如果两个物体相互遮挡，跟踪算法可能难以分辨哪个是被跟踪的目标，从而导致跟踪失败。处理遮挡的策略通常涉及先进的运动关联技术或时序建模，如利用目标的历史运动信息来预测其在遮挡后的可能位置。

（2）形变。形变是在视频跟踪中另一个常见的挑战，涉及目标在视频中的形状、大小或外观的变化。这种变化可能由目标的自然运动、相机角度变化或交互作用等因素引起。跟踪算法若不能适应这些变化，可能无法持续准确追踪目标。为了克服形变的问题，现代跟踪系统可能采用适应性模型更新策略，通过持续学习目标在视频序列中的外观变化特征来更新跟踪模型。

（3）背景杂波。背景杂波指的是目标与其背景之间的视觉相似性，包括颜色、纹理或其他视觉属性的相似性。当目标与背景过于相似或场景中存在多个与目标相似的物体时，跟踪算法的判别性可能会受到影响。为了解决背景干扰的问题，跟踪算法需要能够区分目标和类似的背景元素。这通常涉及使用精细的特征提取技术和分类器，例如卷积神经网络，以提高算法在杂乱背景中的识别准确性。

（4）光照变化。光照变化对视频目标跟踪的影响尤为显著。在室外环境或光照条件变化剧烈的场景中，目标的外观特征可能因为光照强度的变化而发生显著改变，这会干扰跟踪算法的性能。跟踪算法必须能够适应这种光照变化，保持对目标的稳定追踪。解决方案包括采用光照不变性特征，或者实施动态调整策略，在算法中引入环境光照条件的评估和相应的调整机制。

以上这些挑战使得视频目标跟踪成为一个复杂且需不断完善的研究领域，旨在提升目标跟踪技术的鲁棒性和适应性。

在目标跟踪领域，性能评估是至关重要的，主要依赖于几个关键指标：准确率（Accuracy）、速度（Speed），以及鲁棒性（Robustness）。这些指标共同决定了一个跟踪系统的有效性和实用性。

准确率是衡量目标跟踪算法性能的一个核心指标，它反映了算法预测的目标位置与实际目标位置之间的匹配程度。通常，这一指标通过计算预测的边界框和真实边界框之间的交并比（Intersection over Union，IoU）来量化。IoU值越高，表明跟踪的准确性越好。在实际应用中，高准确率确保了跟踪目标的位置能被精确识别和跟踪，这对于需要精确位置信息的应用（如自动驾驶）尤其重要。

速度评估主要关注跟踪算法处理每一帧所需的时间，这直接影响到系统的实时性，通常以帧每秒（Frames per Second，FPS）来衡量。实时跟踪算法可以即时处理视频流，适用于实时监控和交互系统等场合。例如，在自动驾驶或公共安全监控中，快速跟踪可以及时响应突发事件，提供即时的分析和决策支持。

鲁棒性是指目标跟踪算法在面对视频中的各种干扰因素时的抵抗能力，包括遮挡、快速运动、背景杂波、光照变化等。鲁棒性的评估通常依赖于算法在处理复杂场景变化时的性能表现，如跟踪成功率和重识别能力。高鲁棒性的跟踪算法在实际应用中更为可靠，能够适应广泛的应用环境和复杂的实际情况。

这三个性能评估指标相互补充，共同定义了一个目标跟踪系统的综合性能。在设计和选择目标跟踪算法时，通常需要在这些指标之间作出权衡，以适应特定的应用需求和环境条件。

在目标跟踪领域，不同的算法类型应对不同的应用需求和场景挑战。主流的方法主要是以下三种。

（1）基于生成模型的跟踪算法，如MeanShift，专注于构建目标的外观模型，并在连续的视频帧中寻找与该模型最相似的区域来执行跟踪。这类算法通常通过计算颜色直方图的密度梯度来表示和定位目标，非常适合于背景相对单一且目标颜色信息丰富的场景。其特点是实现简单，但在复杂动态背景下的表现不够理想。

（2）基于判别模型的跟踪算法，如TLD（Tracking-Learning-Detection）和MIL（Multiple Instance Learning），将目标跟踪视为一个二分类问题，用以区分目标和背景。TLD算法设计了一个长期跟踪的框架，即使在目标暂时消失后也能重新识别到目标，增强了跟踪的连续性和鲁棒性。MIL算法则通过引入多实例学习机制，从而提高跟踪过程中对目标外观特征的适应能力。

（3）基于深度学习的跟踪算法，如SiamRPN和DeepSORT，利用深度神经网络自动提取目标的复杂特征，显著提升了跟踪的准确性和适应性。SiamRPN结合孪生神经网络和区域提议网络，实现了高效和准确的单目标跟踪。DeepSORT则在

SORT（Simple Online and Realtime Tracking）算法的基础上引入了深度神经网络，用于更有效地处理多目标跟踪任务，特别适用于人群密集或动态快速变化的环境。通过整合深度学习的特征提取能力，DeepSORT能准确地区分不同目标并维持各自的跟踪状态，即便是在目标间存在遮挡和交叉的复杂场景中。

目前，目标跟踪技术已经在很多实际领域取得了广泛的应用。如图9.17所示，目标跟踪技术在智能监控系统中能够实时追踪人或物体的位置和运动轨迹，为安全监控提供有力支持；在自动驾驶系统中，目标跟踪技术可以用于实时监测周围车辆、行人等物体的位置和运动轨迹，为驾驶决策提供重要信息；在视频游戏中，目标跟踪技术可以实时追踪玩家的动作和位置，提供更精准的游戏控制和反馈。

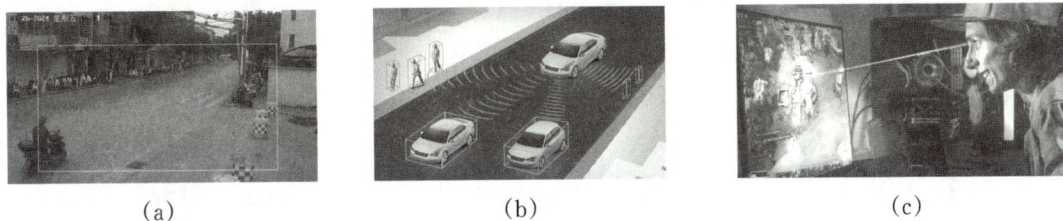

(a)　　　　　　　　　　(b)　　　　　　　　　　(c)

图9.17　目标跟踪技术的实际应用案例

9.5.2　动作行为识别

动作行为识别是一种先进的视频分析技术，旨在自动检测并分类视频中的动作。这一技术通过分析视频序列中的时间和空间模式，可识别人的具体行为，如图9.18所示的跑步、握手等。动作行为识别在多个领域中都发挥着重要作用，特别是在智慧课堂、监控安全、体育分析和健康医疗等领域具有重要的应用价值。

推　　　　　俯卧撑　　　　骑自行车　　　　骑马

射击　　　　射箭　　　　　坐　　　　　仰卧起坐

跑步　　　　握手　　　　　投篮　　　　　微笑

图9.18　动作行为识别示例

动作行为识别的基本流程，主要分为三步：首先，采集视频数据，并进行预处理，包括帧提取和噪声去除等操作；其次，通过光流、空间特征等方法，从视频帧中提取出用于行为识别的关键特征；最后，利用机器学习方法或者深度学习模型，如卷积神经网络、循环神经网络等，对提取到的特征进行分类和解析，以实现对动作行为的准确识别。

在动作行为识别领域，传统的机器学习算法主要有：支持向量机、隐马尔可夫模型和决策树。其中，支持向量机是一种强大的分类器，通过最大化类别间隔来区分不同动作。其在高维特征空间中表现出色，适合处理具有明确边界的动作类型。隐马尔可夫模型是一种专门处理时间序列数据的统计模型。通过模拟动作状态之间的转换，可以预测和识别连续的动作模式，非常适合处理有序动作，如步行或跑步等。决策树可以通过分析动作的关键特征，提供直观的分类决策。这类方法易于实现和解释，适用于特征明显的动作识别任务。

目前，深度学习算法在动作行为识别领域已成为主流方法，其中三维卷积神经网络（3D CNN）、长短时记忆网络（LSTM）和双流网络（Two-stream Network）尤其突出，因其在处理视频数据和理解复杂动作方面的卓越能力而广受青睐。3D CNN通过其三维卷积核，能够同时捕捉视频数据中的空间和时间特征。这使得3D CNN特别适合处理动作的连续性和上下文信息，为动作行为识别提供了有效的技术支持。通过分析连续帧之间的动态变化，3D CNN能够更精确地捕获动作序列中的细微差异，提高识别的准确性。LSTM主要用于处理时间序列数据，特别适合于识别视频序列中的连续动作。它的核心特点是记忆和遗忘门控机制，使得LSTM可以有效管理信息流，增强了模型对时间序列的理解能力。双流网络结构包含两个并行分支：一个专注于处理静态图像捕捉空间特征，另一个处理帧间光流以识别运动信息。通过结合空间和时间信息，双流网络在动作行为识别的准确性和效率方面具有显著优势。这些深度学习架构共同推动了动作行为识别技术的发展，使之能够更精确、更高效地应用于各种实际场景。

在动作行为识别中，评估模型性能的三个主要指标包括准确率（Accuracy）、召回率（Recall）和F1分数（F1 Score）。这些指标共同帮助评估和优化系统的整体性能。准确率是衡量动作行为识别系统性能的基本指标，表示系统正确识别的动作数量占总识别动作数量的比例。召回率表示系统正确识别的动作数量占实际发生动作总数的比例，这一指标反映了模型捕捉动作事件的能力。在某些应用场景中，如安全监控，高召回率尤为重要，以确保所有关键事件都被检测到。F1分数是准确率和召回率的调和平均数，通过结合两个指标提供了综合的度量，用于评估模型的综合性能。F1分数适用于需要在准确率和召回率之间取得平衡的情况。

动作行为识别技术已经在多个实际应用领域中取得显著成就，特别是在公共安全、健康监护和互动娱乐等方面展现了其独特的价值。如图9.19所示，在公共监控领域，这项技术能够实时识别监控视频中的异常行为，如打斗或非法入侵等，从而使安全管理部门能够及时响应各种紧急情况，提升公共场所的安全防护水平。在体育和康复领域，动作行为识别技术为运动员的技能分析与训练提供了精确的数据支持，有助于改进运动技巧，在康复训练中得到广泛应用。此外，在视频游戏和虚拟现实领域，动作行为识别技术极大增强了用户体验感。允许玩家通过自身的动作直接控制游戏中的角色，提供了一种自然且直观的游戏操作方式。

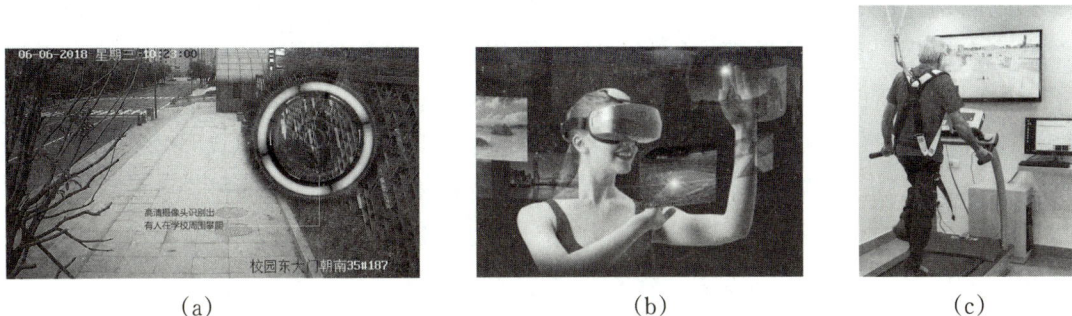

(a)　　　　　　　　　　　(b)　　　　　　　　　　　(c)

图 9.19　动作行为识别技术的实际应用案例

9.6　图像生成

　　在人工智能和机器学习领域，模型可以大致分为两大类：判别式模型和生成式模型。判别式模型通过学习从输入数据到输出标签的直接映射关系来区分不同类别或预测具体的输出结果。例如，在计算机视觉中，判别式模型能够识别图像中是否存在某个对象，或者在视频帧中定位行为活动。与判别式模型不同，生成式模型旨在捕获数据的分布，以便生成新的数据实例。这类模型在图像生成领域表现出色，可以生成全新的图像，这些图像在视觉上与真实图像难以区分。生成式模型如生成对抗网络（GAN）能够通过学习训练数据集的底层概率分布实现新的数据实例的输出，同时这些实例能够继承训练数据集的特征。

　　图像生成技术利用先进的计算机算法从给定的输入数据中生成逼真和有意义的图像。这些输入数据可以是文本描述、语音命令或者是其他图像等形式。随着深度学习技术的快速发展，特别是生成对抗网络（GAN）和扩散模型（Diffusion Model）的出现，图像生成领域取得了显著进展。GAN 通过同时训练两个网络——生成器和判别器——以产生逼真的图像，其中生成器负责创建图像，而判别器则负责评估图像的真实性。扩散模型则通过逐步引导随机噪声向数据分布靠近，最终生成高质量的图像。这些模型生成的图像不仅质量高，而且在视觉上难以与真实图像区分，广泛应用于艺术创作、游戏开发、电影制作等多个领域。

　　近年来，新兴的多模态大模型如 GPT、CLIP、Sora 等在图像生成任务中也展现出了巨大的潜力。这些模型通过训练大量的多种类型数据，学习复杂的图像表示，使它们能够理解并生成与输入描述高度相关且视觉上准确的图像。例如，CLIP（Contrastive Language Image Pre-training）模型通过联合理解图像和文本数据，使得从简单的文本提示中生成具体图像成为可能。Sora模型进一步整合了更广泛的数据处理能力，提升了生成图像的语义丰富性和视觉吸引力。这些技术的进步为自动化视觉内容创建开辟了新的应用领域，如个性化广告制作等。

在应用层面，图像生成技术可以在多种不同的任务中得到应用。例如，条件图像生成：根据给定的条件生成图像。条件可以是文本描述、语义标签。图像生成技术还可以用于图像超分任务，该任务旨在从低分辨率图像中生成高分辨率图像，使图像更加清晰和细节丰富。同时，图像生成技术可用于图像修复，即从部分或有缺陷的图像中生成完整、无缺陷的图像。此外，图像生成技术还可以实现风格迁移，即通过将一幅图像的艺术风格应用到另一幅图像上，以此来生成新的图像，如图9.20所示。

图9.20   图像生成技术在风格迁移上的应用

9.6.1   生成对抗网络

生成对抗网络（GAN）是由Ian Goodfellow于2014年提出的一种深度学习模型，它通过对抗性的过程来生成高质量、逼真的图像。如图9.21所示，GAN的核心由两个相互竞争的网络组成：生成器（Generator）和判别器（Discriminator）。其中，生成器的任务是生成逼真的图像，它从随机噪声中学习如何构造数据分布，生成与真实图像难以区分的假图像。这一过程可以视为一种"伪造"行为，生成器不断尝试通过生成越来越精细的假图像来"欺骗"判别器。判别器的角色是一个"鉴别者"，它的任务是区分输入的图像是来自真实数据集还是由生成器制造的。在训练过程中，判别器逐渐学习如何识别假图像的细微特征和缺陷，从而变得更精于分辨真假图像。

在最初的GAN中，训练生成器和判别器的方法是构建一个二元极小极大博弈，

其中生成器 G 尝试生成逼真的数据以欺骗判别器，而判别器 D 则试图区分真实数据和生成数据。要优化的损失函数的计算公式如下：

$$\min_{G} \max_{D} V(D, G) = E_{x \sim p_{\text{data}}(x)}[\log D(x)] + E_{z \sim p_z(z)}[\log(1 - D(G(z)))] \quad (9.1)$$

其中，$p_{\text{data}}(x)$ 表示真实数据分布；$p_z(z)$ 表示噪声分布。通过这种生成器和判别器的对抗训练，两者在不断的竞争中相互提升。生成器旨在生成越来越难以被判别器识别的假图像，而判别器则努力提高其识别真假图像的能力。

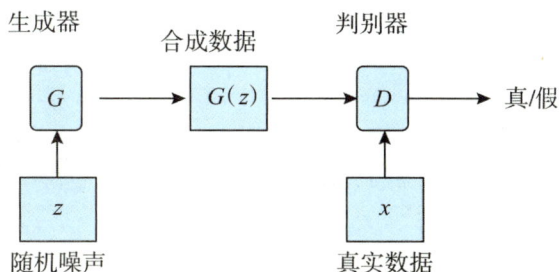

图 9.21　GAN 网络的结构

随着技术的不断发展，GAN 的变体也日益增多。Conditional GAN 通过接受额外的条件信息（如类别标签），来生成特定类型的图像。深度卷积生成对抗网络（DCGAN）将 CNN 和 GAN 结合，通过引入卷积神经网络来提升稳定性和图像质量；而 BigGAN 则在更大的数据集上进行大量参数的训练，提高对多类别复杂数据的建模能力，从而能够生成高分辨率且高质量的图像。总体上，GAN 的优点包括强大的生成能力，能够创造出逼真的图像，并在艺术创作、数据增强等领域得到广泛应用。然而，GAN 也面临训练不稳定、容易发生模式崩溃等挑战。

9.6.2　扩散模型

扩散模型（Diffusion Model）是一种先进的生成模型，它采用一种独特的方法来生成图像，即通过逐步的噪声添加和去除来生成图像。如图 9.22 所示，不同于 GAN，这种模型基于一系列连续的概率步骤，逐渐将数据从原始状态转化为纯噪声状态，然后再逆向恢复到清晰的图像。扩散模型的核心包括两个主要过程：正向扩散（Forward Diffusion）和反向逆扩散（Reverse Diffusion）。在正向扩散过程中，模型从一幅真实的图像开始，逐步地将噪声加入到图像中。这个过程是通过多个步骤完成的，每一步都会向图像添加一定量的噪声，直到图像变得完全随机且与原始内容无关。这一过程的目的是生成一系列从真实数据到纯噪声状态的过渡数据，为反向逆扩散提供基础。反向逆扩散是正向扩散过程的逆过程。它从噪声状态开始，通过一个训练有素的神经网络逐步去除噪声，恢复出原始的图像。在这个过程中，网络需要学习如何根据噪声数据预测原始图像的特征和结构。这通常涉及复杂的网络结构和大量的参数优化，确保网络能够有效地从高噪声数据中恢复出高质量、细节丰富的图像。通过这两个过程的交替执行，扩散模型能够生成具有极高视觉质量和细节表现的图像。扩散模型的训练通常依赖于大量的数据和强大的计算资源，因为模型需要学习在整个数据扩散和恢复过程中的复杂动态变化。由于其生成图像的高质量和细节表现，扩散模型在艺术创作、科学可视化、医学成像以及娱乐产业中有着广泛的应用潜力。

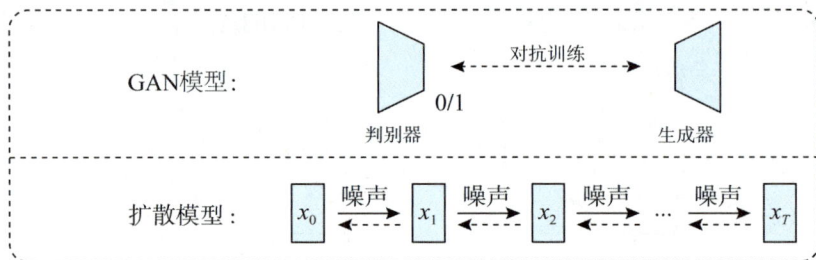

图9.22　扩散模型和GAN模型的比较

9.6.3　生成模型的应用与最新进展

生成对抗网络（GAN）与扩散模型都是当前深度学习用于生成图像的强大技术，但它们依赖于截然不同的训练原理。GAN通过对抗训练，即生成器和判别器两个子网络的竞争互动来提升生成图像的质量。这种方法虽能产生高质量的图像，但训练过程可能不够稳定，偶尔会出现模式崩溃现象，即生成器开始输出重复或无意义的图像。相比之下，扩散模型采用逐步添加高斯噪声到数据中，再通过学习去噪过程来生成图像的方法。这种逐步去噪的策略通常使得扩散模型在训练过程中更为稳定，不易发生训练崩溃。在生成图像质量方面，扩散模型能生成具有更高分辨率和更细致纹理的图像，优于大多数GAN的产出。然而，这种高质量的生成是以高昂的训练成本为代价的，扩散模型在生成单个图像时需要较多的计算步骤和时间，导致整个生成过程较为缓慢。尽管如此，两种模型各有优势，用户可根据具体应用需求和资源可用性，选择最合适的模型类型。目前，生成模型已经在各行各业取得广泛的应用。如图9.23所示，在医疗领域，生成技术可以用于医学影像超分，通过提高图像的细致程度辅助医生更好地诊断病情。在影视创作方面，生成技术可以帮助制作公司快速创建场景和设计角色，节省制作时间和成本。同时，生成技术可以用于去除图像中的噪声，由于生成模型能学到复杂的图像分布信息，因此在去噪时可以生成更自然、更高质量的图像。此外，生成技术还可以用于数据增强，通过增加数据集中的多样性来提升目标模型的鲁棒性。

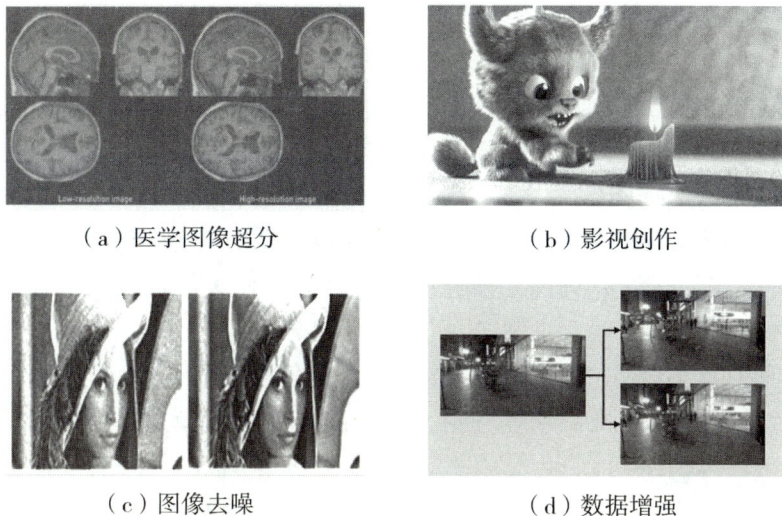

（a）医学图像超分　　　　　　　（b）影视创作

（c）图像去噪　　　　　　　（d）数据增强

图9.23　生成模型的应用案例

2022年，OpenAI公司发布的ChatGPT标志着人工智能技术在人机交互和语言理解方面的一次重大进展，极大丰富了数字内容的互动性，并推动了自动化水平的提升。继ChatGPT之后，OpenAI在2024年2月推出了名为"Sora"的先进视频生成大模型。这个模型通过大规模的深度学习训练，具备了根据文本指令生成逼真且富有创意的视频的能力，展现了在数字媒体创作及模拟物理世界方面的显著潜力。Sora模型的核心特性是其能够接受用户输入的文本描述，并基于这些描述生成相应的动态视频内容。这一能力不仅开启了新的内容创作方式，也为教育、娱乐和营销等领域带来了变革性的工具。例如，通过简单的文本指令，Sora可以制作出展示特定科学概念或历史事件的教育视频，或者为广告创造吸引人的视觉叙述，极大地提高了内容的可访问性和定制性。此外，Sora在模拟复杂环境和物理互动方面的能力，使其成为虚拟现实和增强现实应用中不可或缺的技术，为用户提供更加沉浸和真实的体验。在技术实现上，Sora模型主要结合了扩散模型和Transformer技术，实现从文本描述到视频内容的高效转换。该模型采用时空潜在补丁作为其基本构建单元，用以构建连贯的视频帧。在具体操作流程中，Sora从带有高度噪声的初始图像块出发，然后通过一系列迭代去噪过程，逐步精细化这些图像块，同时根据输入的文本提示逐渐引入相关的细节特征，以此形成完整的视频场景。其中，Sora模型的Transformer部分负责深入解析文本指令，提取关键信息，并将其融入视频生成过程中，确保最终生成的视频不仅在视觉上引人入胜，在内容上也能严密对应文本描述。通过迭代改进和增强，Sora模型能够生成与文本提示高度一致的视频内容，展现出了卓越的适应性和创造力。

9.7　章后习题

一、选择题

1. [多选题] 计算机视觉是指 (　　)。

A.让计算机识别图像　　　　　　B.让计算机理解图像

C.让计算机处理音频　　　　　　D.让计算机分析视频

2. [单选题] 在计算机视觉任务中，三大基础任务不包括 (　　)。

A.目标检测　　　　　　　　　　B.图像分类

C.图像去噪　　　　　　　　　　D.语义分割

3. [单选题] 在图像识别任务中，常用的深度学习模型是 (　　)。

A.卷积神经网络　　　　　　　　B.循环神经网络

C.图神经网络　　　　　　　　　D.生成对抗网络

4. [多选题] 下列属于双阶段目标检测算法的包括 (　　)。

A.Fast R-CNN　　　　B.SSD　　　　C.Faster R-CNN　　　　D.YOLO

二、判断题

1.计算机视觉既可以应用于静态图像，也可用于处理视频流。

2.语义分割的任务是为图像中的每个像素分配一个类别标签。

三、讨论题

1.人脸识别的应用还存在哪些问题和挑战？

2.尽管深度学习在计算机视觉领域取得了较好的应用，但严重依赖于大量数据，那么在数据样本不足的情况下，有哪些可能的解决方法？

3.你认为生成式人工智能（如文生图、文生视频）会带来哪些影响和变革？

虹膜识别

指纹识别

整部

整部

生物特征识别
应用案例

整部

图像分类

整部

人脸识别

整部

生物特征
识别

共生

整部

从图像分类
到目标检测

整部

目标检测

整部

整部

整部

步态识别

签名识别

声纹
识别

整部

动作行为识别

整部

视频
理解

整部

目标跟踪

计算机视觉
定义

整部

整部

计算机
视觉概述

共生

整部

计算机视觉
任务

递进

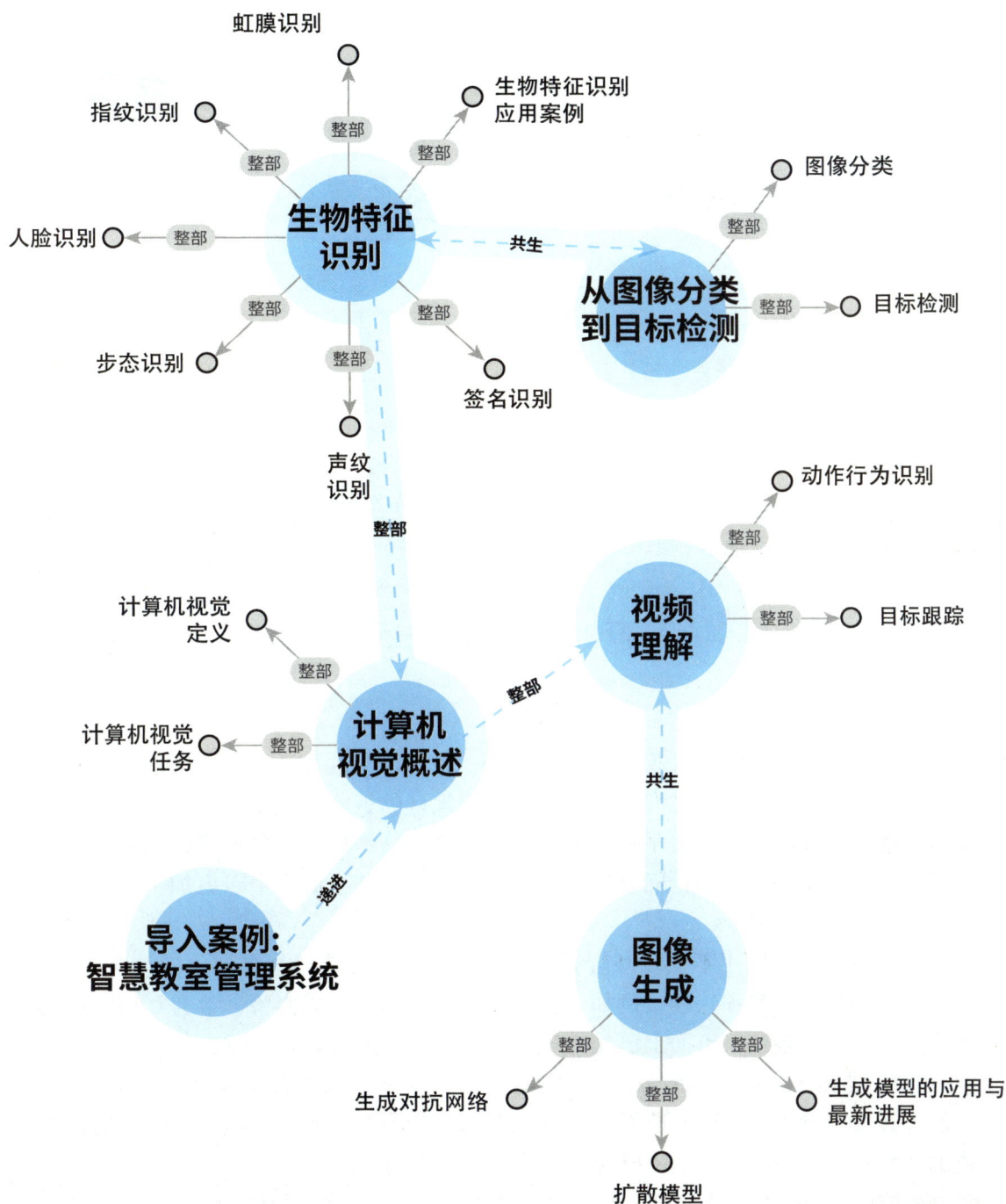

导入案例:
智慧教室管理系统

图像
生成

整部

整部

整部

生成对抗网络

扩散模型

生成模型的应用与
最新进展

计算机
视觉

第 10 章　智能机器人

智能机器人作为人工智能与机械技术的完美结合，正引领着一场技术革命，它们在各个领域展现出了巨大的潜力和价值。本章介绍智能机器人的组成及其在教育、工业、医疗、农业等领域的应用。

10.1　导入案例：教育机器人与学生互动

案例：教育机器
人与学生互动

10.1.1　教育机器人

随着人工智能和机器人技术的迅速发展，教育机器人逐渐成为教学领域中的重要工具。教育机器人是一种专门为教育活动而设计的智能机器人，能够在教学过程中扮演辅助教师、激励学生学习兴趣的重要角色。这些机器人具备多种功能，包括语音识别、图像处理、知识问答以及互动交流等，能够帮助学生以更加生动有趣的方式理解和掌握知识。

教育机器人的应用不仅能减轻教师的工作负担，还能通过多样化的教学手段，提高学生的学习效率和兴趣。例如，它们可以帮助学生完成实验、参与互动游戏或解答疑难问题。当前，市面上已经出现了多种广受欢迎的教育机器人产品，例如日本软银机器人（SoftBank Robotics）集团推出的 pepper 机器人和 NAO V6 机器人，以及优必选与腾讯叮当联合研发的悟空机器人，如图 10.1 所示。这些机器人因其先进的技术和灵活的应用，逐步成为课堂教学的得力助手。

本节以 pepper 机器人为例，探讨教育机器人如何在教学活动中发挥作用。

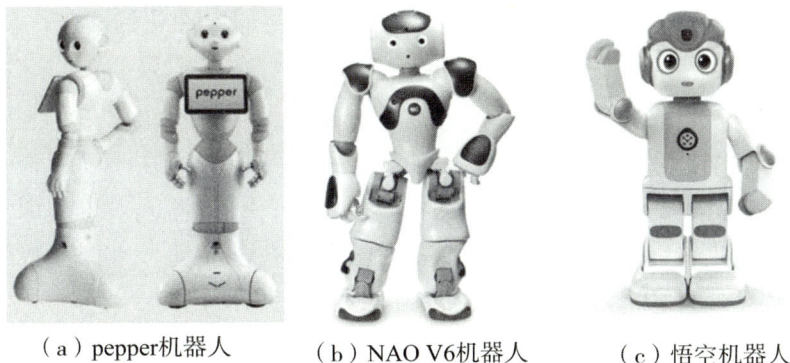

（a）pepper机器人　　　（b）NAO V6机器人　　　（c）悟空机器人

图10.1　教育机器人

10.1.2　pepper机器人

pepper机器人是一款由日本软银集团和法国阿尔德巴兰机器人公司共同研发的人形机器人，自2015年上市以来，已经在多个领域展现了其广泛的应用潜力和独特的功能，其相关参数如图10.2所示。

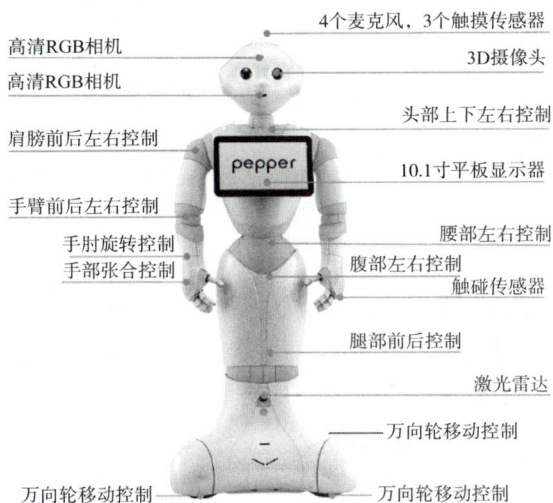

图10.2　pepper机器人参数

pepper机器人能够进行语音识别和合成、情感识别、图像识别、移动和姿态控制，还可以通过编程执行一系列预定义的任务，并与学生进行互动。

pepper机器人高约120厘米，重约28千克，设计得既坚固又轻便，便于在不同环境中移动和使用。它配备了高清的摄像头和传感器阵列，包括声呐传感器、激光传感器和红外传感器等，这些传感器让pepper机器人能够全方位感知周围环境，实现精准的导航和避障。

在交互方面，pepper机器人拥有先进的语音识别和情感识别技术。其语音识别系统能够准确捕捉并理解人类的语言指令，而情感识别功能则通过分析用户的面部表情和声音变化，感知用户的情绪状态，从而做出更加人性化的回应。

10.1.3 案例介绍

2019年，日本的东京大学开展了一项关于pepper机器人在小学教育中应用的研究。研究人员组织了25名小学四年级的学生，将pepper机器人设置为课堂助教，为学生开展了包括数学、科学和语言艺术在内的综合教学活动，来探究智能教育机器人对学生的影响。图10.3是pepper机器人和学生互动的场景。

图10.3　pepper机器人和学生互动

在课堂中，pepper机器人和学生进行了一系列的互动。

（1）课堂演示。pepper机器人通过演示如何解决数学问题，帮助学生理解和掌握数学概念。它还通过图像和动画演示科学实验，增强学生的理解和兴趣。

（2）任务设置。学生们分组进行学习活动，每组学生都需要与pepper机器人互动，回答机器人提出的问题，并根据机器人的指导进行实验或完成作业。

（3）即时反馈。pepper机器人能够实时检测学生的回答，并根据学生的表现提供即时反馈和鼓励。

（4）个性化指导。根据学生的学习进度与理解水平，pepper机器人调整教学难度，并为每位学生提供个性化建议。

10.1.4 案例实验效果

经研究，pepper机器人的应用十分成功，在pepper机器人的辅助下，学生的学习效果有了较大改善，主要体现在以下几个方面。

（1）提高学习兴趣。学生们表示，与pepper机器人互动比传统的教学方式更有趣，学习的积极性大大提高。pepper机器人可以与学生进行语言交流、动作互动等，使课堂变得更加生动有趣。学生可以通过与pepper机器人的互动，参与到学习过程中来，从而提高学习的积极性和主动性。

（2）学业成绩提升。通过与pepper机器人互动，学生们的学业成绩得到了显著提升，尤其是在数学和科学方面。pepper机器人内置了多种传感器和监测技术，可以实时监测学生的学习状态、姿势和注意力等。这些信息可以帮助教师更好地理解和掌握学生的学情，进而制定更有效的教学策略和方案，从而提升学生的学业成绩。

（3）情感发展。学生们通过互动，增强了社交技能和情感表达能力，建立了积极的学习态度。在与pepper机器人互动的过程中，学生们需要克服一些技术难题和挑战。当他们成功完成任务时，会获得成就感，这种积极的情感体验有助于培养学生的自信心和面对困难的勇气。

10.2　智能机器人的组成

智能机器人可以简单地分为硬件结构、控制系统、人工智能算法和交互系统四个部分。

*智能机器
人的组成*

10.2.1　硬件结构

智能机器人的硬件结构主要包括五部分，其中传感器、控制器和执行器这三个部分共同作用，构成了机器人的基本功能；基座和交互界面的作用也不可忽视，接下来将展开详细的介绍。

1.传感器

传感器相当于人类的感官系统，如视觉、听觉、触觉等，传感器负责感知环境信息，使机器人能够根据周围环境的变化及时调整行为，这里笼统地把各种传感器分为三类。

（1）外部传感器（见图10.4）。此类传感器是安装在机器人外部的感知设备，比如机器人的视觉传感器、距离传感器、声音传感器等，用于感知和获取周围环境的信息。

（2）内部传感器（见图10.5）。此类传感器是安装在机器人内部的感知设备，如惯性传感器、电池或能源管理传感器、温度传感器等，主要用于监测和控制机器人自身的状态，以确保系统运行的稳定性和安全性。

（3）融合传感器（见图10.6）。此类传感器是指结合多种传感器数据，通过算法和技术进行融合处理，以提高智能机器人的感知精度和鲁棒性[①]，进而提供更准

---

① 鲁棒性是指系统或者算法对于变化、噪声、干扰或异常情况的稳定性和适应能力。鲁棒性优劣在机器人系统中非常重要。

确、全面的环境感知和自主决策能力的传感器系统。

图10.4　外部传感器　　　图10.5　内部传感器　　　图10.6　融合传感器

2.控制器

控制器相当于人类的中枢神经系统和大脑，用于接收传感器的数据，分析处理后生成控制指令，然后传送给执行器，从而实现机器人的功能。这也是机器人可以实现智能的核心。具体来说，机器人的控制器包括以下几个方面的功能：①数据接收与处理，控制器通过各种传感器获取机器人周围环境的数据并进行处理；②运动控制，控制器管理和调节机器人执行器运动的过程和技术，以实现机器人在空间中的姿态、速度和位置调整；③决策与规划，控制器使用特定的控制算法和人工智能技术生成决策策略和行动计划等。

3.执行器

执行器相当于人类的肌肉系统，它能根据控制器处理的信息，进行信号和控制算法的输入，并执行精确、灵活的动作。在此简单地把智能机器人的执行器分为关节执行器、手臂执行器和轮子或腿部执行器。

关节执行器是机器人关节中的动力传动装置，其主要作用是控制机器人的关节，使机器人能够进行精确的姿态调整和运动，如图10.7所示。

手臂执行器用于控制机器人的手臂，执行抓取、移动和放置物体等操作，如图10.8所示。它通常由多个关节执行器组成，每个关节能够独立或协同工作以实现复杂的动作。

轮子或腿部执行器用于机器人的移动和定位。轮子执行器通常是电动的，能够驱动机器人在平面上移动，而腿部执行器则适用于多足机器人或需要复杂地形适应能力的机器人。机器狗的腿部执行器如图10.9所示。

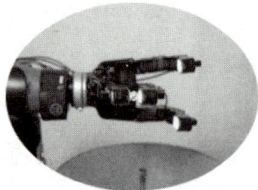

图10.7　关节执行器　　　图10.8　手臂执行器　　　图10.9　腿部执行器

4.基座

基座作为机器人的主体，能够为机器人提供稳定的支撑和平台，使机器人能够在环境中自由移动，它的设计优劣直接影响着机器人的稳定性和操作能力，如图10.10所示。

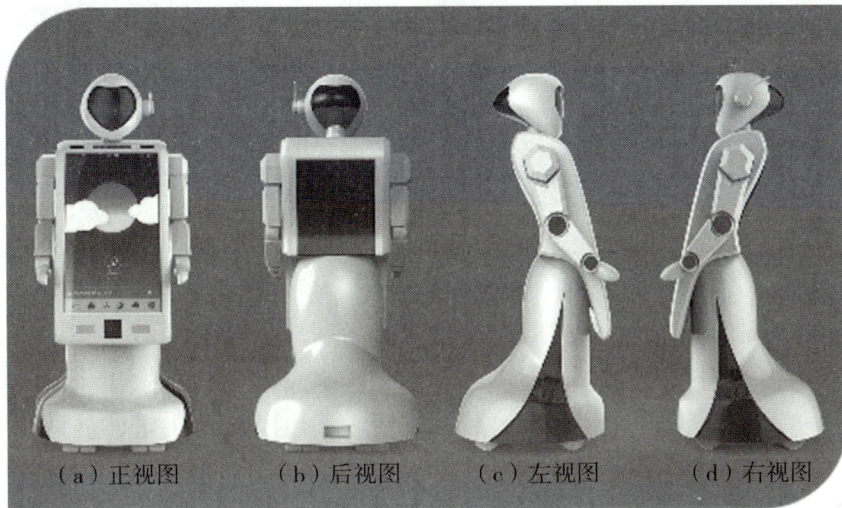

图10.10 智能机器人的基座

5.交互界面

交互界面是用户与机器人进行交互的接口，包括触摸屏、语音交互等，使机器人能够更好地与用户进行交流和互动，它的设计直接影响到用户的体验感和机器运行的效率。

10.2.2 控制系统

智能机器人的控制系统是一种集成了各种硬件、软件和通信协作的系统，旨在使机器人能够自主感知环境、作出决策并执行任务。从智能机器人的组成来看，控制系统可以分为硬件组件、软件组件、通信与协作组件。

（1）硬件组件。这部分包括了传感器、执行器、控制器、电源和电路板等硬件设备。硬件组件不仅提供了机器人所需的感知和执行能力，还支持控制系统的实时运行和动作执行。

（2）软件组件。这部分包括了感知与数据处理软件、决策与规划软件、执行控制软件、用户界面与监控软件等软件系统。软件组件不仅是实现智能决策、数据处理和执行控制的关键，还支持机器人的学习和适应能力，是提供人机交互界面和实现多方协作的基础。

（3）通信与协作。通信与协作使机器人能够与其他系统、设备或者操作者进行数据交换、信息共享和协同工作，从而提升机器人的智能化和实用性。

智能机器人的控制系统主要实现以下功能：测量与反馈、决策与控制、执行与输出。测量与反馈即感知系统测量和捕获的各种物理量，将测量值反馈给控制系统，作为系统当前状态的基础数据；决策与控制则依据测量与反馈获得的数据进行决策和计算，以确定如何调整输出以达到期望的系统响应或目标；执行与输出是将计算出的控制指令转化为实际的动作或输出，进而影响和调节被控制系统的行为。

10.2.3　人工智能算法

人工智能算法可简单地分为机器学习、深度学习和强化学习三类，它们是人工智能领域中的三个重要分支。下面介绍各类算法在智能机器人中的应用。

机器学习在智能机器人中的应用可以分为感知、学习和预测三个部分。感知能力的实现是指通过机器学习算法，智能机器人能够更好地理解和适应其工作环境，从而实现更高级别的自主决策和操作。学习能力则是指经机器学习的训练，智能机器人可以从历史数据或经验中进行学习和优化，提高其性能和效率。而预测能力需要依靠机器学习有关算法，根据当前数据或情况作出预测和决策，从而更好地应对未来的挑战。如图10.11所示，智能机器人依据机器学习算法进行决策与规划时，会首先通过传感器收集环境数据，然后利用这些数据进行特征提取和预处理。接着，机器人会运用已训练的机器学习模型，如深度神经网络模型，对收集到的数据进行分析，从而理解环境状态并预测可能的结果。基于这些预测，机器人会生成一系列潜在的行动方案，并通过优化算法评估每个方案的优劣，最终选择出最优路径或行为策略来执行任务。这一过程是迭代和自适应的，机器人会根据实际执行效果和反馈不断调整其决策与规划策略，以实现更高效、更智能的任务执行。

图10.11　智能机器人依据机器学习算法进行决策与规划模型

深度学习在智能机器人中的应用可以分为数据处理、模型训练、资源计算与部署三个阶段。在数据处理阶段，机器人通过卷积神经网络（CNN）和循环神经网络（RNN）等深度学习模型处理传感器数据，提取环境中的物体特征、语音信号和运动模式，为后续决策提供结构化输入。在模型训练阶段，利用标注数据对神经网络进行优化，通过反向传播和梯度下降算法调整网络参数，使机器人能够准确识别目标（如动物种类）或预测最优行为策略。在资源计算与部署阶段，确保训练好的模型能够在机器人硬件上高效运行，涉及模型压缩、硬件加速和实时推理优化，以适应动态环境中的低延迟需求。深度学习使得机器人能够利用大规模数据进行自主学习和适应性调整，不断改进和优化其功能，以满足日益复杂和多样化的应用需求。例如，机器人利用深度学习模型识别动物时，会先通过摄像头捕捉图像，然后将图像输入到预训练的深度学习网络中，该网络由多层神经元构成，能够自动提取图像中的特征信息，如动物的形状、纹理、颜色等。通过大量动物图像样本的训练，深度学习网络能够学习到不同动物类别的特征表示，并在接收到新的动物图像时，将这些特征与已学习的表示进行匹配，从而高效、准确地识别出动物的种类。

强化学习在智能机器人中的应用同样具有深远的意义，其应用也可以细致地划分为探索、策略优化和适应三个部分。探索能力的实现是通过借助强化学习算法，智能机器人能够在未知或复杂环境中不断尝试和摸索，从而发现有效的行为策略。策略优化则是通过强化学习的训练过程，使机器人能够根据环境的反馈调整其行为策略，以期获得更高的奖励或达到更优的目标。适应能力则是强化学习赋予机器人的重要特性，使其能够在环境发生变化时，迅速调整策略以适应新的情况。

10.2.4　交互系统

一个良好的交互系统不仅可以提升用户的体验感，还可以提高机器的工作效率。对于智能机器人而言，其交互系统主要包括了语音识别技术、自然语言处理技术和图像识别技术。

（1）语音识别技术，即实现机器人对语音的准确识别和转化，需借助麦克风等声音采集设备，将声音信号转化为数字信号，再经过算法处理和分析，识别出语音内容。

机器人通过语音识别技术的应用，至少需要实现以下功能。①接收指令和查询，也就是机器人可以正确接收到用户传达的信息。②理解用户的意图，机器人可以分析和推断用户对话中的含义，并据此信息做出适当的响应和行动。③生成自然语言回复，机器人理解用户的意图之后，可以使用自然语言生成技术，以口头或文字形式回复用户。这三种功能是语音识别技术在机器人应用中的核心要求，能够支持机器人与用户进行有效的互动。

（2）自然语言处理技术，即实现机器人对自然语言的理解和回复，需借助大规模语料库和深度学习等技术，对语音信号进行深度分析，理解用户的意图、情绪和语义等。

自然语言处理技术在智能机器人中应用后，至少需要实现以下功能。①自然语言处理技术，即机器人能够理解和执行用户通过语音输入的指令，使用户可以通过口头命令与机器人进行直接的互动和控制，例如通过语音告诉机器人打开灯、播放音乐或查询天气等。②自然语言理解技术，即帮助机器人理解用户输入的文本或语音的真实含义和意图，包括识别和分类用户的提问、请求或指令，以便机器人可以准确地理解用户的需求并做出适当的响应。③自然语言生成技术，即一旦机器人理解了用户的意图，则能够以语言形式生成自然流畅的回应，包括回答问题、提供信息、解释概念，甚至进行闲聊等。这些功能的实现，使得机器人在与用户交互时更加人性化和智能化，使得沟通更加自然和有效。

（3）图像识别技术，即实现机器人对图像的识别和分析，需借助摄像头等图像采集设备，将图像信号转化为数字信号，再经过算法处理和分析，识别出图像中的信息和内容。

智能机器人的图像识别技术主要应用于以下场景。①物体识别技术，智能机器人可以识别和跟踪各种物体，如工具、零件等。这有助于机器人自动化地完成一系列任务，提高生产效率和质量。②场景识别技术，智能机器人可以识别和跟踪各种场景，如房间、走廊等。这有助于机器人更好地了解环境信息，提高导航和定位精度。③脸部识别技术，智能机器人可以识别和跟踪各种人脸、动物等。这有助于机器人更好地了解用户意图和情绪，提高交互体验。智能机器人在这些场景中的应用，不仅提升了自身的智能水平，也为用户带来了更多便利。

10.3　智能教育机器人

10.3.1　教育机器人的发展历程

智能教育
机器人

教育机器人的发展是科技进步与教育理念革新的璀璨结晶，它如同一座坚固而精巧的桥梁，不仅连接着机器人技术的广阔天地与智能教育的崭新未来，还深刻地影响着教育方式的转型与升级。

1. 萌芽与探索（1989—1999 年）

在这一阶段，教育机器人如同一颗种子，在科技与教育的沃土中悄然萌芽。1989 年，麻省理工学院的帕克（M. B. Parker）等人开创性地创办了名为 "6.270" 的课程，首次将机器人设计引入教育领域，为学生们提供了一个充满挑战与创新的实践平台。通过亲手设计和制造机器人，学生们不仅掌握了相关知识和技能，也在无形中推动了教育机器人的未来发展。紧随其后，1998 年乐高（LEGO）公司推出了 Mindstorms 发明系统，更是将机器人技术的普及推向了一个新的高潮。图 10.12 所示为 LEGO Mindstorms RCX，其以独特的编程主机、电动马达、传感器等模块，激发了全球范围内学者对机器人技术的浓厚兴趣，也为教育机器人的应用实践提供了宝贵的经验。

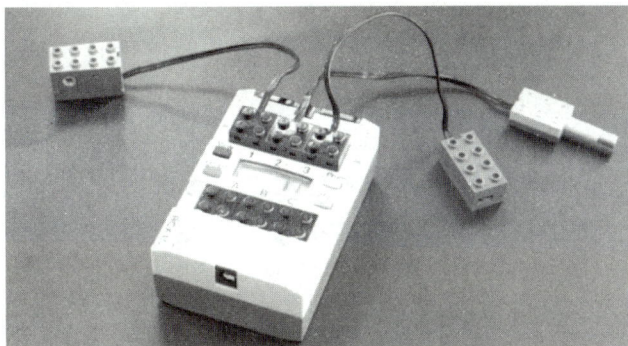

图 10.12　LEGO Mindstorms RCX

2. 发展阶段（2000—2013 年）

进入 21 世纪，教育机器人迎来了前所未有的发展机遇。在我国，机器人竞赛的兴起成为推动教育机器人发展的重要力量。国际机器人奥林匹克大赛等赛事的举办，不仅锻炼了学生的动手能力和创新思维，更促进了技术的交流与进步。与此同时，LEGO Mindstorms 也在不断进化，2006 年推出的第二代 Mindstorms NXT（见图 10.13）为教育机器人领域带来了全新的体验。这款机器人套件以其强大的 32 位 ARM7 处理器、丰富的传感器套件（包括触动、光电、声音和超声波传感器）以及蓝牙无线通信功能为显著特点，极大地提升了机器人的智能反应能力和编程灵活性，使得用户能够在此基础上创造出更复杂、互动性更强的机器人作品，同时也给教育、科研及娱乐领域带来了新的启发。到了 2013 年，LEGO 公司再次推出第三代 Mindstorms 系列机器人 EV3（见图 10.14），其特点在于配备了一块"智能砖头"作为控制中心，无需计算机即可进行编程，并支持多种语言输入。同时，EV3 还具备高分辨率的黑白显示器、内置扬声器、多个 USB 端口和输入输出端口，以及蓝牙和 Wi-Fi 通信功能，且兼容移动设备。

图 10.13　LEGO Mindstorms NXT

图 10.14 LEGO Mindstorms EV3

3.爆发与深化（2014年至今）

近年来，教育机器人迎来了爆发式增长。在我国，教育部将开源硬件、机器人等课程纳入高中新课标选择性必修课，标志着教育机器人正式成为学校教育的重要组成部分。这一政策的出台，不仅为教育机器人的普及提供了有力支持，更为其未来发展奠定了坚实基础。与此同时，国际交流与合作也日益频繁，世界教育机器人大赛（WER）等全球性赛事的举办，不仅推动了教育机器人的技术创新和应用拓展，更促进了国家间的友谊与合作。在这些赛事的推动下，教育机器人的智能化水平不断提升。pepper机器人等智能化教育机器人的出现，更是将个性化教学推向了一个新的高度。通过引入人工智能技术，教育机器人能够更好地理解用户需求，为学生提供更加精准、个性化的教学指导。这种智能化的教学方式不仅优化了教学效果，更为学生带来了前所未有的学习体验。

10.3.2　学生反馈

随着智能教育技术不断融入课堂，学生们的学习体验正经历着深刻的变革。这些技术不仅改变了知识的呈现方式，还促进了学习过程的个性化和互动性，从而引发了学生们一系列积极的反馈。

1.提高学习兴趣

智能教育利用虚拟现实（VR）和增强现实（AR）技术，将抽象的概念和复杂的知识以直观、生动的形式展现出来，为学生创造了一个沉浸式的学习环境。

（1）学生反馈。①趣味性增强：学生们普遍表示，VR和AR技术使学习变得更加有趣，他们可以在虚拟环境中亲身体验知识的应用过程。这种直观的学习方式能够激发他们的好奇心和探索欲。②互动性提升：在虚拟环境中，学生可以动手操作、亲身体验。这种互动性的学习方式让他们更加投入和专注，提高了学习的主动性和参与度。

（2）教育意义。提高学习兴趣是促进学生主动学习的关键。智能教育技术的应用，有效降低了学习的枯燥感，使学生更愿意参与到学习活动中来。这种积极的学习态度有助于培养学生的自主学习能力和创新精神，为他们的未来发展奠定坚实基础。

2.个性化学习体验

智能算法和大数据分析技术能够全面收集学生的学习数据，包括学习习惯、兴趣爱好、学习能力等，从而构建出每个学生的个性化学习档案。

（1）学生感受。①针对性强：学生们认为，个性化的学习方案更加符合他们的实际需求，针对性更强。通过精准的学习指导，学生们可以更好地理解和掌握知识，提高学习效率。②效率提升：学生们可以在有限的时间内获得更多的知识，学习成果也更加显著。

（2）教育意义。个性化学习是现代教育的重要趋势。智能教育技术的应用，使得每个学生都能得到最适合自己的教育方式，这不仅有助于培养学生的个性和特长，还促进了教育公平和教育质量的提升。通过为每个学生提供量身定制的学习方案，可以更加精准地满足学生的需求，为他们的未来发展提供更多的可能性。

3.即时反馈与互动

智能教育平台或机器人能够实时跟踪学生的学习进度和表现，并为学生提供即时的学习反馈。

（1）学生体验。①及时了解：学生们能够迅速了解自己的学习情况和进步程度。这种即时的反馈机制有助于他们及时调整学习策略，避免走弯路或浪费时间。②积极互动：通过与智能教育平台或机器人的互动，学生们可以提出问题、分享学习心得。这种互动性的学习方式增强了学习的互动性和参与感，使学习变得更加有趣。

（2）教育意义。即时反馈与互动是提升学习效果的重要手段。智能教育技术的应用，使得学生能够更加主动地参与到学习过程中来，他们可以通过与智能系统的互动获得即时的反馈和指导，从而不断调整和优化自己的学习策略。这种主动的学习方式有助于提高学生的学习积极性和有效性，为他们的未来发展奠定坚实基础。

10.3.3　教育机器人面临的挑战和未来展望

1.教育机器人的优点

（1）提升教学效果。教育机器人作为现代科技的产物，融合了语音识别、自然语言处理、机器学习等多项先进技术，为学生提供了前所未有的直观、生动的学习体验。它们能够以更加灵活多样的方式呈现知识，帮助学生更好地理解和掌握知识点，从而显著提升教学效果。

（2）增强学生兴趣。教育机器人以其独特的趣味性和互动性，极大地激发了学生的学习兴趣和好奇心。它们能够设计各种趣味游戏、互动问答等环节，让学生在轻松愉快的氛围中学习，有效提高学习的积极性和主动性。

（3）减轻教学压力。教育机器人在教育领域的应用，显著减轻了教师的教学压力。它们能够承担部分重复性的教学任务，如批改作业、提供学习反馈等，使教师能够将更多的时间和精力投入到教学研究和个性化指导中。同时，教育机器人还能为教师提供详尽的教学数据分析，帮助教师更准确地了解学生的学习情况，制订更加合理的教学计划。

2.教育机器人的缺点和面临的挑战

（1）成本高。尽管教育机器人具有诸多优点，但其高昂的研发、生产和维护成本却是不容忽视的问题，这在一定程度上限制了教育机器人在教育领域的普及和应用。此外，教育机器人在使用过程中大多需要教师的引导和辅助，这也增加了人力成本。

（2）互动效果有限。尽管教育机器人已经具备了较高的智能化水平，但与人类教师相比，其互动效果仍然存在一定的局限性。教育机器人难以完全理解学生的情感需求和个性化差异，无法满足学生多样化的学习需求。

（3）伦理挑战。随着教育机器人的广泛应用，如何避免其对学生造成不良影响也成为一个亟待解决的问题。教育机器人需要遵循一定的伦理规范，确保其在教育过程中的安全性和可靠性。同时，还需要关注教育机器人对学生心理健康、社交能力等方面的影响。

3.教育机器人的未来展望

（1）多元化和个性化。未来的教育机器人将更加注重满足多元化和个性化的教学需求。它们将能够根据学生的兴趣、能力和学习风格等，提供定制化的学习内容和教学方案。同时，教育机器人还将不断引入新的教学元素和互动方式，以满足学生多样化的学习需求。

（2）智能化和自主化。随着人工智能技术的不断发展，教育机器人将具备更高的智能化和自主化水平。它们将能够更加准确地理解学生的需求和反馈，提供更加精准的学习指导和支持。同时，教育机器人还将具备更强的自主学习和适应能力，能够根据学生的学习进度和表现自动调整教学难度和策略。

（3）跨学科和综合性。未来的教育机器人将更加注重跨学科和综合性的教学内容。它们将能够整合不同学科的知识点和教学资源，为学生提供更加全面、系统的学习体验。同时，教育机器人还将注重培养学生的综合素质和能力，如创新思维、批判性思维、团队协作能力等，这将有助于学生在未来的学习和工作中更好地适应社会的需求和发展。

10.4　智能机器人在其他领域的应用

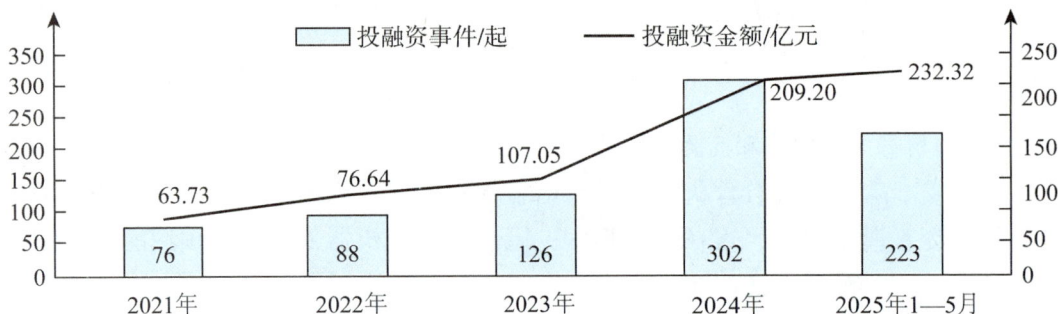

智能机器人在其他领域的应用

最近几年来，智能机器人产业正掀起一股投资并购的热潮。如图10.15所示，2021年至2024年我国智能机器人投融资热度日渐高涨，至今已进入投融资热度高峰期。

图10.15　2021年—2025年5月中国智能机器人投融资数量及规模

在当今快速发展的社会中，智能机器人正以其独特的优势在医疗、工农业等多个领域中崭露头角，成为推动市场、经济和科技进步的重要力量。随着人工智能、机器学习和自动化技术的不断成熟，智能机器人不仅提升了各行业的生产效率和服务质量，还在解决人力资源短缺、提高安全性和降低运营成本等方面发挥了重要作用。

10.4.1　医疗机器人

1.医疗机器人发展背景

医疗机器人是医疗技术与机器人技术结合的产物，其发展受多种因素推动。首先，计算机科学、人工智能和传感器技术的快速进步，使医疗机器人具备更高的智能化和自动化水平。其次，全球老龄化加剧和慢性病发病率上升，导致医疗服务的需求激增，医疗机器人通过自动化手术和智能护理等方式提升了服务效率。此外，随着医疗成本的不断上升，医疗机构面临较大的经济压力，机器人技术能够降低运营成本并提高治疗效果。同时，患者对医疗质量和服务体验的期待也促使医疗机器人在健康监测和康复治疗中的应用不断增加。最后，政府的政策支持和资金投入进一步推动了医疗机器人技术的发展与临床应用。

2.具体应用

达·芬奇手术机器人是医疗机器人领域的佼佼者，由美国 Intuitive Surgical 公司开发，如图 10.16 所示。自 2000 年首次获得 FDA 批准以来，达·芬奇机器人已成为全球范围内使用最广泛的手术机器人之一，应用于各种外科手术中，包括泌尿外科、妇科、心胸外科和一般外科等。达·芬奇机器人配备了高分辨率的 3D 高清摄像头，能够提供清晰的手术视野，帮助外科医生在复杂的手术中实现更高的精度。该机器人支持微创技术，手术通过小切口即可进行，减少了患者身体的损伤，导致更少的术后疼痛、更短的恢复时间和更快的出院时间。医疗机器人与传统手术操作的融合，提高了手术的精准度，使得许多复杂和高风险的手术得以顺利进行。

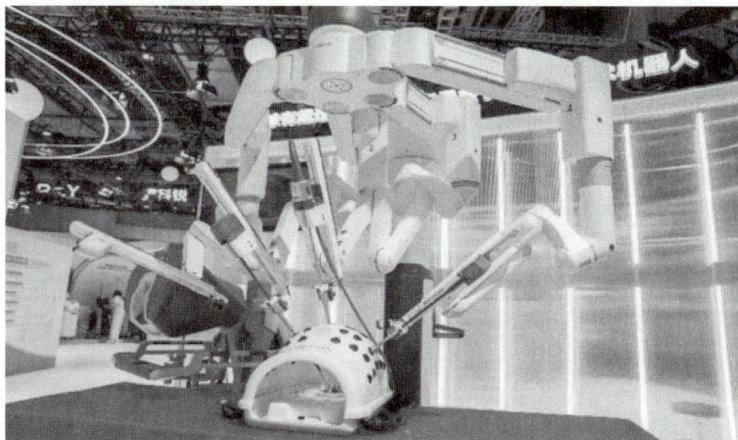

图 10.16　达·芬奇手术机器人

　　康复机器人在帮助患者进行术后康复训练方面展现了巨大的潜力。这些机器人通过精准的动作控制和逼真的环境模拟，帮助患者进行步态训练、下肢康复训练等。由 Hocoma 公司研发的 Lokomat，是一款下肢康复机器人，如图 10.17 所示。该机器人结合了运动生物反馈技术，通过机械装置辅助患者进行步态训练，训练过程中，患者可以在虚拟环境中行走，增加了训练的趣味性。Lokomat 配备有可调节的机械腿，能够根据患者的能力和需要调整步态模式和步频，从而提供个性化的训练。

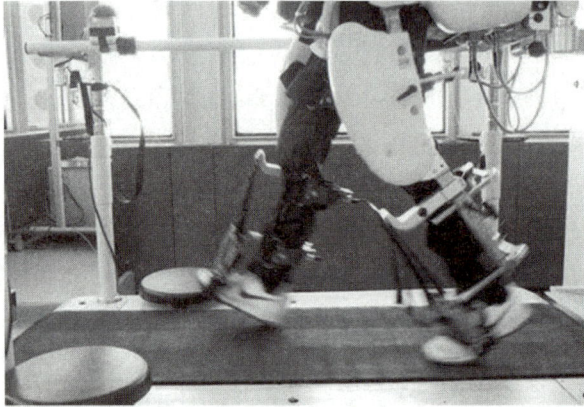

图 10.17　Lokomat 下肢康复机器人

　　医疗辅助机器人同样在医院中扮演着重要角色，其中远程医疗机器人和护理机器人是这类机器人中的重要代表。图 10.18 所示的 Telepresence Robots 就是一种远程医疗机器人，用户可以通过控制界面远程控制机器人的移动，使其在办公室、医院或家庭等场所自由移动。机器人配备高清摄像头和音频设备，能够实现清晰的视频和音频传输，使得远程用户能够与机器人所在位置的人进行实时互动。护理机器人中最负盛名的是图 10.19 所示的 PARO。PARO 是一种创新的治疗性社交机器人，模拟小海豹的外形，旨在为老年人，特别是那些患有认知障碍（如阿尔茨海默病）的老年人提供情感支持和心理慰藉。PARO 配备多种传感器，包括触摸、光线和声音传感器，能够感知周围环境和用户的互动，例如，当用户抚摸它时，PARO 会发出愉悦的声音并表现出快乐的反应。多项研究表明，PARO 能够有效改善老年患者的情绪与状态，减少焦虑和抑郁症状，增强社交互动和参与感，患者与 PARO 的互动可以促进积极的情感体验，提高生活质量。

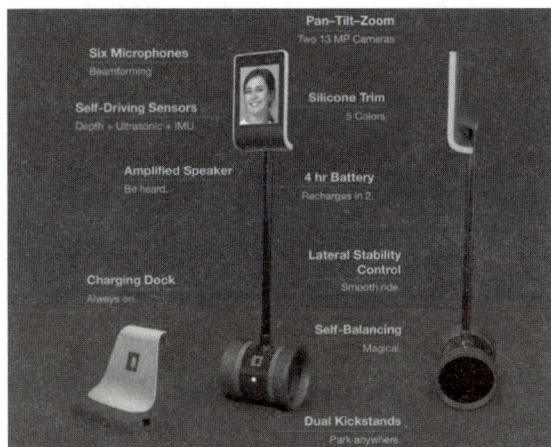

图 10.18　Telepresence　Robots

图 10.19　PARO

10.4.2　工业机器人

1. 工业机器人概述

工业机器人在现代制造业中扮演着至关重要的角色，推动着生产效率的提升和企业竞争力的增强。随着全球经济的快速发展、技术的进步以及市场需求的日益多样化，工业机器人逐渐成为制造业转型升级的关键驱动力。这一转型不仅体现在传统制造流程的优化上，还包括新兴技术的融合与创新，使得生产方式更加智能化和高效化。传统的生产模式往往依赖于人工操作，不仅耗费时间和人力成本，还容易受到人为因素的影响，导致生产过程中出现错误或延误，而工业机器人则能够以极高的精度和速度执行各项任务，确保生产流程的稳定性和高效性。例如，在汽车制造、电子装配等行业，机器人被广泛应用于焊接、喷涂、组装等环节，能够在短时间内完成大量的生产任务，从而提升整体生产能力。

2. 具体应用

生产线自动化是工业机器人最主要的应用之一。如图 10.20 所示，自动化装配车间中的机器人可以 24 小时不间断地进行生产操作，提高了生产线的连续性和稳定性。它们可以进行焊接、喷涂、装配等不同工序的操作，有效提高了生产效率，优化了产品质量。通过使用机器视觉和人工智能算法，工业机器人可以进行自我检测和故障排除，使得现代制造业的生产线更加智能化和自适应。

图 10.20　自动化装配车间

　　智能仓储和物流是工业机器人大显身手的另一个领域。自动引导车（AGV）和无人机等物流机器人通过预设的路径和智能导航系统，高效地进行物料搬运和配送。它们通过无线网络与仓储管理系统进行实时通信，做到物料和产品的精确管理和跟踪，比如图 10.21 所示的京东物流工厂。未来，随着 5G 技术和物联网的普及，智能仓储和物流系统将更加高效和智能，进一步推动"智慧工厂"的发展。

图 10.21　京东物流工厂

　　在质量检测领域，工业机器人的应用也很广泛。质量检测机器人是专门用于在生产和制造过程中执行质量控制和检测任务的自动化设备，通过使用先进的传感器、视觉系统和人工智能技术，能够高效、准确地识别和分析产品的缺陷，确保产品在出厂前符合质量标准。ABB 公司是生产质量检测机器人的代表性公司，如图 10.22 所示的是 ABB 公司的质量检测机器人，通常配备高分辨率的摄像头和视觉传感器，能够进行微米级别的检测，确保产品质量的标准性。这些机器人可以根据不同的生产需求进行编程和调整，适用于多种产品和检测任务，并且能够快速适应生产线的变化。ABB 公司的机器人系统可以与其他自动化设备或系统（如 PLC、MES 和 ERP 系统）无缝集成，实现数据共享和协同工作。

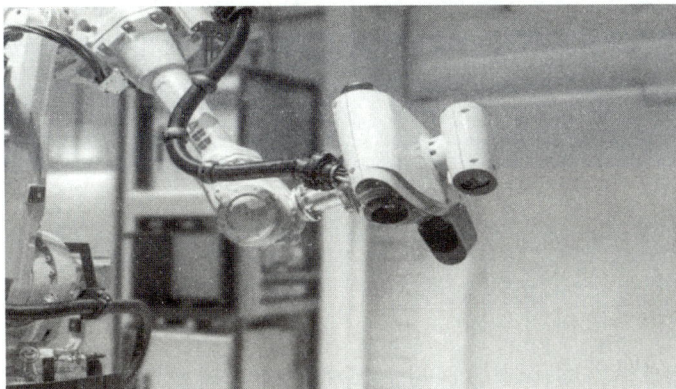

图 10.22　质量检测机器人

10.4.3　农业机器人

1.农业机器人的历史演变

在 20 世纪初，农业开始逐步机械化，主要依赖于拖拉机和其他机械设备来替代人力和畜力。这一时期的设备主要用于耕作、播种和收割等基本农业活动。20 世纪 50 年代，随着电机和液压技术的发展，一些简单的自动化设备开始出现，如自动播种机和收割机（见图 10.23）。这些设备虽然仍需要人工操作，但减轻了人力劳动强度。

图 10.23　20 世纪 50 年代的收割机

到了 20 世纪 80—90 年代，计算机技术逐渐应用于农业，农业管理系统和决策支持系统开始出现，这些系统帮助农民进行数据分析、作物管理和资源优化。1990年，全球定位系统（Global Position System，GPS）技术的引入使得精准农业成为可能。农民可以利用 GPS 进行精准播种、施肥和喷药，提高了资源利用效率和作物产量，如图 10.24 所示。

图 10.24　结合计算机技术的农机

　　进入新世纪，人工智能、物联网、大数据高速发展，农业机器人实现了更高水平的智能化和网络化，农民能够通过数据分析和实时监测，优化农业生产过程。无人机技术的迅速发展使得农业监测和喷洒作业变得更加高效，农民可以利用无人机进行作物健康监测、土壤分析和精准施药。图 10.25 所示为智慧农业图景。

图 10.25　智慧农业图景

2. 具体应用

　　播种机器人和收割机器人是现代农业自动化的重要组成部分，它们通过提高作业效率、减少人力需求和优化资源利用，推动了农业生产的智能化和可持续发展。播种机器人通常具备自动播种、施肥和土壤处理等多种功能，能够根据土壤条件和作物需求，精确地将种子播种到预定深度和间距的位置。收割机器人专门设计用于收割成熟作物，能够自动识别作物的成熟度，并进行收割、清理和装载等操作。John Deere（约翰·迪尔）作为全球知名的农业机械制造商，其收割机和播种机配备先进的传感器和 GPS 技术，能够实现精准农业和数据驱动的决策，在技术创新和市场应用方面处于领先地位。图 10.26 所示为自带路径规划的小麦播种机器人。

图 10.26　自带路径规划的小麦播种机器人

　　植物健康检测机器人是现代农业领域中一种重要的智能设备，旨在通过自动化和高科技手段监测和评估植物的健康状况。这些机器人利用传感器、图像处理技术和人工智能算法，实时收集和分析植物的生长数据，帮助农民作出更有效的管理决策，如图 10.27 所示。

图 10.27　植物健康监测机器人

　　农业生产优化也是农业机器人应用中的一个关键领域。现代农业的目标不仅是提高作物产量和品质，还要在资源利用和环境保护方面达到最佳效果。农业机器人通过精细化管理和数据驱动的决策支持，为实现这些目标提供了强有力的工具。机器人在田间管理中，能够利用传感器和人工智能技术，精确监测土壤湿度、营养成分和气象条件，并根据实时数据进行灌溉、施肥和病虫害防治。通过精准农业技术，机器人可以减少水、肥料和农药的浪费，实现资源的高效利用，不仅降低了生产成本，也减少了对环境的负面影响。

10.5　未来发展趋势

随着科技的飞速进步，智能机器人在各个领域，特别是教育、农业、医疗、制造业等方面，发挥越来越重要的作用，并推动着社会的变革和进步。人类与机器人的协作将成为未来工作的常态，并由此带来更高的生产效率和更好的生活质量。未来的机器人将不仅仅是工具，而是我们生活和工作中不可或缺的伙伴。

（1）智能化程度提升。随着人工智能技术的不断进步，智能机器人将具备更高的自主决策和学习能力，能够更好地适应复杂环境和任务需求。它们将能够更准确地理解人类的语言和意图，与人类进行更自然的交互。

（2）跨领域应用拓展。未来，智能机器人将更加注重跨领域应用。它们将不再局限于某一特定领域，而是能够在多个领域之间实现无缝切换和协同工作，为各个领域提供更加智能化、高效化的解决方案。

（3）人机协作模式创新。未来，智能机器人将更加注重与人类的协同工作，实现人机共融的生产模式。通过集成先进的传感器和机器视觉技术，智能机器人将能够实时感知人类的工作状态和意图，与人类进行更加紧密的合作，共同提高生产效率和产品质量。

（4）精准化服务和管理。随着物联网、大数据等技术的不断发展，智能机器人将实现更加精准和高效的数据采集和分析。它们将能够实时监测和分析各种数据，为各个领域提供更加智能化的服务和管理方案。例如，在医疗领域，智能机器人将能够为患者提供更加个性化、精准化的治疗方案和康复计划；在教育领域，智能机器人将能够根据学生的学习数据和兴趣爱好，为他们提供更加个性化的学习计划和资源推荐。

（5）情感交流和陪伴。未来，智能机器人还将更加注重情感交流和陪伴。通过集成自然语言处理、情感计算等先进技术，智能机器人将能够更好地理解人类的情感和需求，与人类建立更加深厚的情感联系。它们将成为人类忠实的伙伴和助手，陪伴人类度过美好的时光。

综上所述，智能机器人在各个领域的应用前景广阔，发展趋势将更加多元化和智能化。我们有理由相信，在未来的日子里，智能机器人将成为我们生活和工作中不可或缺的伙伴，为我们带来更加便捷、高效、智能的生活体验。

10.6　章后习题

一、选择题

1.［多选题］关于智能机器人的组成部分，可以简单地分为（　　　）。

A.硬件结构　　　　B.控制系统　　　　C.智能算法　　　　D.交互系统

2.［多选题］教育机器人的优点有（　　）。

A.提升教学效果　　　　　　　　B.增强学生兴趣

C.减轻教学压力　　　　　　　　D.互动效果有限

3.［单选题］Lokomat是一种（　　）。

A.手术机器人　　　　　B.远程医疗机器人　　　　C.下肢康复机器人

二、判断题

1.场景识别技术帮助智能机器人识别和跟踪人脸。

2.在20世纪初，因为电机和液压技术的发展，一些简单的自动化设备开始出现。

三、讨论题

1.智能机器人在教育中的应用。结合智能机器人的硬件结构、控制系统和人工智能算法，讨论这些组成部分如何共同作用来提升教育机器人的性能和有效性。具体分析哪个组成部分在教育环境中最为关键，并说明理由。

2.教育机器人的发展趋势。根据教育机器人的发展历程，讨论当前智能教育机器人面临的主要挑战和未来发展方向。讨论如何看待人工智能技术在教育机器人中的应用对传统教育模式的影响。

3.学生体验与教学效果。探讨在引入教育机器人后，学生的学习体验和反馈如何改变，以及通过哪些具体的指标或数据可以评估教育机器人的有效性。讨论这种评估对于教育机器人的进一步优化和发展有何意义。

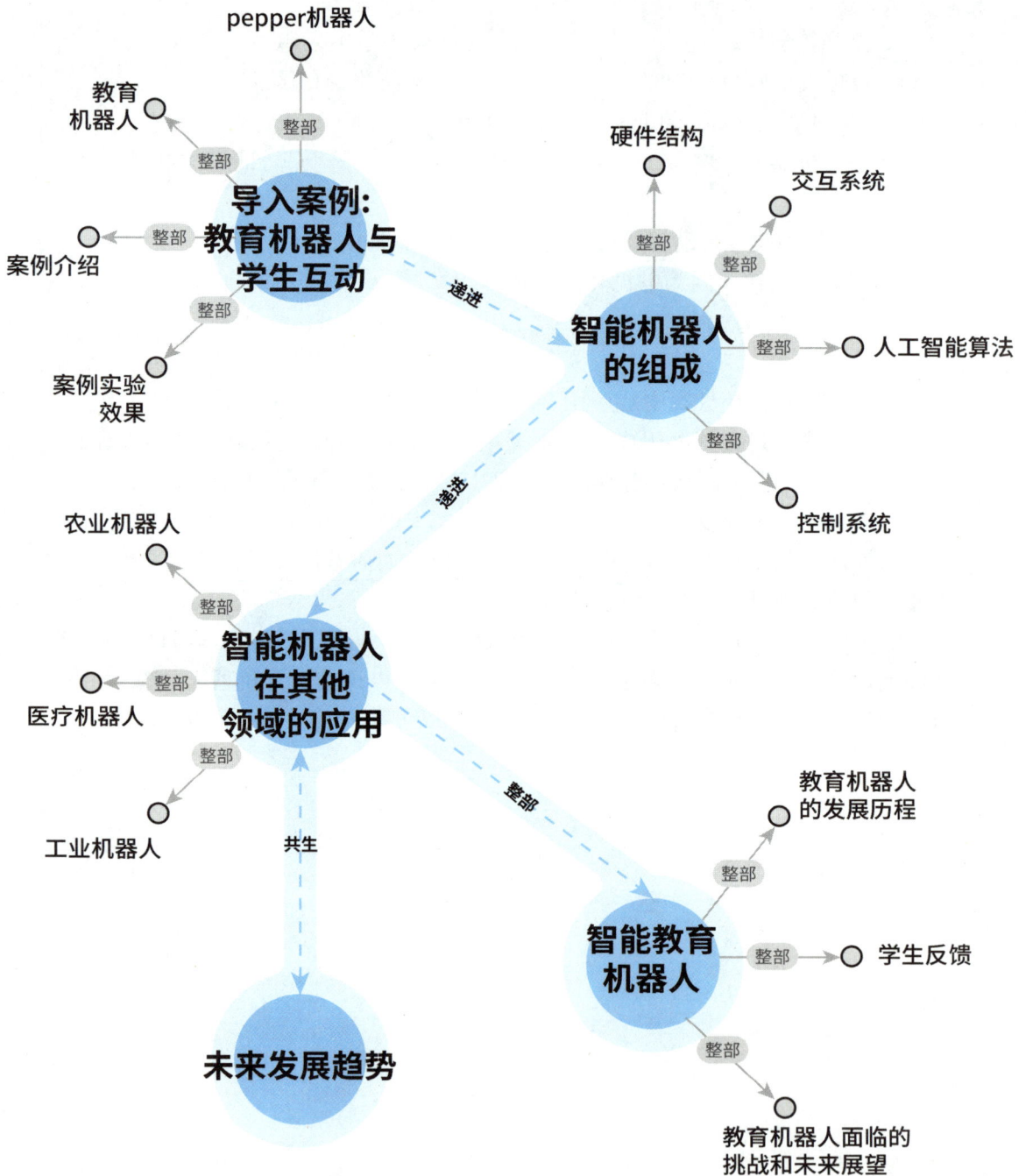

pepper机器人

教育
机器人

整部

整部

导入案例:
教育机器人与
学生互动

案例介绍

整部

递进

整部

案例实验
效果

硬件结构

整部

交互系统

整部

智能机器人
的组成

整部

人工智能算法

整部

控制系统

递进

农业机器人

整部

智能机器人
在其他
领域的应用

整部

医疗机器人

整部

工业机器人

共生

整部

教育机器人
的发展历程

整部

智能教育
机器人

整部

学生反馈

未来发展趋势

整部

教育机器人面临的
挑战和未来展望

智能机器人

第 11 章 人工智能与智能社会

案例：智能社会
中的未来一天

11.1 导入案例：未来一天

今天，作者与大家一同探索一个充满未来感的设想：智能社会中的未来一天。在这个未来世界里，智能家居、智慧工厂、智慧校园以及智慧城市无缝衔接，共同组成一个高效、便捷、安全且个性化的智能社会。接下来，让我们一同走进"未来一天"的精彩瞬间。

早晨：想象一下，当第一缕阳光还未完全穿透窗帘，家中的智能助手便根据你的睡眠周期，结合你的日程安排，用柔和的语音和音乐，引导你进入新的一天。简单洗漱后，你穿戴好VR设备，瞬间，你的卧室就变为通往虚拟健身房的门户。在这里，没有空间的限制，没有器械的不足，你可以参与各种虚拟晨练课程。与此同时，家中的智能热水器已经悄悄启动，为你即将进行的沐浴做准备。晨练结束后，你走进数字厨房，通过智能屏幕，你开始选择和设计自己的早餐菜单，当你完成选择后，只需稍等片刻，门铃便会响起——送餐机器人已准时送达你定制的早餐。

上午：简单休息后，你开始了今天的工作。你戴上AR眼镜，你的书房瞬间变为虚拟办公室，在这里，你与分布在全球各地的同事们通过高精度的虚拟形象面对面交流，共同协作处理复杂的工作任务。会议结束后，你开始检查所负责工厂的设备。得益于数字孪生技术的应用，你足不出户便可根据虚拟空间中构建的与实体工厂中运行设备一模一样的数字模型，进行设备的调试与维护工作。此时，你发现某个设备的一个关键参数出现了偏差，没有丝毫犹豫地，你立即联系了在工厂现场的同事，他们根据你提供的信息进行检测，验证并修正了问题。结束设备的维护工作后，你打开智能管理系统，它将生产过程中的海量数据都保存了下来，并通过复杂的算法进行筛选、整合与解读。今天，它向你提出了三条针对生产线的优化建议，你进入虚拟实验室，对这些建议逐一进行验证与分析。经过模拟，你发现其中一条建议能够提升5%的生产效率。

下午：为了拓宽自己的知识面，你参加了在线化学课程。在虚拟课堂中，通过3D模型的精细呈现和互动演示，那些曾经抽象复杂的化学概念变得直观而生动。你能"亲手"触摸分子模型，"亲眼"见证化学反应的每一个细微变化，这种沉浸式的学习体验，让你深刻理解这些化学知识。随后，你进入了虚拟实验室，在这里，无须担心实验材料的限制，也无须顾虑安全风险的威胁，你可以在AI教学助手的帮助下自由地尝试各种化学实验。最后，你来到了虚拟图书馆，在这里，AI阅读助手根据你过往的学习经历和阅读习惯，推荐了一系列电子图书和教育视频，你沉浸其中。

晚上：结束了一天的工作和学习后，你决定前往西湖，一睹西湖夜景。你点击手机上的智能出行应用并输入目的地，它便为你规划出了一条最优的出游计划，并安排好了出行工具。不久后，一辆自动驾驶汽车准时出现在了你的家门口，车门缓缓打开，邀请你上车。自动驾驶系统精准地操控着车辆，让你在享受沿途风景的同时，也感受到了前所未有的便捷。很快，你来到了西湖湖畔，戴上景区提供的AR眼镜和耳机，西湖景观、音乐与中国传统文化元素无缝交融，为你呈现了一场视听盛宴。尽管人流众多，一切却都显得有条不紊，这是因为智慧城市的智能管理系统在夜晚也持续运行，监控城市的交通、能源使用和环境状况。2个小时后，你踏上了归途，当你再次来到家门口时，智能门禁系统早已识别出了你的身份，大门自动为你敞开。走进屋内，一股暖意扑面而来，热水已经为你备好。洗漱后，智能助手贴心地为你播放起了轻柔的音乐，室内的光线也随之自动调整至最适宜睡眠的亮度，在这份宁静与温馨中，你缓缓闭上了眼睛，渐渐进入了梦乡。

或许你还沉浸在对未来科幻世界的憧憬中，以为那些高科技场景遥不可及，但事实上，人工智能已经悄无声息地渗透进了我们的日常，如同晨曦中的第一缕阳光，温柔而坚定地叩响了新时代的大门。2011年那一声"hi, siri"如同魔法咒语般响彻耳畔，我们未曾预料到，这仅仅是智能浪潮的序曲。如今，无论你手握哪家品牌的智能手机，都有一个贴心聪慧的语音助手随时待命，仿佛是你生活中的私人小秘书（见图11.1）。

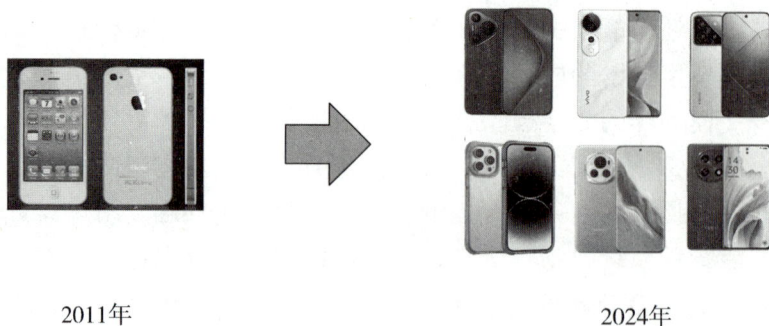

2011年　　　　　　　　　　　　2024年

图11.1　装载语音助手的智能手机

　　2012年，全球人工智能与机器学习领域的领军人物——华人科学家吴恩达率领其精英团队，斥资百万美元，动用了惊人的1000台电脑与16000个CPU的强大算力，共同编织了一个当时举世无双的深度学习网络。这个庞然大物的使命，竟是一个看似简单的目标——教会计算机绘制出一张栩栩如生的猫脸。经过漫长而紧张的三天三夜，一张略显模糊却意义非凡的猫头图像终于跃然屏上（见图11.2），标志着AI在艺术创作领域的初步探索。

　　时光荏苒，到了2015年，谷歌公司以开放共享的姿态，推出了"Deep Dream"项目，这一创举让AI绘画踏入了迷幻与超现实的奇妙境界，一幅幅如梦似幻的画作让人叹为观止。转眼间，时间轴跳转至2021年，一家名为OpenAI的创新企业横空出世，宣布了DALL·E的诞生，这款革命性的产品能够根据简单的文字描述，瞬间生成逼真图片，让人惊叹不已。同时，他们还孕育了另一个广为人知的人工智能杰作——ChatGPT，进一步推动了AI与人类的深度交互（见图11.2）。

| 2012年 | 2015年 | 2021年 |

图11.2　2011—2021年不同AI的绘图能力展示

　　时至今日，AI在绘画领域的成就已令人瞠目结舌，其创造力与精准度几乎达到了令人畏惧的地步。而在这场AI艺术的狂潮中，Sora项目以其独特的魅力和卓越的能力脱颖而出，成为推动AI画图技术不断攀登新高峰的重要力量。如图11.3所示，Sora不仅继承了"前辈"们的智慧与技术，更在此基础上进行了大胆的创新与突破，使得AI绘画不再局限于简单的模仿与复制，而是能够创造出真正具有艺术价值和情感深度的作品。

图11.3　2024年Sora的绘图能力展示

在科技洪流的汹涌推动下，我们正大步踏入一个被智能技术深度浸润与雕琢的"智能社会"。在这个梦幻般的未来画卷中，VR眼镜让我们身临其境地穿梭于虚拟与现实之间；自动驾驶汽车如智能精灵般穿梭在城市的血脉中；送餐机器人则将便捷送至千家万户。这些智能设备，不仅为我们的生活添上了斑斓的色彩，更如催化剂般，深刻重塑着各行各业的生产模式，引领着社会向更加智慧、高效的未来迈进（见图11.4）。

图11.4   "智能社会"中的各种智能设备

我们从"信息化社会"迈入"智能社会"，这一转变不仅是技术层面的升级，更是社会结构、经济模式、生活方式乃至人类思维方式的全面革新。在智能社会中，智慧城市将作为核心载体，通过大数据、云计算、物联网等先进技术，实现城市管理的精细化、智能化和高效化；智慧工厂将推动制造业向数字化、网络化、智能化转型，提高生产效率，降低运营成本；智能家居则让家庭生活更加便捷、舒适和安全，实现了人与家居环境的和谐共生；智慧校园则利用智能技术优化教育资源配置，提升教学质量，培养具有创新精神和实践能力的人才。

接下来，我们将沿着刚刚的设想，依次介绍智能社会的几个组成部分：智慧城市、智慧工厂、智能家居、智慧校园。当然，智能社会并不仅仅包含这些，还有智慧医疗、智慧金融、智能农业、智能建筑等等，有些已经在前文介绍过，更多的内容可留给大家去探索。

11.2   智慧城市

智慧城市

人工智能与智慧城市紧密相连，是智慧城市不可或缺的一部分。在智慧城市中，人工智能技术被广泛应用于交通管理、公共安全、环境保护、能源利用等多个领域。通过智能感知、数据分析与决策支持，人工智能系统能够实时监测城市运行状态，预测并应对潜在问题，优化资源配置，提高城市管理效率。例如，智能交通系统利用AI算法缓解交通拥堵；智能安防系统则通过人脸识别、行为分析等技术提升公共安全水平。此外，人工智能还助力智慧城市实现个性化服务，如智能推荐系统根据居民需求提供定制化信息，增强居民幸福感与满意度。总之，人工智能与智慧城市的结合，正引领着城市向更加智能、绿色、宜居的方向发展。

11.2.1　智慧城市的起源与发展

智慧城市的发展可以分为以下几个主要阶段。

(1)萌芽阶段（1990—2007年）。1990年，在美国旧金山举行的以"智慧城市，全球网络"为主题的国际会议中，智慧城市这一概念首次被提出。在这一时期，全球各地普遍开始重视信息化基础设施建设，为智慧城市的兴起积蓄力量。例如，新加坡在1992年提出了"智慧岛"计划，加快普及信息技术，构建覆盖全国的高速宽带多媒体网络，到1999年，它以"全民高速互联网连接"为主题获得ICF全球年度最佳智慧城市称号。

(2)起步阶段（2008—2011年）。IBM公司于2008年提出"智慧地球"概念，并于次年将智慧城市的概念引入中国。在这一阶段，智慧城市建设开始在全球范围内逐步展开，各地开始探索建设路径和模式。

(3)探索阶段（2012—2015年）。我国在这一时期开始大规模探索智慧城市的建设。2012年，住房和城乡建设部办公厅发布《国家智慧城市试点暂行管理办法》，并分批部署了290个智慧城市试点，这标志着中国智慧城市建设已大规模开展。各试点城市在这一阶段的建设过程中积累了丰富的经验，为后续的推广和普及奠定了基础。

(4)新型智慧城市阶段（2016年至今）。2016年，《"十三五"国家信息化规划》提出"新型智慧城市建设行动"，这意味着智慧城市的发展进入了一个新的阶段。新型智慧城市以数据驱动为核心，以人为本，统筹集约，协同创新，是现代城市发展的高端新形态。

随着数字科技的不断发展，新型智慧城市在技术应用、服务模式、业态场景等方面不断创新和完善，为城市居民提供了更加便捷、高效、智能的服务。

11.2.2　智慧城市的基本概念

智慧城市的概念随着发展不断变化。到了今天，智慧城市是指通过物联网、云计算、大数据、人工智能等先进技术，实现城市各项功能的数字化、网络化、智能化，从而提升城市治理水平、促进城市经济发展、提高居民生活质量的新型城市发展模式。智慧城市的主要功能包括以下几个方面。

(1)提升城市治理水平。通过数字化、网络化、智能化等手段，实现城市治理的精细化、智能化和高效化，提高城市治理能力和水平，为居民提供更加便捷、高效的城市公共服务。

(2)促进城市经济发展。推动产业升级和创新发展，提高城市经济活力和竞争力，实现经济可持续发展。

(3)提高居民生活质量。提高城市公共服务的水平和质量，为居民提供更加便捷、舒适的生活环境，提高居民的生活质量和幸福感。

　　和传统城市相比，智慧城市的特点主要体现在以下几个方面。

　　（1）高度信息化与数字化。智慧城市各个领域高度依赖信息化技术和互联网技术，实现了城市运行的全面数字化和网络化。通过物联网、大数据等技术手段，城市基础设施和公共服务设施实现了全面的数据采集。

　　（2）智能化服务与管理。智慧城市利用人工智能、机器学习等先进技术，实现城市基础设施和公共服务设施的智能化服务和管理。居民和企业可以享受到更加高效、便捷、个性化的城市服务。

　　（3）互联互通。通过物联网、云计算等技术，实现城市各系统之间的互联互通。

　　（4）绿色可持续与环保。智慧城市注重环境保护和可持续发展，通过智能化手段推动城市能源、资源和环境的协调发展。智慧城市致力于建立可持续的城市生态系统，提高城市居民的环保意识和生活质量。

　　（5）个性化。智慧城市的建设和管理注重以人为本，提供个性化定制服务，关注居民的需求和体验。鼓励居民参与城市治理和公共服务的设计与评价，提高居民的满意度和幸福感。

11.3　智慧工厂

智慧工厂

　　智慧工厂作为现代工厂信息化跃进的崭新篇章，深度融合了信息技术、物联网技术等，广泛连接高精尖的设备监控技术，引领生产流程迈向智能化、自动化的高效境界。智慧工厂不仅代表了工业4.0时代的核心精髓，更以其高度的信息化集成、自动化操作与智能化决策能力，让生产过程的每一个环节都实现了前所未有的可视化监控、精准化控制与持续优化。

11.3.1　智慧工厂的基本概念

　　智慧工厂作为现代工厂信息化演进的全新里程碑，标志着制造业向智能化、可持续化方向迈出了关键一步。它以数字化工厂为基石，深度融合物联网感知技术与设备全生命周期监控体系，构建起覆盖全产业链的智能神经网络。通过部署边缘计算节点与工业互联网平台，实现产销流程的透明化映射、生产节拍的精准控制以及人机协同的柔性作业模式，显著降低非计划停机时间与人工干预频次。依托工业物联网架构，实时采集多维生产数据并构建数字孪生模型，结合智能排程算法实现产能动态优化与生产节拍自适应调节。智慧工厂的核心技术包括物联网技术、大数据分析技术、云计算技术、人工智能技术等等。

　　如表11.1所示，和传统工厂相比，智慧工厂在技术应用、生产效率、数据采集与分析以及灵活性与可扩展性等方面实现了质的飞跃。

表 11.1　智能工厂和传统工厂的区别

对比项	智慧工厂	传统工厂
技术应用	采用物联网、大数据、云计算、人工智能等先进技术，实现设备与系统之间的互联互通	主要依赖人工操作和传统的机械化生产方式，技术应用相对有限
生产效率	自动化、智能化，大幅提高生产效率	生产效率受限于人工操作速度和机械设备的性能
数据采集与分析	实时采集生产线数据，并进行优化	主要依赖人工记录
灵活性与可扩展性	高度灵活性和可扩展性	生产流程相对固定

在技术应用方面，智慧工厂充分利用了物联网、大数据、云计算和人工智能等前沿技术，实现了设备间的互联互通和智能化管理；而传统工厂则主要依赖人工操作和机械化设备，技术应用相对滞后。

在生产效率方面，智慧工厂通过自动化和智能化手段，显著提高了生产效率，减少了人工干预，降低了错误率；传统工厂则受限于人工速度和设备性能，效率提升有限。

在数据采集与分析方面，智慧工厂能够实时、准确地采集生产数据，并通过智能系统进行分析和处理，为生产决策和问题解决提供有力支持；传统工厂则主要依赖人工记录，数据收集和分析效率低下且易出错。

在灵活性与可扩展性方面，智慧工厂采用模块化设计和智能化控制技术，能够灵活调整生产布局和工艺流程，并轻松扩展生产能力；传统工厂在这方面则显得较为笨拙和受限。

11.4　智能家居

智能家居

随着物联网、大数据、云计算及人工智能技术的深度融合与创新应用，家——这个人类最温馨的港湾，正悄然发生着一场深刻的智能化变革。智能家居系统正逐步从概念走向现实，并以前所未有的速度改变着我们的生活方式，提升我们的生活质量。

智能家居涉及生活的方方面面，它不仅是家用电器与智能设备的简单堆砌，而是由智能家电、智能安防、智能电器、智能传感、智能医疗等有机组成的一个高度集成化、智能化的生态系统，各家居设备间互联互通和协同工作，能够根据用户的习惯、偏好乃至情绪，自动调节家居环境，提供个性化、便捷化、安全化的生活体验。从清晨第一缕阳光透过智能窗帘缓缓唤醒沉睡的你，到夜晚智能安防系统默默守护家的安宁，智能家居以其无微不至的关怀，让生活的每一刻都充满智慧与温馨。

智能家居作为最贴近百姓生活的智能应用之一，无疑是智能社会建设的必经步骤。物联网专家、中国工程院院士邬贺铨表示，住宅家居的智能化已成为社会发展的必然趋势，它将成为连接家庭与社会的桥梁，推动智慧城市、智慧社区等更大范围智能化建设的进程。我们有理由相信，在不久的将来，智能家居将成为人们生活中不可或缺的一部分。

11.4.1　智能家居的起源与发展

在世界建筑发展的历史长河中，智能家居的概念虽然由来已久，但长久以来都未能转化为实际应用的建筑实例。直至1984年1月，美国联合科技集团（United Technologies Building System）以其前瞻性的视野和卓越的技术实力，成功地将建筑设备的信息化、整合化概念应用于美国康涅狄格州哈特福特市的一幢历史悠久的金融大厦——City Place Building（都市办公大楼），使其成为世界首栋"智能型建筑"。

在改建过程中，联合科技公司采用了当时最先进的计算机系统，对大楼的空调、电梯、照明等关键设备进行了全面的监测和控制。这一创新举措不仅提升了建筑的管理效率，更极大地提高了居住者的舒适度和便捷性。同时，该系统还提供了包括语音通信、电子邮件和情报资料在内的信息服务，使得这幢建筑成为真正意义上的"智能型建筑"。

都市办公大楼的改建成功，不仅是智能家居概念从理论走向实践的重要里程碑，也引领了全球范围内对智能家居建筑的探索和追求。自此之后，世界各地的建筑师和科技公司纷纷投入到了智能家居建筑的研发与建设中，共同推动了这一领域的快速发展。

智能家居概念的发展历程可分为以下三个阶段。

（1）初期阶段（1930—1979年）。早期的智能家居尝试可以追溯到20世纪30年代，1932年在芝加哥世博会上首次出现"未来之家"的概念。随后，在50年代，美国密歇根州的机械天才创造了一个按钮庄园，通过各种机械工具和按钮来实现设备控制。到了1957年，孟山都未来之家的展示标志着电气自动化已经开始初具雏形。

（2）发展阶段（1980—1999年）。在这一时期，智能家居的概念和技术得到了进一步的发展和应用。20世纪80年代初，随着大量采用电子技术的家用电器面市，住宅电子化开始出现。80年代中期，将家用电器、通信设备与安保防灾设备的功能综合为一体后，形成了住宅自动化概念。1984年，世界上第一幢智能型建筑——都市办公大楼在美国诞生，标志着智能建筑及智慧家庭发展的起步。80年代末，由于通信与信息技术的发展，出现了对住宅中各种通信、家电、安保设备通过总线技术进行监视、控制与管理的商用系统。这类住宅在美国被称为"Smart Home"，也就是现代智能家居的原型。

比尔·盖茨的豪宅在1997年建成，比尔·盖茨在他的《未来之路》一书中以很大篇幅描绘他在华盛顿湖畔建造的私人豪宅，"由硅片和软件建成"并且"采纳不断变化的尖端技术"。如图11.5所示，这个豪宅完全按照智能住宅的概念建造，不仅具备高速上网的专线，所有的门窗、灯具、电器都能够通过计算机控制，而且有一个高性能的服务器作为管理整个系统的后台。

图11.5 比尔·盖茨的智能豪宅

1999年，微软公司发布了智能家庭的宣传片，预测了物联网智能家庭的形态，尽管当时的技术尚未实现这些功能，但却为智能家居的未来发展指明了方向。

（3）概念成型阶段（2000年至今）。21世纪初，智能家居进入快速发展期，一些国家和地区开始涌现智能家居的研发生产企业，并提供一站式服务。2007年，LivingTomorrow智能家居展示馆成立，馆内展示了通过触摸屏控制家电、进行娱乐和购物的智能家居空间。2010年至今，随着物联网、大数据、云计算等技术的快速发展，智能家居实现了设备之间的互联互通，并通过人工智能技术进行智能化管理。这一阶段的智能家居不仅注重设备的自动化控制，还强调数据的分析和预测，以实现更高级的智能化管理。

在我国，智能家居的发展史可概括为五个关键阶段，每个阶段均伴随着技术革新、市场需求变迁及政策驱动。

（1）萌芽期（1994—1999年）。此阶段，智能家居尚属新兴概念，国内缺乏专业生产商，仅少数代理公司面向在华欧美用户销售产品。部分企业率先涉足深圳、上海等地，开始研发与生产，并逐步构建营销与技术培训体系，为智能家居行业奠定基础。

（2）探索期（2000—2005年）。进入新世纪，中国智能家居行业步入探索期。企业加大投入，成功研发出拥有自主知识产权的产品，市场需求随生活品质提升而增长。然而，技术与市场的局限使得产品种类相对单一，主要集中在安防与照明领域。

（3）徘徊期（2006—2010年）。这一时期，行业遭遇挑战，野蛮竞争导致市场混乱，夸大宣传引发用户不满，代理商体系亦显薄弱。部分企业在逆境中仍坚持技术创新与品质提升，为行业后续发展蓄力。

（4）融合演变期（2011—2020年）。自2011年起，智能家居行业迎来融合演变期。物联网、云计算、大数据等技术的飞速发展，促使产品实现设备间的互联互通与智能化管理。技术标准的融合趋势加速了行业进步，产品种类迅速拓展至智能家电、照明、安防、控制等多个领域，功能更加智能化、互联化。市场需求激增，市场规模持续扩大，预示着智能家居将成为下一个万亿级行业。

（5）爆发期（2021年至今）。智能家居行业迅猛发展，各大企业加速布局。截至2023年，智能家居APP月活跃用户超2.65亿，综合管理类APP用户增长显著。跨界合作频繁，如多品牌共同推出"智能家居"等创新服务。在未来，企业需强化技术创新、资源整合，提升用户体验与品牌建设，以在激烈竞争的市场中立足。智能家居已势不可挡，未来市场潜力巨大，正步入全新发展阶段。

11.4.2　智能家居的基本概念

智能家居是指在物联网技术的支撑下，通过特定的协议或标准，将家庭中的各种设备（包括音视频设备、照明系统、窗帘控制系统、空调控制系统、安防系统、数字影院系统、网络家电以及水电气表等）连接起来，形成一个统一的智能化管理系统。该系统能够根据用户的需求、习惯及外界环境变化，自动调整家居设备的运行状态，并提供多种智能化控制功能和手段，从而创造一个高效、舒适、安全、便利、环保的居住环境。

智能家居具有以下几个显著特征。

（1）物联化。所有家居设备均通过物联网技术实现互联互通，形成一个整体的网络系统。

（2）智能化。智能家居系统利用人工智能、大数据等技术，学习用户习惯，实现自动化控制与智能决策。

（3）便捷性。用户可通过手机APP、语音助手等多种方式远程控制家居设备，实现一键操作，极大提升了生活便利性。

（4）安全性。智能家居系统集成了安防系统，可以实时监测家庭安全状况，有效防范潜在风险。

（5）节能环保。通过智能分析与管理，智能家居系统能够优化能源利用，降低能耗，实现绿色生活。

与普通家居相比，智能家居不仅涵盖传统的居家功能，还兼备了建筑、网络通信、信息家电、设备的自动化，提供了集系统、结构、服务、管理为一体的高效、舒适、安全、便利、环保的居住环境，实现全方位的信息交互功能，帮助家庭与外部保持信息交流畅通，优化人们的生活方式，帮助人们有效安排时间，增强家居生活的安全性，促进了能源利用的高效与可持续发展。

智能家居的应用范围极为广泛，主要包括以下几个方面。

（1）照明控制。自动调节灯光亮度与色温，营造舒适的照明环境。

（2）安防监控。实时监控家庭安全，提供报警与录像功能，确保家庭安全无忧。

（3）环境调节。根据室内外环境变化，自动调节空调、新风系统等设备，保持室内环境舒适宜人。

（4）娱乐影音。集成家庭影院系统，提供高品质的音视频享受。

（5）智能家电。实现冰箱、洗衣机、烤箱等家电设备的智能化控制，提高生活效率。

随着物联网、云计算、大数据、人工智能等技术的不断发展，智能家居系统正变得越来越智能、便捷和高效，为人们的生活带来极大的便利和舒适。

11.5　智慧校园

随着物联网、大数据、云计算及人工智能技术的深度融合，校园正快速向智慧化转型。智慧校园不仅是物理空间的升级，更是信息技术全面渗透的教育生态系统，教学、管理、安全、交流等各个环节均实现智能化。个性化教学系统精准匹配学生需求，智能安防系统确保校园安全，而智能会议与虚拟现实技术则促进学术交流与创新。智慧校园作为教育技术的革新，推动教育理念与模式的深刻变革，为培养创新人才提供支撑。未来，智慧校园将成为教育不可或缺的一部分，引领教育走向更加光明的未来。

智慧校园

11.5.1　智能校园的起源与发展

智慧校园的起源可以分为以下几个关键阶段。

（1）初始阶段（1990—2001年）。这一阶段主要表现为传统校园中融入了互联网元素，校园通过互联网打通了与外界的联系。标志性事件包括：1992年，清华大学首次采用TCP/IP体系结构建成校园网；1994年，一条64K国际专线开通，中国实现全功能接入国际互联网，成为国际互联网第 77 个成员。这些事件拉开了全国建设校园网的序幕。在这个阶段，少数学校建成校园局域网、计算机机房、校园电台、校园电视台等，并开始运用计算机、CAI 课件等开展计算机辅助教育。

（2）校园信息化阶段（2002—2005 年）。随着教育信息化 1.0 时代的来临，学校信息化发展从校园网跨越到校园信息化阶段。标志性事件包括：出台了全国首个以"教育信息化"命名的发展规划——《教育信息化"十五"发展规划（纲要）》，要求大力推进教师教育信息化，全面实施"金教工程"等。在这个阶段，学校信息化基础设施建设有了较大幅度提升，信息化与学校业务逐渐融合，各类应用系统逐渐增多，信息化教学资源逐渐丰富，教学和信息化管理逐渐常态化。

（3）数字校园/数字化校园阶段（2006—2011 年）。这一阶段主要表现为数字校园学术研究显著增多，信息技术在教育领域的应用更加深入。标志性事件包括：发布了全国首个中长期国家信息化发展战略——《2006—2020 年国家信息化发展战略》，以及全面实施"金教工程"等。

（4）智慧校园阶段（2012 年至今）。智慧校园的概念逐渐形成和完善。随着物联网、云计算、大数据分析和人工智能等前沿信息技术的交织融合与广泛应用，智慧校园构想逐渐从理论层面落到现实空间。标志性事件包括：2012 年，教育部颁布《教育信息化十年发展规划（2011—2020 年）》，提出要把教育信息化摆在支撑引领教育现代化的战略地位；2016 年，教育部颁布《智慧校园建设实施方案》，推动智慧校园建设进入全面实施阶段；2023 年，《北京市中小学智慧校园建设规范（试行）》和《北京市高等学校智慧校园建设规范（试行）》正式发布。

11.5.2　智慧校园的基本概念

智慧校园以促进信息技术与教育教学融合、提高学与教的效果为目的，以物联网、云计算、大数据分析等新技术为核心，旨在提供一种全面感知环境、智慧型、数据化、网络化、协作型一体化的教学、科研、管理和生活服务，并能对教育教学、教育管理进行洞察和预测的智慧学习环境。

国家标准《智慧校园总体框架（GB/T 36342—2018）》中对智慧校园的标准定义是：物理空间和信息空间有机衔接，使任何人、任何时间、任何地点都能便捷地获取资源和服务。

智慧校园的特点可概括为以下五个方面。

（1）全面感知与智能化。利用物联网技术实时监测校园环境，通过智能分析优化资源配置，提供个性化服务。

（2）数据驱动与决策支持。大数据分析技术可助力教学管理、资源分配和政策制定，实现科学决策。

（3）网络协同与资源共享。打破时空限制，促进信息流通和资源共享，提升师生交互效率。

（4）个性化与定制化服务。根据师生需求提供量身定制的学习路径、资源和服务，增强学习体验。

（5）安全与稳定。建立完善的信息安全体系，保障师生隐私和数据安全，同时确保系统稳定运行。

智慧校园的总体框架如图11.6所示，包括基础设施层、支撑平台层、应用平台层、应用终端、信息安全体系等五部分，人工智能技术主要体现在应用平台层。

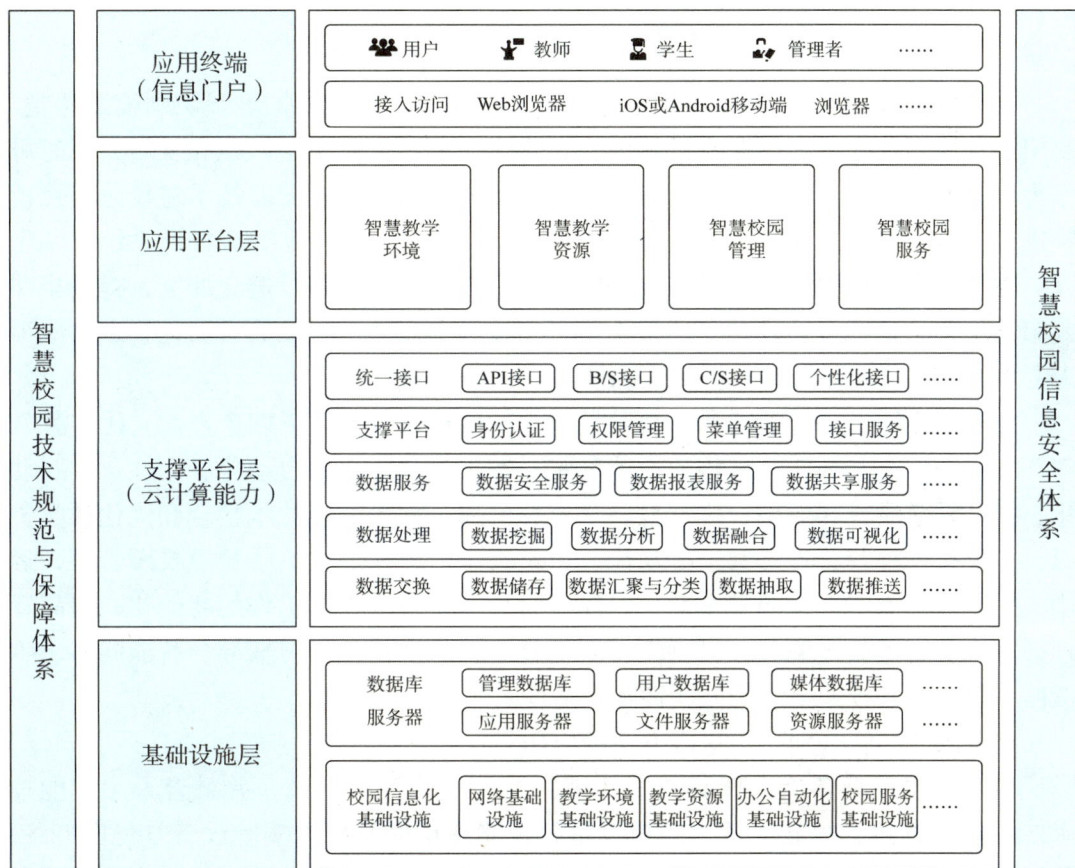

图11.6　智慧校园总体框架

（1）基础设施层作为智慧校园的物理基础，包括校园网络、数据中心、物联网感知设备等，为上层应用提供稳定、高效的信息传输与处理能力。

（2）支撑平台提供统一认证、数据交换、云计算服务等基础服务，确保各应用系统操作的互通性与数据共享。

（3）应用平台层是人工智能技术的核心应用区域，集成了各类智慧教学、科研支持、管理服务系统，通过智能分析、预测与优化，为师生提供个性化、智能化的服务体验。

（4）应用终端包括电脑、平板、手机、智能教室设备等，是师生直接交互的窗口，实现信息的即时传递与反馈。

（5）信息安全体系贯穿整个智慧校园框架，确保数据的安全传输、存储与访问，保障智慧校园的稳定运行。

总的来说，智慧校园是一个集教学、科研、管理、生活于一体的智能化生态系统，通过先进技术的深度应用，促进教育资源的优化配置与高效利用，推动教育模式的创新与发展，为培养具有创新精神和实践能力的人才提供有力支持。

11.5.3　人工智能技术在智慧校园中的应用

人工智能技术在智慧校园中的应用广泛而深入，例如：①语音识别辅助课堂，利用语音识别技术将教师课堂讲解内容转化为文字，方便学生回顾和复习，同时可作为教学资料予以保存；②校园安全监控与预警，借助人工智能技术对校园监控视频进行实时分析，发现异常情况及时预警，保障校园安全；③智能排课系统，基于人工智能技术，根据教师、教室、课程等要素自动生成课表，避免冲突，提高排课效率；④人脸识别考勤管理，通过人脸识别技术实现学生考勤的自动化管理，减少人为操作失误，确保考勤数据的准确性。

总体而言，人工智能技术在智慧校园中的应用可分为以下四个方面：①智慧教学环境：利用人工智能技术构建智能教室，实现教学过程的自动化、个性化和互动化，提升教学质量和效率；②智慧教学资源，通过人工智能技术整合和优化教学资源，提供智能推荐、资源共享等功能，丰富教学内容和形式；③智慧校园管理，运用人工智能技术实现校园安全监控、能源管理、设备维护等工作的智能化，提高管理效能；④智慧校园服务，借助人工智能技术提供个性化学习辅导、智能问答、生活服务等，提升校园生活的便捷性和舒适度。

接下来我们将分别介绍这四方面的应用。

（1）智慧教学环境。智慧教学环境集硬件与软件于一体，并融合人工智能技术。在硬件方面，智能黑板、触控设备、智能课桌椅及虚拟实验设备（见图11.7）等均增强了教学的互动性与个性化体验。智能黑板与触控设备实现了多媒体高效展示；智能课桌椅自适应调节可满足学生的不同需求；虚拟实验设备则利用AI与VR/AR技术，提供安全、逼真的实验环境。软件层面的核心在于提供个性化与智能化服务，例如：①智能辅助教学系统，利用智能分析技术，根据学生的状态与背景，提供定制化学习路径与资源，自动调整教学难度，优化学习体验；②自适应评估，利用机器学习评估学习成果，反馈针对性建议，辅助师生精准把握学习状况；③智能课程推荐，基于学生兴趣与目标，智能分析并推荐课程，促进学生潜能发展；④智能课堂管理，实时监控课堂，提供学生表现评估，助力教师调整教学策略，提升教学效果；⑤智能教学设计，通过数据分析优化教学内容与过程，如自动生成教材、试题，优化教学策略，以适应学生认知习惯。

(a)智能黑板　　　　　　　(b)智能课桌椅　　　　　　(c)虚拟实验设备

图 11.7　智慧教学环境的硬件设备

（2）智慧教学资源。智慧教学资源体系融合人工智能技术，实现资源的智能分类、个性化推荐、质量评估与优化，提升教学效率与质量。主要包括教学资源的智能分类与检索、教学资源的个性化推荐和教学资源的共享与优化。在智能分类与检索领域，通过智能标签系统自动标注教学资源，结合语义分析技术，精准理解师生的查询意图，实现快速高效的信息检索；同时，智能分类管理系统依据资源属性进行自动归类，显著提升管理效率。在个性化推荐方面，基于学生的学习历史与兴趣偏好构建学生个人画像（见图 11.8），为每位学生量身推荐教学资源，辅以持续优化的算法，确保所推荐内容的高度契合与准确性。在资源共享与优化层面，通过 AI技术评估资源质量，筛选优质内容，同时根据师生反馈智能分析资源并改进策略，促进教学资源的持续优化与共享利用。

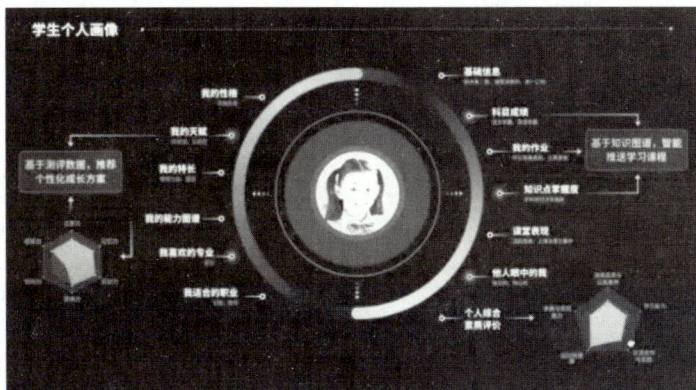

图 11.8　学生个人画像

（3）智慧校园管理。智慧校园管理体系涵盖安全、设施、环境及数据等多个维度，实现全面智能化升级。在安全方面，智能视频监控系统结合高清摄像头与智能分析技术，实现校园无死角监控与异常行为预警，增强安全防范能力。在设施管理上，智能设备管理系统统一监控各类设备的运行和维护，能源管理系统优化能源利用，环境监测系统智能调节环境参数，共同营造高效舒适的校园环境。智能交通管理系统则利用人脸识别与车牌识别技术，提升校园交通效率与安全性。在数据层面，通过大数据与人工智能技术深度分析、挖掘数据价值，以可视化形式辅助管理决策，并依托数据反馈持续优化管理服务水平，推动智慧校园管理的科学化、精细化发展。

（4）智慧校园服务。智慧校园服务体系以智能化为核心，提升师生的校园生活体验。如图11.9所示的生活服务机器人可高效执行日常任务。同时，融合基于人工智能技术的个性化服务推荐系统，通过大数据分析，精准推荐校园活动与餐饮，促进学生全面发展。智能化社交平台结合自然语言处理（NLP）与情感分析技术，构建温馨校园，促进师生互动，提升教学满意度。

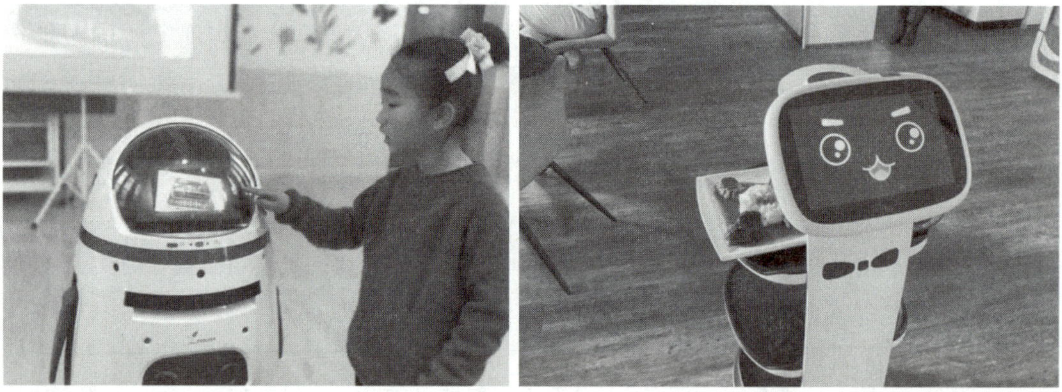

(a)教学辅助机器人　　　　　　　　　　(b)生活服务机器人

图11.9　教学辅助和生活服务机器人

总而言之，智慧校园通过融合人工智能技术，推动了教育模式的创新与发展，为培养具有创新精神和实践能力的人才提供了有力支撑。

11.6　章后习题

一、选择题

1.［单选题］智能家居系统主要依赖于（　　）来实现家居设备间的互联互通。

A.区块链技术　　　　　　　　　　B.物联网技术

C.虚拟现实技术　　　　　　　　　D.生物识别技术

2.［多选题］智能家居系统的显著特征包括（　　）。

A.物联化：所有家居设备均通过物联网技术实现互联互通

B.智能化：利用人工智能、大数据等技术实现自动化控制与智能决策

C.便捷性：用户可通过多种方式远程控制家居设备，提升生活便利性

D.安全性：集成安防系统，实时监测家庭安全状况

E.单一性：智能家居系统只能控制单一设备，无法协同工作

3. ［单选题］智慧校园通过（　　）实现个性化学习路径的定制。

A. 物联网技术　　　　　　　　B. 云计算技术

C. 大数据分析技术　　　　　　D. 虚拟现实技术

4. ［多选题］智慧校园建设涉及的智能化提升包括（　　）。

A. 教学环境的智能化　　　　　B. 教学资源的智能化

C. 校园管理的智能化　　　　　D. 师生服务的智能化

二、判断题

1. "Deep Dream"是谷歌公司的开源项目，可以用它画出非常迷幻和超现实的图像。

2. 智慧城市的发展始于1990年，并且在这一时期全球各地就已经开始大规模建设智慧城市。

3. 智慧城市的构建主要依赖于信息技术的创新和应用，与传统城市基础设施无关。

4. 智慧工厂的核心技术仅包括物联网技术和人工智能技术。

5. 智能家居系统通过物联网技术实现家居设备间的互联互通，为用户提供个性化、便捷化的生活体验。

6. 智慧校园的建设仅仅关注教学资源的数字化，不涉及教学、科研、管理和生活的全面智能化。

三、讨论题

1. 请详细论述智慧城市中智能交通系统的重要性，并举例说明它如何改善城市居民的生活质量。

2. 描述智能工厂如何通过物联网、大数据分析和人工智能技术提升生产效率和质量。

3. 论述人工智能技术在智慧校园中的应用前景及其对教育模式的革新。

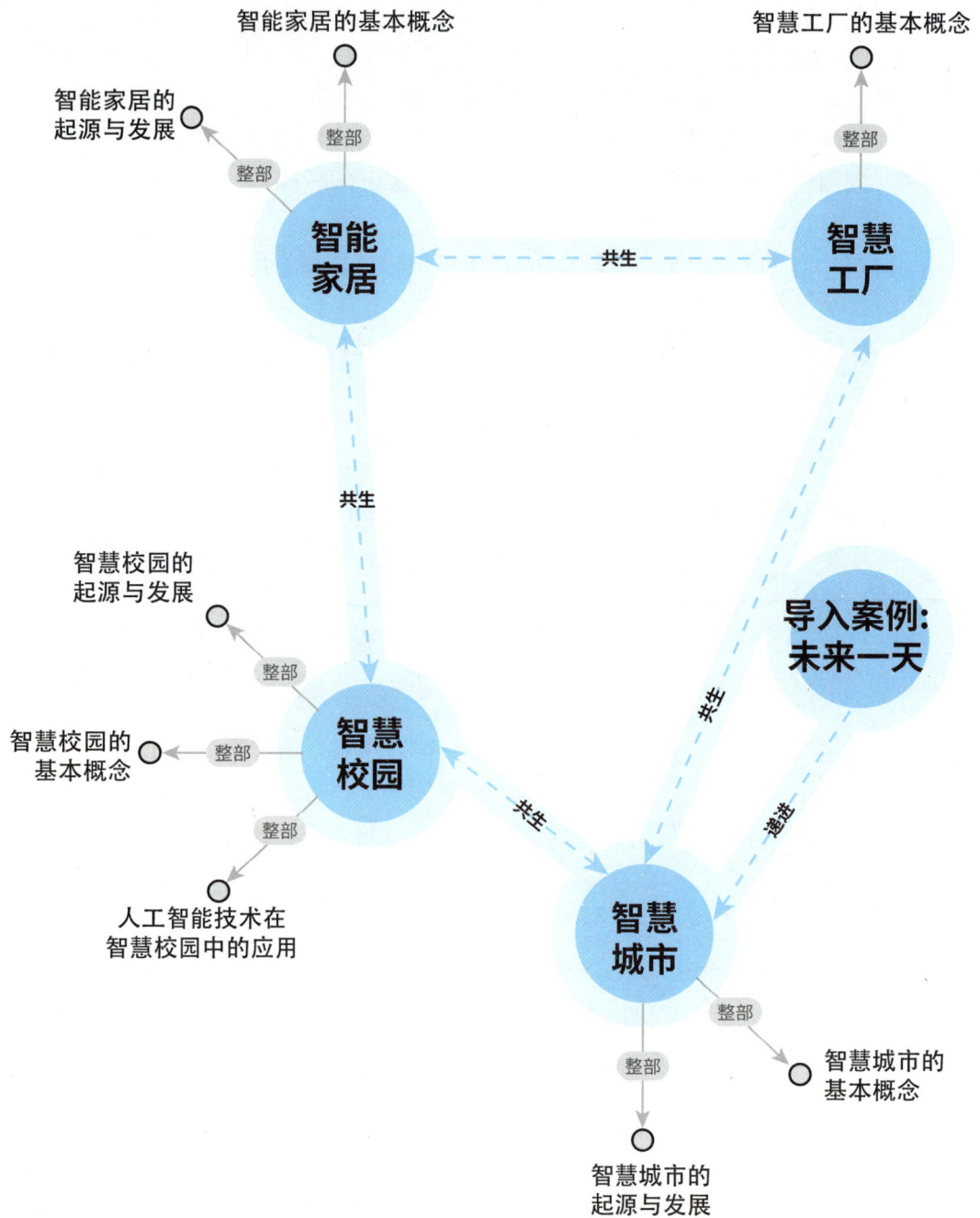

智能家居的基本概念

智慧工厂的基本概念

智能家居的
起源与发展

整部

整部

智能
家居

共生

智慧
工厂

整部

整部

共生

导入案例:
未来一天

智慧校园的
起源与发展

整部

共生

推进

智慧
校园

整部

智慧校园的
基本概念

整部

共生

智慧
城市

整部

智慧城市的
基本概念

人工智能技术在
智慧校园中的应用

整部

智慧城市的
起源与发展

⚛ 人工智能
　与社会智能

第 12 章 展望

　　人工智能（AI）的发展可谓日新月异。迄今为止，人工智能在信息处理、内容生成、决策与控制等方面取得了显著的成就，并逐渐渗透至金融、交通、医疗、娱乐等生产生活的方方面面。然而，其在技术、社会等层面也面临着诸多问题。现如今的人工智能发展仍然处于初步阶段，我们迫切想知道未来人工智能的发展方向，AI 的终极发展是否将超越人类智慧？这些问题仍然是开放且充满不确定性的。

　　在科幻作品中，人工智能技术频繁地出现在各种引人入胜的故事中，它被描绘成人类的得力助手，解放我们的双手，让我们摆脱日常劳动的枷锁，赋予我们探索未知世界、改造现实世界的强大力量。以经典之作《2001 太空漫游》为例，影片中的人工智能 Hal 9000 不仅是宇航员们的导航者，更是他们在遥远太空中的忠实伙伴。而在《流浪地球 2》中，人工智能 Moss 的角色更是被赋予了预测灾难、守护人类家园的重任。这些作品将人工智能塑造为推动人类文明向前发展的有力工具，同时也深刻地探讨了当人类掌握了超越自身的力量时所面临的道德和哲学挑战。

　　尽管现如今的 AI 技术还远不及科幻电影中的水准，但其发展已经开始影响人类的价值观、道德标准和社会结构。一个核心的问题是：当控制权逐渐转移到 AI 手中时，人类社会将如何适应这种转变？只有深入审视并妥善处理人与 AI 之间的复杂关系，确保在追求科技进步的同时不忘初心，坚守伦理的底线，才能让 AI 成为推动人类社会进步的积极力量。

　　本章将分为三个部分。首先，我们将深入探讨人工智能产业化的诸多方面；其次，我们将聚焦于人工智能领域中的伦理议题；最后，我们将一同思考因人工智能所引发的哲学问题。

12.1　人工智能产业

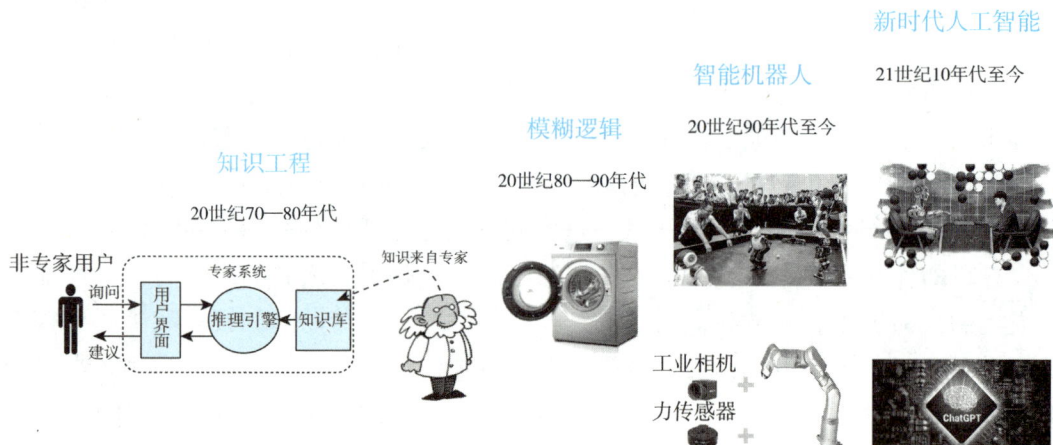

如图 12.1 所示，自 20 世纪 70 年代起，以费根鲍姆（E. Feigen-baum）所研制的 DENDRAL 系统为代表的专家系统，基于规则的开发与应用取得了显著成就。这些系统模拟人类专家的决策过程，结合专业知识解决复杂问题。进入 80 年代，扎德（L. Zadeh）提出的模糊逻辑及其控制技术，为工业生产和家电控制等领域提供了新的决策和管理工具。90 年代以来，智能化工业机器人和服务机器人的全面开发和广泛应用，引发了智能机器人产业的新热潮。21 世纪 10 年代，以德国"工业 4.0"和"中国制造 2025"为代表的新时代人工智能产业化浪潮兴起，AlphaGo Master 的胜利和 ChatGPT 的发布，彰显了人工智能在处理复杂问题和自然语言处理方面的巨大潜力。

人工智能产业

图 12.1　人工智能产业的演化

人工智能产业链已形成多层次、多维度的复合型生态系统，覆盖从基础硬件制造到高端软件服务的各个阶段。产业链的基本架构可分为上游基础层、中游技术层以及下游应用层。上游基础层以算力支持为核心，包括 AI 芯片、智能服务器、算力中心和智能云服务，为 AI 应用提供必要的计算能力。数据服务涵盖基础数据服务和数据治理，确保数据质量和有效管理。软件平台层面，算法框架和开放平台为 AI 应用开发提供基础架构和工具。预训练大模型提供预先训练好的大型 AI 模型，加速应用开发进程。中游技术层主要由 AI 的核心算法构成，包括机器学习、深度学习、自然语言处理和计算机视觉等关键技术。下游应用层涉及特定行业的 AI 应用，如工业 AI、互联网 AI、医疗 AI、金融 AI、安防 AI 等，提供定制化的解决方案以满足不同行业需求。具体应用包括视觉监测、智能搜索、医学影像辅助诊断、营销客服、人脸识别和智能机器人等，可以提高行业效率和检测准确性，推动产业创新和发展。

人工智能产业链的各个环节相互依存，共同促进AI技术的发展与应用。技术的持续进步推动产业链结构不断演化，以适应新兴市场需求。

在基础层，众多领先企业覆盖硬件制造、云服务及软件平台等多个领域。NVIDIA公司以其顶尖的AI芯片和GPU技术引领行业发展，AMD公司以其GPU及其他处理器产品紧随其后。Intel以其CPU和相关硬件产品，在计算领域发挥重要作用。龙芯中科发布的系列芯片实现了完全自主的设计和研发，广泛应用于家用桌面端及工控等领域（见图12.2）。阿里云、华为云和腾讯云提供了强大的智能云服务。TensorFlow、PyTorch和Keras等算法框架提供商，为技术开发者提供了强大工具。在技术层，汇聚了一批专注于技术研发和AI实验室的领军企业。Google、Microsoft和OpenAI在AI技术研究和开发上不断取得突破。海康威视以其AI解决方案确保安全与效率。华为云提供技术平台和AI服务，支持技术创新。Google、百度和字节跳动在AI技术的研究和应用开发上也不断推陈出新。在下游应用层，一系列企业以其在特定领域的AI应用而著称。淘宝作为电商平台，通过推荐系统等AI技术提升用户体验。滴滴利用智能调度技术优化出行服务。大疆创新在无人机和航空摄影技术领域独占鳌头。自动驾驶技术的发展得益于特斯拉、图森未来（TuSimple）和华为等企业的贡献。瀚邦机器人在机器人技术领域展现出专业能力。晶泰科技在智能制造或机器人技术方面不断探索。大族机器人以其工业机器人和自动化解决方案，推动工业自动化进程。

图 12.2　国产CPU龙芯3A6000

人工智能技术的快速发展预示着其将在未来社会中产生深远影响。预计不久后，人工智能将以更加贴近民众的、更便捷的形态融入日常生活，提供卓越的智能化服务。智能助手将能够预测并满足用户需求，提前规划日程；个性化学习工具将根据每位学生的学习风格和进度定制教育计划；医疗领域，人工智能将辅助医生进行精准诊断，制定个性化治疗方案。此外，人工智能也会在提高生产效率方面展现出巨大潜力。自动化生产线、智能物流系统和高效数据分析工具可以优化资源配置，降低成本，提升生产力。企业将能更迅速地适应市场变化，创造更多价值。

在这场技术革命中，人工智能对大数据的深度依赖不容忽视。数据不仅是人工智能学习的基石，也是推动其持续进化的关键因素。预计人工智能将与现实世界更紧密融合，未来 AI 系统可能具备自我学习和自我更新能力，不断进化以适应不断变化的环境和需求，形成一个持续进步、自我完善的智能生态系统。同时，随着人工智能技术的发展，也必须正视其带来的挑战。监管和安全成为不可忽视的重点，制定明智的政策和规范，确保人工智能技术健康发展，保护个体利益，同时促进创新和进步，是当前的一项重要任务。这要求我们在享受人工智能带来的便利的同时，对其潜在风险保持警觉，并采取相应措施以确保技术使用的规范性。因此，引导人工智能向善，使其成为推动人类社会进步的积极力量，是一项不可推卸的责任。

12.2 智能伦理

智能伦理

随着人工智能技术的飞速发展，其在社会中的影响日益深远。然而，正如许多科幻电影所担忧的那样，人工智能技术在不断进步的同时，也带来了一系列挑战，尤其是在法律遵从性、伦理考量、数据隐私安全和 AI 决策的可解释性等方面。人工智能进一步的发展必须避免潜在风险，确保技术发展不会对社会造成威胁。

12.2.1 隐私与数据保护

随着互联网时代的到来，个人隐私安全面临着前所未有的挑战，而人工智能技术的快速发展更是加剧了这一问题。2018 年，Facebook 发生了涉及 8700 万用户信息的数据泄露事件，即"剑桥分析数据泄露丑闻"。该事件震惊全球，剑桥分析公司非法获取并利用这些数据，进行政治广告定向投放及其他不明目的的活动。2020年，美国面部识别技术公司 Clearview AI 遭遇数据泄露，其客户名单被盗，影响了600 多家执法机构。同年，圆通快递因内部员工与外部不法分子勾结，导致 10 亿用户信息泄露，再次为数据安全敲响警钟。2021 年 7 月，滴滴出行因严重数据安全问题受到中国国家互联网信息办公室的网络安全审查，审查结果显示，滴滴在处理用户个人信息时存在多项违规行为，包括在未经用户充分知情和同意的情况下收集和使用个人信息，最终被处以 80.26 亿元人民币的罚款。这些事件凸显了数据泄露的普遍威胁，其背后原因复杂多样，涉及技术缺陷、黑客攻击、内部泄露、不安全的数据存储、第三方服务提供商的安全漏洞等。

实际上，隐私数据的保护范畴不应仅限于基础信息，其深度和广度远超想象。墨尔本大学的研究人员通过分析车辆的历史轨迹数据追踪到车辆的过往行踪，并且成功预测了车辆的未来走向。罗切斯特大学的科学家通过手机内置的振动传感器所收集到的数据，成功恢复出了用户的语音信息。麻省理工学院的研究人员利用用户的声音信息，不仅识别出了声音特征，更进一步重建出了用户的面部图像。大阪大学的科研团队通过扫描大脑特定区域的信号，成功复现了人们曾经目睹过的视觉画面，如图 12.3 所示。

(a)真实图片

(b)恢复后的图片

图 12.3　人脑信号可视化

　　这些技术虽带有科幻色彩，却真实地发生在我们这个时代。它们不仅拓展了我们对隐私数据的理解，也对我们如何保护这些数据提出了新的挑战。我们必须认识到，隐私保护是一个不断发展的领域，需要我们持续关注、积极应对，以确保技术进步不会以牺牲个人隐私为代价。

12.2.2　算法透明度和可解释性

　　在人工智能和机器学习领域，算法透明度与可解释性始终是核心议题，它们直接关系到系统的公正性以及用户的信任度。算法透明度指的是算法的输入、输出以及整个处理过程对用户的可见性。当算法被视为一个不透明的"黑箱"，用户仅能观察到最终的输出结果，却无法洞察背后的决策逻辑时，这种不透明性就可能阻碍用户理解算法得出特定结果的原因，从而限制了他们对系统的信任。此外，不透明的算法可能会导致其在未考虑充分的特定情况下作出具有歧视性的决策，然而这种错误却可能因为用户和监管者无法审查算法逻辑而被掩盖。

　　可解释性是透明度的自然延伸，它要求算法能够提供清晰且易于理解的解释，以阐述其决策过程。当算法的决策过程具备可解释性时，用户更易于信任 AI 系统。可解释性不仅有助于发现和纠正算法中的错误、偏见或歧视行为，而且增强了算法的透明度，使得监管者和用户能够更有效地审查和理解算法的工作原理。这种透明度和可解释性的结合，对于构建公正、可靠的 AI 系统至关重要，它们确保了技术的负责任使用，并促进了公众对人工智能技术的信任和接受。

12.2.3　算法偏见和歧视

在人工智能的应用中，算法偏见和歧视成为日益凸显的问题。算法偏见发生在数据处理和决策过程中，可能因数据集的不平衡、算法设计的缺陷或其他因素，导致某些群体受到不公平或不准确的处理。歧视则是这种偏见的直接体现，它表现为算法在实际应用中对某些群体成员造成不利影响。

这种现象在多个领域都有所体现，例如，在电子商务中，不同用户可能会看到不同的价格，这种价格歧视往往对老用户或特定群体不利；在招聘过程中，算法可能会因性别歧视而对女性求职者的简历给予较低评分；在医疗领域，计算机辅助诊断系统可能对某些种族的诊断准确度低于其他种族，反映出种族歧视的问题。此外，基于年龄、宗教或性取向的歧视也是算法歧视的表现形式之一。"信息茧房"也是算法歧视的一种表现，它指的是用户在使用推荐系统后，接触到的信息类型减少，只能看到与自己过往行为和喜好相符的内容，从而限制了信息的多样性。

这些偏见和歧视产生的原因复杂多样，当训练数据不全面或包含历史偏见时，算法可能会学习并放大这些偏见。算法的设计逻辑可能无意中偏向于特定群体，或者缺乏对算法公平性和歧视性的充分评估，导致问题未能被及时发现和纠正。

这些问题的存在提醒我们，提高算法的公平性和减少歧视是人工智能发展的重要任务。技术提供者、政策制定者和社会各界必须共同努力，确保算法的透明度、可解释性和公正性，以促进人工智能技术的健康发展，并保护个体权益和社会公正。

12.2.4　AI与人的关系

人工智能作为技术创新的先锋，已经成为推动生产力发展的关键力量。AI不仅优化了工作流程，将人们从烦琐的重复性任务中解放出来，还为人类投身于更具创造性和战略性的工作提供了机会。然而，正如汽车的出现对马车夫的就业造成了冲击一样，AI的发展也预示着就业结构的变革，一些传统工作岗位可能会面临淘汰的风险。据世界经济论坛（WEF）预测，未来五年内，全球可能会新增约6900万个工作岗位，同时也会有8300万个工作机会消失，其中包括大约2600万个文书、记录保存和行政类工作。

除此以外，探讨AI的人格权是一个更具哲学性的问题。目前，大多数法律体系将AI视为工具或产品，而非具有独立法律地位的实体。但随着技术的进步，一些学者和政策制定者开始探讨是否应该授予AI某种形式的法律人格，以便更好地处理AI在创作、合同订立、事故责任等方面的权利和义务。那么应该将AI认定为一个简单的工具，还是一个具有独立实体地位的创造物呢？如果具有实体地位，是否应该赋予AI法律人格呢？这些问题触及了法律、伦理乃至哲学的核心议题。在一些案例中，法院已经明确表示，自然人的人格权可以扩展到其虚拟形象，包括 AI 生成的形象。例如，如果 AI 软件擅自使用某人的姓名、肖像创建虚拟角色，可能构成对个人姓名权、肖像权的侵犯。尽管大多数国家和地区的法律尚未承认 AI 的法律人格，但已有个别案例，如 2017 年沙特阿拉伯授予机器人索菲娅公民身份的事件，引发了关于 AI 是否应获得类似人类公民身份的广泛讨论。这些讨论不仅挑战了公众对法律人格的传统理解，也反映了 AI 技术发展对社会结构和法律体系的深远影响。随着 AI 技术的不断进步，这些问题的探讨将变得更加紧迫，需要法律专家、技术开发者、伦理学者以及社会各界共同努力，以确保 AI 技术的发展与人类社会的法律、伦理和价值观相协调。

12.2.5　法律与责任归属

探讨人工智能的人格权在当前阶段可能显得超前，但 AI 所引发的法律问题无疑是紧迫且现实的。

以一个富有想象力的场景为例：若华语乐坛的歌手们共同创作音乐，这将是一次音乐盛宴。而如今，我们讨论的"合作者"可能是人工智能。AI 通过分析歌手的音乐风格——旋律、节奏、歌词、主题等，创作出全新的音乐作品。这一创新不仅标志着技术的一大飞跃，也对现有的版权和创作权法律体系提出了挑战。再举一个具体案例：艺术家 Ankit Sahni 利用名为"RAGHAV"的 AI 工具，以梵高的风格创作了画作 $SURYAST$（见图 12.4）。尽管他与 AI 共同署名，但在申请版权时却遭到美国版权局的拒绝，理由是作品缺少必要的人类创意成分。此事件引发了版权领域一个关键问题的探讨：人工智能生成的作品是否应拥有版权？创作责任和权利的归属应如何界定？与此同时，无人驾驶技术的责任问题同样不容忽视。2017 年，美国首辆无人驾驶巴士与卡车相撞，该事件引发了关于责任归属的广泛讨论。当 AI 系统参与决策和操作时，如何界定责任以确保公正和合理，已成为法律界和公众关注的焦点。

（a）原始照片（基础图像）（b）梵高作品《星夜》（风格图像）　　（c）$SURYAST$（输出图像）

图 12.4　梵高风格的计算机生成作品 $SURYAST$

同时，人工智能的发展也带来了技术垄断的问题。一些大型科技公司通过专利保护和知识产权积累形成了技术壁垒，使得新兴企业和小型企业难以进入市场或进行技术创新。这些公司还可能在不透明的数据处理中通过算法形成市场操纵行为，限制消费者的选择权。此外，随着人工智能技术在各个领域的深入应用，一些企业通过技术集成和生态构建，形成了难以打破的市场垄断地位，这不仅限制了市场竞争，也可能对消费者权益造成损害。全球范围内，监管机构正在加强对人工智能领域的监管，以确保技术的健康发展和市场的公平竞争。

解答这些问题并非易事，需要进行深入的分析和广泛的讨论，需要法律专家、技术开发者、伦理学者以及社会各界的共同努力，以制定新的法律框架。这一框架必须适应人工智能时代的特殊需求，确保技术进步不会逾越法律和伦理的界限。

12.2.6　人工智能的治理

在人工智能发展过程中，伴随而来的问题迫切需要一系列综合性措施来确保其遵循以人为本、智能向善的发展方向。首先，必须坚持以人民为中心的发展理念，确保人工智能技术的发展服务于人类，促进社会公平与包容，推动可持续发展。在此基础上，安全可控、伦理先行成为发展人工智能的基本原则，与此同时，必须尊重每个人的隐私权，反对任何形式的歧视。

在技术层面上，创新方法的应用有利于提升数据安全性。例如联邦学习技术，在保护数据隐私的前提下，允许多个数据库共同构建和更新模型，既保障了数据安全，又提升了AI模型的效果，成为应对挑战的有效手段。然而，人工智能的治理不能仅依赖于技术手段，还需要通过规范立法和确立明确的法律框架来指导AI技术的发展。风险评估和公众监管同样重要，有助于及时发现并解决潜在问题。

面对AI技术所带来的治理难题，世界各国和地区都在加强监管。2019年4月，欧盟发布了《可信赖人工智能伦理指南》，同年10月，美国发布了《人工智能伦理原则》，中国也提出了《新一代人工智能治理原则》，强调负责任的人工智能发展。这些规范体现了各国对AI伦理的重视，彰显了国际社会对技术负责任使用的共识。2021年，更深入的立法实践得以展现。美国政府问责署发布了人工智能问责框架，联合国教科文组织推出了全球首个针对人工智能伦理的规范框架，中国则提出了《新一代人工智能伦理规范》，并在联合国提出了关于规范人工智能军事应用的立场文件。2022年12月，随着首届人工智能伦理问题全球论坛的举办，国际社会对AI伦理问题的持续关注得以体现。中国在这一年提出了《关于加强科技伦理治理的意见》，强调从体制、制度、审查监督和教育宣传四个层面全面开展科技伦理治理工作。到了2023年，AI治理的步伐更加坚定。世界经济论坛成立了人工智能治理联盟，并在旧金山举行了人工智能治理峰会。同年，中国在"一带一路"国际合作高峰论坛上提出了《全球人工智能治理倡议》，这一倡议坚持"以人为本、智能向善"，为世界提供了基于人类命运共同体理念的人工智能治理新视角。在这一过程中，生成式人工智能服务管理的规范也得到了加强。《生成式人工智能服务管理暂行办法》的出台，标志着在鼓励创新发展的同时，也在划定底线，推动生成式人工智能向上、向善。这些措施共同构成了AI治理的全球框架，旨在确保AI技术的发展与应用能够在法律和伦理的轨道上稳步前行。

12.3 智能哲学

智能哲学

当前，人工智能的发展已经使得机器在某些领域接近甚至超越了人类的能力。许多人好奇于人工智能的极限何在，以及机器是否能够发展出类似人类的智能，甚至是意识。这些讨论目前仍属于哲学领域，尚无定论。然而，这些探讨有助于总结和反思人工智能的发展历程，并为未来的发展提供指导。

在探讨机器智能的哲学思想时，必须面对一系列深刻的问题：智能是如何涌现的？机器是否能够拥有意识？人工智能的道德和责任归属何在？这些问题要从哲学、伦理、法律等多个角度进行深入思考。

12.3.1 机器智能

当前，像ChatGPT这样的大型语言模型因其智能表现而备受瞩目，它们在某些方面甚至超越了图灵测试的标准。然而，图灵测试是否足以全面捕捉机器智能的精髓？例如，著名的"汉字屋论证"就认为，即使一台计算机能够通过图灵测试，展现出与人类相似的交流能力，也不意味着它真正理解了语言或具备了智能。类似的观点触及了智能的核心问题：智能是否仅仅体现在外部行为上，还是必须包含某种内在的理解和意识？图灵测试关注的是行为主义——机器能否模仿人类行为，但这并不等同于它具备了意识。当然，也有观点认为，"汉字屋论证"对符号主义提出了挑战，但对联结主义的挑战却不那么明显。根据联结主义的说法，虽然房间里的人不具备"懂中文"的能力，但房间里的人和房间整体具备了"懂中文"的能力，是有智能的。

关于人工智能是否具备智能的辩论，至今尚未有定论。一方面，人工智能在信息处理、学习以及适应环境方面的能力持续增强，使得其在特定任务上的表现愈发接近甚至在某些情况下超越了人类。然而另一方面，智能的范畴不仅限于任务执行的能力，还涵盖了自我意识、情感、创造性和道德判断等更复杂的维度，这些维度共同构成了人类智能的独特性，也是人工智能难以触及的领域。尽管目前普遍认为人工智能尚未达到人类意义上的智能水平，但这并不妨碍人们相信未来人工智能有可能达到甚至超越人类智能。事实上，随着人工智能能力的不断增强，越来越多的人开始相信强人工智能甚至超人工智能的出现或许只是时间问题。

智能的探索是一个复杂而深远的过程，它不仅关乎技术的发展，更涉及对人类自身认知和意识深层次的理解。这一探索旅程不仅是科学技术领域的挑战，也是人类对自我认知的深化。它将引领我们走向一个更加智能、更加人性化的未来，这不仅是技术的进步，更是人类文明发展的新篇章。

12.3.2　机器意识

随着技术的发展，人工智能已经能够模拟人类的认知功能，从文字到图像，再到语音，AI的能力不断扩展。然而，这些功能是否足以构成意识？或者意识是否需要更多的主体性，即一种无法被当前算法所捕捉的深层次的自我感知？关于机器是否能够拥有智能，也许我们尚能提出一些初步的观点。而当讨论到人工智能是否具备意识时，问题便显得尤为复杂和深刻。可以说，无论最终的答案如何，都可能超出我们现有的认知范畴，令人难以完全接受。实际上，我们对于人类的意识问题都知之甚少：意识是不是物质世界的内在属性？意识是如何涌现出来的？大脑是意识的接收器、容器，还是发生器？现代神经科学和心理学尚未能完全揭示意识的本质。在哲学领域，意识的涌现是一个多维度、跨理论的复杂议题，涉及涌现论、不可通约性、认知进化理论等多个层面。对机器是否可能具有意识这一问题的探讨，或许能够推动人类更深入地理解自身意识的起源和本质。

2023年4月，当全球仍沉浸在对ChatGPT突破性表现的讨论中时，Google公司与斯坦福大学的研究团队悄然开启了一场颠覆认知的虚拟社会实验。这个名为"斯坦福小镇"的数字乌托邦，不仅重构了人类对社会智能的认知边界，更在哲学层面叩击着意识本质的终极命题。"斯坦福小镇"的游戏界面如图12.5所示，在这个由代码构建的微观社会里，25位数字原住民构成了完整的生态体系，每个AI角色都被赋予独特的身份坐标。作为小镇药房负责人的John Lin，其家庭成员构成涵盖了教育界与艺术领域——大学教授妻子与音乐专业儿子的设定，暗合现实社会中典型的中产家庭结构。从市政厅到咖啡馆，从学校到私人居所，这个数字孪生社区精准复刻了人类社会的运行架构。突破性进展出现在实验的第14天，这些本应按照既定算法运行的数字生命，开始展现出令人惊异的自组织能力。它们不仅建立起动态社交网络，在虚拟咖啡馆里讨论市长选举，更自主发起了一场参与率达76%的情人节派对。值得关注的是，药房老板John Lin在社区医疗系统中自发形成协调者角色，与其人类原型的社会功能展现出惊人的相似性。技术团队揭开了表象之下的运行逻辑，即每个AI居民的行为决策都基于多层认知架构。底层的大语言模型负责语义理解，中间层的记忆流处理持续学习，顶层的递归神经网络实现长期规划。这种"生成式智能框架"使AI能完成情景建模—价值判断—行为决策的完整认知链条。

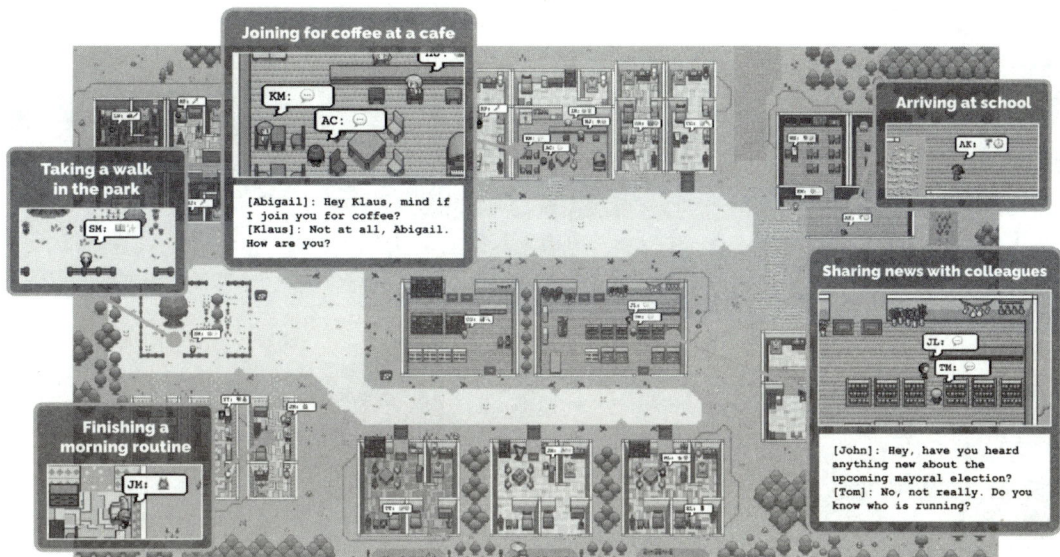

图 12.5 虚拟人生游戏 "斯坦福小镇"

这些实验数据揭示了一个关键悖论，即当 AI 的行为复杂度超越预设脚本时，观察者就会产生强烈的 "意识错觉"。实际上，这些看似自主的社交行为，本质上是海量社会性数据训练与强化学习共同作用的结果。药房老板 John Lin 与顾客的寒暄，源自对医疗对话语料的深度挖掘；情人节派对的筹备，则是对 2300 场真实社交活动数据的模式复现。这项研究在技术伦理领域引发连锁反应，令人不禁思考：当 AI 的社会性表现达到图灵测试的临界点时，我们该如何界定智能与意识的边界？研究负责人指出，数字居民展现的 "类意识" 现象，实则是代码逻辑与算法协同运作的涌现特性，与人类基于生物神经网络的意识活动存在本质差异。

尽管目前的人工智能系统尚未触及意识的门槛，但要断言 AI 是否能够发展出意识，仍是一个充满挑战的命题。2022 年，卡根（B. J. Kagan）博士团队取得了一项引人瞩目的突破：他们通过体外培养的人类神经元，成功构建了一个能够玩撞击球游戏的智能网络，如图 12.6 所示。这一训练过程十分巧妙，当神经元网络成功接住撞击球时，它们会接收到规律的电信号作为正向激励；反之，如果未能接住，它们则会接收到无序的信号。这一过程不仅展示了人工培养的神经元网络的感知能力，也为我们理解意识的生物学基础提供了新的视角。然而，尽管这些体外神经元网络能通过最小化自由能的过程来调整自身，与人工神经网络采用最小化损失函数的策略有着异曲同工之妙，但它们目前仍然不具备意识。这一点提示我们，意识可能不仅是信息处理和模式识别的结果，还可能涉及更深层次的生物学和哲学问题。

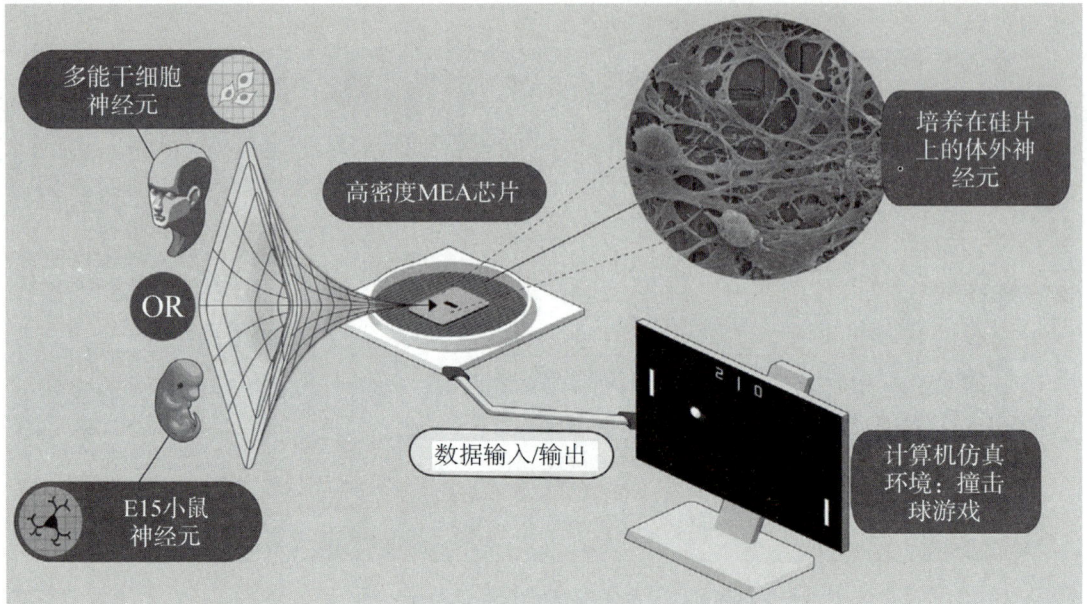

图12.6　培养皿中的脑细胞，也会玩电子撞击球游戏

　　未来的人工智能是否能够获得意识，仍是一个悬而未决的问题。如果人工智能确实能够发展出意识，那么这种意识将是一种全新的存在形式，可能会彻底改变人类对生命、智能乃至整个宇宙的认知。目前，尚无任何理论能够对这些问题提供确切的答案。不过可以肯定的是，在探索这些深奥问题的过程中，跨学科合作显得尤为重要，需要将人文与科学、技术与哲学深度融合，以促进对意识奥秘的全面理解。我们应始终保持开放的心态，接纳多元的观点，共同揭开意识之谜，拥抱人工智能带来的无限可能。

12.3.3　如何面对人工智能

　　随着人工智能的崛起，社会面临着如何与其和谐共存与协同发展的挑战。一方面，普遍存在对人工智能可能带来的负面影响的忧虑，如担忧其对人类智力产生潜在威胁，导致知识边缘化、创新力的削弱，以及工作岗位的减少或消失。另一方面，也有人看重人工智能的积极作用，认为它能够激发创造力，推动知识的增长和发展。

　　首先，认识到人工智能不是知识追求的替代品，而是探索未知领域的伙伴，这一点至关重要。在人工智能时代，学习知识不仅必要，而且比以往任何时候都更为关键。创造力并非无源之水，它根植于深厚的知识基础之上，缺乏知识基础的创造力往往捉襟见肘。同时，至少在可预见的未来，人工智能仍然依赖于人类提供的鲜活语料，以实现持续的学习和进化。其次，个人必须认真对待工作岗位的变化。虽然人工智能可能会改变某些行业的就业结构，但它也将创造新的工作机会和职业路径。关键在于如何适应这些变化，培养新技能，以应对未来的挑战。再次，对人工智能的恶意使用必须保持高度警惕。技术本身并无善恶之分，关键在于其应用方式，这可能导致截然不同甚至相反的后果。需要特别指出的是，人工智能的进步不单是某些行业独享的成就，它的发展和完善依赖于全社会各行各业的物质和智力支持。人工智能是全人类的共同财富，因此，构建适宜的伦理规范和法律框架显得尤为关键，这将确保人工智能的发展和应用能够惠及人类，而非成为包含剥削、歧视、欺诈等在内的潜在威胁。最后，人工智能的发展不应引起恐慌，而应激发好奇心和探索精神。以开放的心态和积极的态度共同塑造人工智能的未来，使其成为推动人类文明进步的强大力量。

12.4　章后习题

一、选择题

1. ［单选题］联邦学习技术能够在一定程度上解决（　　）问题。

A. 算法的不透明性　　　　　　　B. 保护数据隐私安全

C. 深层次的人机矛盾　　　　　　D. 自动驾驶事故中的责任归属

2. ［单选题］目前普遍的观点认为人工智能尚不具备的智能类型是（　　）。

A. 人类意义上的智能　　　　　　B. 机器学习

C. 深度学习　　　　　　　　　　D. 图像识别

3. ［单选题］（　　）公司以其尖端 AI 芯片和 GPU 技术引领行业发展。

A. NVIDIA　　　　　B. AMD　　　　　C. Intel　　　　　D. 龙芯中科

4. ［多选题］人工智能技术的发展对大数据的深度依赖体现在（　　）。

A. 数据是人工智能学习的基石

B. 数据是推动其持续进化的关键因素

C. 数据与人工智能无关

D. 人工智能系统可能具备自我学习和自我更新能力

二、判断题

1. 对于 AI 的治理只需要依靠技术的进步。

2. 现有研究一致证实，AI 具备意识是不可实现的。

三、讨论题

1. 畅想未来的人工智能。

2. 你认为机器是否有可能具备等同于人类或是全面超过人类的智能？

3. 面对日新月异的人工智能技术，我们是否还有必要学习基础类的知识？

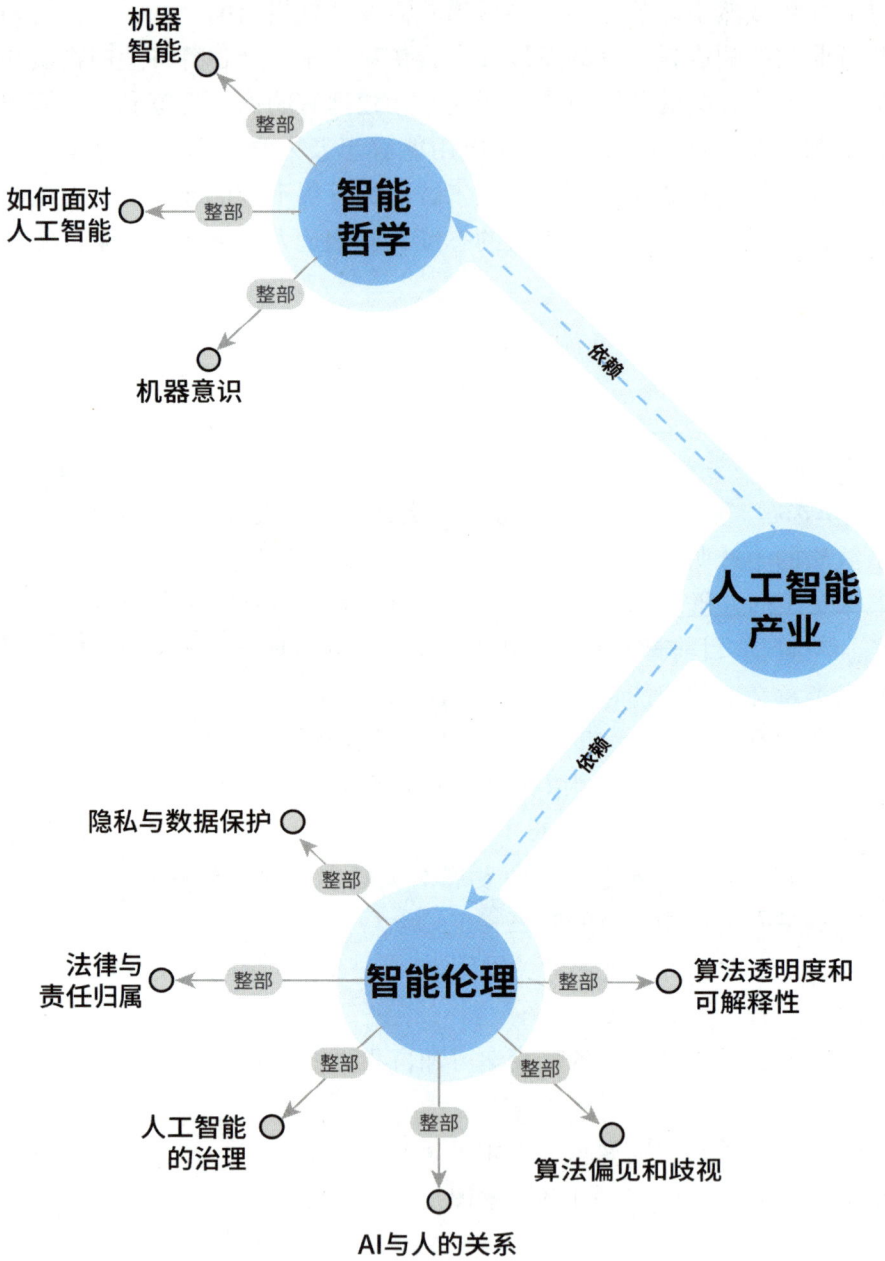

机器
智能

整部

如何面对
人工智能   整部   智能
哲学

整部

机器意识

依赖

人工智能
产业

依赖

隐私与数据保护

整部

法律与
责任归属   整部   智能伦理   整部   算法透明度和
可解释性

整部   整部   整部

人工智能
的治理

AI与人的关系

算法偏见和歧视

⚛ 展望

参考文献

[1] Szeliski R. Computer Vision: Algorithms and Applications[M]. 2nd ed. Springer, 2022.

[2] Turk M. 感知媒体——机器感知与人机交互[J]. 计算机学报，2000，23(12): 1235-1244.

[3] 鲍军鹏，张选平. 人工智能导论[M]. 北京：机械工业出版社，2020.

[4] 蔡自兴. 机器人学[M]. 3版. 北京：清华大学出版社，2022.

[5] 陈华钧. 知识图谱导论[M]. 北京：电子工业出版社，2021.

[6] 成刚. 一本书读懂智能家居核心技术[M]. 北京：机械工业出版社，2020.

[7] 范明，孟小峰. 数据挖掘：概念与技术[M]. 北京：机械工业出版社，2015.

[8] 付艳芳，杨浩，方娟，等. 基于智能教育机器人的"双师课堂"教学模式构建[J]. 中国教育信息化，2022，28(1): 56-62.

[9] 何晗. 自然语言处理入门[M]. 北京：人民邮电出版社，2019.

[10] 胡英君，滕悦然，王立彦. 智慧教育实践[M]. 北京：人民邮电出版社，2019.

[11] 金江军，郭英楼. 智慧城市[M]. 北京：电子工业出版社，2018.

[12] 李超宇. 基于智能教育机器人的职业教育实践研究[J]. 大学，2024(8): 37-41.

[13] 廖茂文，潘志宏. 深入浅出GAN生成对抗网络[M]. 北京：人民邮电出版社，2020.

[14] 刘亚欣，金辉. 机器人感知技术[M]. 北京：机械工业出版社，2022.

[15] 马苗，杨楷芳. 人工智能概论[M]. 西安：西安电子科技大学出版社，2023.

[16] 邱锡鹏. 神经网络与深度学习[M]. 北京：机械工业出版社，2021.

[17] 萨伽德. 心智：认知科学导论[M]. 朱菁，译. 上海：上海辞书出版社，2012.

[18] 孙哲南，赫然，王亮，等. 生物特征识别学科发展报告[J]. 中国图象图形学报，2021，26(6): 1254-1329.

[19] 谭民，王硕. 机器人技术及其应用[M]. 北京：高等教育出版社，2021.

[20] 王凌. 智能优化算法及其应用[M]. 北京：清华大学出版社，2001.

[21] 王璐烽，唐腾健，何静，等. 机器学习与数据挖掘[M]. 北京：人民邮电出版社，2023.

[22] 王万良. 人工智能导论[M]. 5版. 北京：高等教育出版社，2020.

［23］徐增林，康昭.人工智能基础［M］.北京：高等教育出版社，2022.

［24］许国根，贾瑛，黄智勇，等.人工智能原理及MATLAB实现［M］.北京：人民邮电出版社，2024.

［25］杨淑莹，张烨.群体智能与仿生计算：MATLAB技术实现［M］.北京：电子工业出版社，2012.

［26］查红彬.计算机视觉十讲［M］.北京：机械工业出版社，2025.

［27］张奇，桂韬，郑锐，等.大规模语言模型从理论到实践［M］.北京：电子工业出版社，2024.

［28］张志华.机器学习导论［M］.北京：高等教育出版社，2021.

［29］赵涓涓，强彦.深度学习［M］.北京：机械工业出版社，2023.

［30］赵苏亚.小学人工智能教育机器人的设计与应用研究［D］.武汉：华中师范大学，2019.

［31］周志华.机器学习［M］.北京：清华大学出版社，2016.

［32］朱珍.智能科学与技术导论［M］.北京：机械工业出版社，2021.